徹底攻略
試験番号 1Z0-808

# Java SE 8
# Silver
[1Z0-808] 対応

問題集

志賀澄人［著］
株式会社ソキウス・ジャパン［編］

インプレス

本書は、Java SE 8 Programmer Iの受験対策用の教材です。著者、株式会社インプレスは、本書の使用による同試験への合格を一切保証しません。

本書の内容については正確な記述につとめましたが、著者、株式会社インプレスは本書の内容に基づく試験の結果にも一切責任を負いません。

OracleとJavaは、Oracle Corporation 及びその子会社、関連会社の米国及びその他の国における登録商標です。文中の社名、商品名等は各社の商標または登録商標である場合があります。その他、本文中の製品名およびサービス名は、一般に各開発メーカーおよびサービス提供元の商標または登録商標です。なお、本文中には™、®、©は明記していません。

## インプレスの書籍ホームページ

書籍の新刊や正誤表など最新情報を随時更新しております。

## http://book.impress.co.jp/

Copyright © 2015 Socius Japan, Inc. All rights reserved.
本書の内容はすべて、著作権法によって保護されています。著者および発行者の許可を得ず、転載、複写、複製等の利用はできません。

# はじめに

　本書を手にとっていただき、ありがとうございます。本書は、Oracle Certified Java Programmer, Silver SE 8認定資格を取得するための試験「Java SE 8 Programmer I」（1Z0-808）を受験される方を対象としています。

　私は、長年にわたって、Javaをはじめとしたさまざまな技術を教える仕事をしています。これまでの経験をいかし、「理解するために読む問題集」として、本書を執筆しました。

　資格は、取得することも重要ですが、その過程はもっと重要です。有意義な試験対策の時間を過ごしていただきたいという思いから、初心者だからと情報を省略することはしていません。

　各章では「理解するための問題と解説」となるよう心がけました。出題はポイントごとに分かれているので、何が問われているのかを予想してから解くことをお勧めします。また、正解を選ぶのではなく、正解以外の選択肢の何が間違っているのかという理由を答えられるようにすると良いでしょう。解説は、問題ごとにバラバラなのではなく、章全体を通して理解が深まるようになっています。ぜひ、わからない問題の解説だけでなく、その前後の解説も併せて読んでください。

　最後の模擬試験では、どのような部分に着目すれば良いか、どこから着手すれば良いかという「解き方」を解説しています。正解を探す「宝探し」のために問題を解いて終わりにするのではなく、理解するために本書を使っていただければ幸いです。

　本書が、読者の皆さんのお役に立つことを心から願っています。

　最後に、温かく手厚いサポートをくださったソキウス・ジャパンの皆さんと私らしい本を作ってくれようとした編集の坂田さんに、この場をお借りしてお礼申し上げます。

志賀 澄人

## Java SE 8 認定資格について

　Java SE 8認定資格は、米オラクル社がワールドワイドで提供している認定資格で、「Java Platform, Standard Edition 8」に対応しています。Java SE 8は、冗長的なコードの削減、コレクションやアノテーションの改善、並列処理プログラミング・モデルの簡素化、最新のマルチコア・プロセッサの効率的な活用により、企業システムやクラウド・サービス、スマート・デバイスなどで活用されるアプリケーション開発を加速させます。この資格を取得することで、業界標準に準拠した高度なスキルを証明します。

　資格は、入門レベルから高度なスキルを証明できるプロフェッショナルレベルまで3段階に分かれています（以下の図を参照）。また、Java SE 6以前のバージョンに対応するJavaプログラマ認定資格の取得者を対象に、Oracle Certified Java Programmer, Gold SE 8（OCJ-P Gold SE 8）へのアップグレードパスが用意されています。

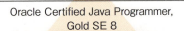

**【Java SE 8 認定資格の種類】**

| 認定資格名および対象 | 試験番号および試験名 | 受験前提条件 |
| --- | --- | --- |
| OCJ-P Bronze SE 7/8<br>言語未経験 | 1Z0-814<br>Java SE 7/8 Bronze | なし |
| OCJ-P Silver SE 8<br>開発初心者 | 1Z0-808<br>Java SE 8 Programmer I | なし |
| OCJ-P Gold SE 8<br>中上級者 | 1Z0-809<br>Java SE 8 Programmer II | OCJ-P Silver SE 8 |
| | 1Z0-810<br>Upgrade to Java SE 8 Programmer | OCJ-P Gold SE 7 |
| | 1Z0-813<br>Upgrade to Java SE 8 OCP（Java SE 6 and all prior versions） | Java SE 7よりも前のバージョンのSun認定Javaプログラマ |

## OCJ-P Silver SE 8 について

　OCJ-P Silver SE 8は、実務経験1年以上の初級Javaプログラマーを対象としている資格です。OCJ-P Silver SE 8の認定を取得するためには、「Java SE 8 Programmer I」（試験番号：1Z0-808）に合格する必要があります。

　試験問題は、ソースコードを参照して、どのような結果になるかを選択するものや、ソースコードの誤りを適切に修正する方法など、ソースコードを読解するものが中心です。また、77問の問題を150分で解かなければいけないため、ある程度のスピードでソースコードを読みこなす必要があります。また、複数のトピックを組み合わせた問題も数多く出題されます。

　出題されるトピックは次のようなものです。全体的にまんべんなく押さえておくことが求められます。

- ・Javaの基本
- ・Javaのデータ型の操作
- ・演算子の判定構造の使用
- ・配列の作成と使用
- ・ループ構造の使用
- ・メソッドとカプセル化の操作
- ・継承の操作
- ・例外の処理
- ・Java APIの主要なクラスの操作

## Java SE 8 Programmer I 試験について

　本書では、OCJ-P Silver SE 8の試験科目「Java SE 8 Programmer I」を扱います。以下の試験概要は、2015年12月現在の内容です。また、合格ラインや試験料などは今後変更される可能性があります。最新の試験情報は、必ず日本オラクルのWebサイトなどで確認してください。

### ●試験概要

- ・試験名　　　：Java SE 8 Programmer I
- ・試験番号　　：1Z0-808
- ・試験時間　　：150分
- ・問題数　　　：77問
- ・合格ライン　：65%
- ・試験料　　　：26,600円（税抜き）
- ・試験方法　　：CBTによる選択式

## 受験申し込み方法

「Java SE 8 Programmer I」試験は、ピアソンVUE社の公認テストセンターで受験可能です。申し込みは、同社のコールセンターまたはWebサイトを利用して行ってください。いずれの場合も希望するテストセンター、日時を選択できます。予約状況によっては選択できない場合もありますので、必ず申し込み時に確認してください。なお、初めてピアソンVUE社に申し込む場合は、同社のWebサイトでアカウント情報を登録する必要があります。

### ●ピアソン VUE 社
- ・URL　　　http://www.pearsonvue.com/japan/IT/oracle_index.html
- ・TEL　　　0120-355-583 または 0120-355-173
- ・FAX　　　0120-355-163
- ・Eメール　pvjpreg@pearson.com

### ●オラクル認定資格に関する問い合わせ先
オラクル認定資格に不明な点がある場合は、オラクル認定資格事務局のメールアドレスに問い合わせることができます。
- ・Eメール　oraclecert_jp@oracle.com

## 本書の活用方法

本書の第1章から第9章までは、出題範囲のカテゴリ別の章立てになっています。第10章と第11章は、模擬試験の位置付けとなる「総仕上げ問題」です。各章の問題・解説で学習したのちに、実戦形式の総仕上げ問題で受験対策の仕上げをしましょう。

### ① 問題を解きながら合格レベルの実力が身に付く
第1章〜第9章の問題は、解き進めていくとそのカテゴリに関する理解度が深まるように構成されています。

### ② 丁寧な解説と重要項目がわかる試験対策
解説では、正解・不正解の理由を丁寧に説明しています。また、第1章〜第9章の解説では、試験対策だけでなくJavaプログラマーとして必要なJavaの基礎技術やオブジェクト指向についても説明しています。本文中の「試験対策」欄には、試験の重要項目を挙げていますので、試験対策を効率的に行うことができます。

### ③ 本試験と同レベルの模擬問題を2回分掲載
第10章と第11章には、本試験と同レベルの問題を掲載しています。受験対策の総仕上げとして、本試験と同じ77問を150分で解いてみましょう。2回分の模擬問題を解くことで、より実戦的な試験対策が可能になります。

## 本書の構成

　本書は、カテゴリ別に分類された、問題と解答で構成されています。試験の出題範囲に沿った問題に解答したのち、解説を読んで学習すると、合格レベルの実力が身に付きます。また、実際の試験に近い形式になっていますので、より実戦的に学習できます。

### 問題

　試験の出題形式は選択式です。正答を1つだけ選ぶものと複数選ぶものがあります。

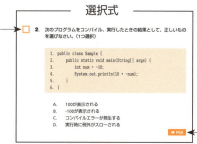

**チェックボックス**
確実に理解している問題のチェックボックスを塗りつぶしながら問題を解き進めると、2回目からは不確かな問題だけを効率的に解くことができます。すべてのチェックボックスが塗りつぶされれば合格は目前です。

**解答ページ**
問題の右下に、解答ページが表示されています。ランダムに問題を解くときも、解答ページを探すのに手間取ることがありません。

### 解答

　解答には、問題の正解および不正解の理由だけでなく、用語や重要事項などが詳しく解説されています。

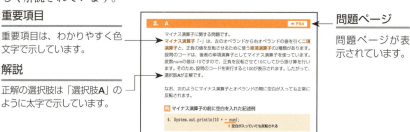

**重要項目**
重要項目は、わかりやすく色文字で示しています。

**解説**
正解の選択肢は「選択肢**A**」のように太字で示しています。

**問題ページ**
問題ページが表示されています。

問題のソースコードでは、mainメソッド、例外処理、import文、package文などを省略し、プログラムを動作させるのに不完全な形で記述されているものもあります。このようなソースコードは、実際の試験でも同様に出題されることが考えられます。本書の問題に解答する際には、省略されている記述にかかわらず、問題の趣旨を的確にとらえるようにしてください。

## 本書で使用するマーク

 試験対策のために理解しておかなければいけないことや、覚えておかなければいけない重要事項を示しています。

 試験対策とは直接関係はありませんが、知っておくと有益な情報を示しています。

# 目次

はじめに …………………………………………… 3

Java SE 8認定資格について …………………… 4

OCJ-P Silver SE 8について …………………… 5

Java SE 8 Programmer I試験について ………… 5

受験申し込み方法 ………………………………… 6

本書の活用方法 …………………………………… 6

本書の構成 ………………………………………… 7

本書で使用するマーク …………………………… 7

## 第1章 Javaの基本

問題 ………………………………………………… 12

解答 ………………………………………………… 17

## 第2章 Javaのデータ型の操作

問題 ………………………………………………… 30

解答 ………………………………………………… 37

## 第3章 演算子と判定構造の使用

問題 ………………………………………………… 54

解答 ………………………………………………… 67

## 第4章 配列の作成と使用

問題 ………………………………………………… 96

解答 ……………………………………………… 102

## 第5章 ループ構造の使用

問題 ……………………………………………… 124

解答 ……………………………………………… 133

## 第6章 メソッドとカプセル化の操作

問題 ……………………………………………………… 154

解答 ……………………………………………………… 170

## 第7章 継承の操作

問題 ……………………………………………………… 200

解答 ……………………………………………………… 213

## 第8章 例外の処理

問題 ……………………………………………………… 242

解答 ……………………………………………………… 257

## 第9章 Java APIの主要なクラスの操作

問題 ……………………………………………………… 272

解答 ……………………………………………………… 297

## 第10章 総仕上げ問題①

問題 ……………………………………………………… 348

解答 ……………………………………………………… 400

## 第11章 総仕上げ問題②

問題 ……………………………………………………… 448

解答 ……………………………………………………… 495

索引 ……………………………………………………… 537

# 第 1 章

## Javaの基本

- ■ クラスの構造
- ■ パッケージ
- ■ クラスのインポート
- ■ staticインポート
- ■ mainメソッド
- ■ javaコマンド

**1.** 次のうち、クラス宣言に含めることができるものを選びなさい。（3つ選択）

- A. メソッド
- B. フィールド
- C. インポート宣言
- D. パッケージ宣言
- E. コンストラクタ

➡ P17

**2.** パッケージに関する説明として、正しいものを選びなさい。（3つ選択）

- A. 名前空間を提供する
- B. パッケージ名にはドメイン名を逆にしたものを使用しなければ ならない
- C. アクセス制御を提供する
- D. クラスの分類を可能にする
- E. パッケージに属さないクラスもある

➡ P18

**3.** 以下の中から、パッケージ宣言が正しく記述されているコードを選びな さい。（1つ選択）

- A.
  ```
  import java.io.*;
  package aaa;
  public class Sample {}
  ```

- B.
  ```
  package aaa;
  import java.io.*;
  public class Sample {}
  ```

- C.
  ```
  import java.io.*;
  package aaa {
      public class Sample {}
  }
  ```

- D.
  ```
  import java.io.*;
  package aaa (
      public class Sample {}
  );
  ```

➡ P20

12

**4.** 次のうち、インポート宣言をしなくても、自動的にインポートされるものはどれか。正しいものを選びなさい。(2つ選択)

    A. java.langパッケージに属するクラス

    B. java.langパッケージのうち、StringクラスとSystemクラスの2つだけ

    C. 同じパッケージに属するクラス

    D. サブパッケージに属するクラス

➡ P21

**5.** 次のプログラムをコンパイル、実行したときの結果として、正しいものを選びなさい。(1つ選択)

```
1. public class Sample {
2.     protected int num = 10;
3. }
```

```
1. package ex5;
2.
3. public class SampleImpl extends Sample {
4.     public static void main(String[] args) {
5.         System.out.println(num);
6.     }
7. }
```

    A. 0が表示される

    B. 10が表示される

    C. コンパイルエラーが発生する

    D. 実行時に例外がスローされる

➡ P22

**6.** 次のプログラムを確認してください。

```
1. package ex6;
2. public class Sample {
3.     public static int num = 0;
4.     public static void print() {
5.         System.out.println(num);
6.     }
7. }
```

このクラスを利用する以下のプログラムの「*// insert code here*」に当てはまるコードを選びなさい。（2つ選択）

```
1. // insert code here
2. // insert code here
3.
4. public class Main {
5.     public static void main(String[] args) {
6.         num = 10;
7.         print();
8.     }
9. }
```

A.    import static ex6.Sample.num;
B.    static import ex6.Sample.num;
C.    import static ex6.Sample.print;
D.    import static ex6.Sample.print();
E.    static import ex6.Sample.print;
F.    static import ex6.Sample.print();

→ P23

**7.** 次のプログラムを確認してください。

```
1.  package ex7;
2.
3.  public class Sample {
4.      public final static int VALUE = 100;
5.  }
```

このクラスを利用する以下のプログラムを、コンパイル、実行したときの結果として、正しいものを選びなさい。（1つ選択）

```
1.  package ex7;
2.  import static ex7.Sample.VALUE;
3.
4.  public class Main {
5.      private final static int VALUE = 0;
6.      public static void main(String[] args) {
7.          System.out.println(VALUE);
8.      }
9.  }
```

A.　0が表示される
B.　100が表示される
C.　Mainクラスの2行目でコンパイルエラーが発生する
D.　Mainクラスの7行目でコンパイルエラーが発生する
E.　実行時に例外がスローされる

➡ P26

**8.** アプリケーションのエントリーポイントとなるメソッドの条件として、正しいものを選びなさい。（3つ選択）

A.　publicであること
B.　staticであること
C.　1つのソースファイルに複数記述できる
D.　戻り値型はintであること
E.　引数はString配列型もしくはString型の可変長引数であること
F.　戻り値として0、もしくは1を戻すこと

➡ P27

**9.** 次のプログラムをコンパイル、実行したときの結果として、正しいもの
を選びなさい。（1つ選択）

```
1.  public class Main {
2.      public static void main(String[] args) {
3.          System.out.println(args[0] + " " + args[1]);
4.      }
5.  }
```

なお、実行時のコマンドは次のとおりとする。

```
> java Main java one two
```

A. 「Main java」と表示される
B. 「java one」と表示される
C. 「one two」と表示される
D. コンパイルエラーが発生する
E. 実行時に例外がスローされる

➡ P28

# 第 1 章　Javaの基本

# 解　答

## 1.　A、B、E　　　　　　　　　　　　　　　　　→ P12

Javaのクラス宣言に関する問題です。

クラス宣言は**フィールド**と**メソッド**の2つで構成されており、データを保持するためにどのようなフィールドを持ち、そのフィールドを使ってどのような処理をするかというメソッドを定義します（選択肢**A**、**B**）。**コンストラクタ**はメソッドの一種であるため、メソッド同様にクラス宣言内に記述します（選択肢**E**）。なお、コンストラクタの詳細は第6章の解答12を参照してください。

クラスを定義するときは、インポート宣言やパッケージ宣言も記述しますが、これらはクラス宣言には含まれません。**インポート宣言**や**パッケージ宣言**はソースファイルに対して宣言するものであって、クラスに対して宣言するものではありません（選択肢C、D）。たとえば、次のように1つのソースファイルに2つ以上のクラスを宣言した場合であっても、インポート宣言やパッケージ宣言はどちらのクラスに対しても有効になります。

**例** クラスの宣言

```
package aaa;

import java.io.IOException;

class Test {
    void boo() throws IOException {
        throw new IOException();
    }
}

public class Sample {
    void foo() throws IOException {
        throw new IOException();
    }
}
```

このソースファイルでは、TestとSampleの2つのクラスを宣言しています。このソースファイルの先頭でaaaというパッケージを宣言しているため、完全修

飾クラス名はそれぞれaaa.Testとaaa.Sampleになります。また、3行目ではjava.io.IOExceptionクラスをインポートしています。このインポート宣言はパッケージ宣言同様に、宣言されたソースファイルに対して有効です。そのため、同じソースファイルに定義されているTestクラスとSampleクラスのどちらにも有効です。

## 2. A、C、D → P12

パッケージに関する問題です。
パッケージの目的は、次の3つです。

・ 名前空間を提供し、名前の衝突を避ける
・ アクセス修飾子と組み合わせてアクセス制御機能を提供する
・ クラスの分類を可能にする

複雑な要件を満たさなければいけない現代のソフトウェア開発では、すべてのソフトウェア部品を作るわけではありません。過去のプロジェクトで作ったソフトウェア部品を再利用したり、無償で公開されているオープンソースのソフトウェア部品を使ったり、有償で販売されているソフトウェア部品を購入したりすることも頻繁に行われます。このように、現代のソフトウェア開発では、開発生産性を上げるために、他者によって作られたソフトウェア部品を使いながら開発するのが一般的です。

このような開発では、クラス名がほかのソフトウェアのクラス名と重複する可能性が高くなります。もし、名前が重複してしまうとコンパイラやJVMはどちらのクラスを利用してよいか判断できません。その結果、コンパイルエラーが発生したり、設計者が意図したクラスが利用されない事態が発生したりする可能性があります。このような事態を避けるために、コンパイラやJVMは、クラスを「**パッケージ名.クラス名**」の**完全修飾クラス名**で扱います（選択肢**A**）。

このように、**パッケージ**は名前の重複を避けるために使います。そのため、パッケージ名はできるだけ**一意**なものが推奨されます。そこで、慣習として**ドメイン名を逆にしたもの**がパッケージ名に利用されます。たとえば「xxx.co.jp」というドメインであれば、「jp.co.xxx」という具合です。もちろん、これはあくまでも慣習であって決まりごとではありません。パッケージ名には、ドメイン名以外のものも使用できます（選択肢B）。

クラスを複数のパッケージに分けることで、**パッケージ単位でアクセス制御**ができるようになります。たとえば、次のようなjp.co.xxxパッケージに属する2つのクラスがあるとします。このとき、publicなSampleクラスはほかのパッ

ケージに属するクラスからも使えますが、publicではないTestクラスは使うことができません。

**例** jp.co.xxxパッケージに属するpublicなSampleクラスの宣言

```
package jp.co.xxx;
public class Sample {
    // any code
}
```

**例** jp.co.xxxパッケージに属するTestクラスの宣言

```
package jp.co.xxx;
class Test {   ← publicで宣言していないため外部パッケージからはアクセス不可
    // any code
}
```

このようにパッケージを使ったアクセス制御をすることで、パッケージ内のクラスを「公開するクラス」と「非公開にするクラス」に分類できます。**公開・非公開に分ける**ことで、設計者が意図しないクラスが不用意に使われることを防げます（選択肢**C**）。

パッケージは、**ディレクトリ構造とマッピング**されます。たとえば、「jp.co.xxx.Sample」という完全修飾クラス名を持つクラスは、次のようなディレクトリに配置されます。

【jp.co.xxx.Sampleクラスが配置されるディレクトリの構造】

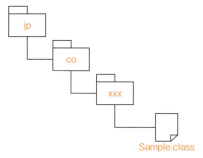

このようにパッケージとディレクトリ構造がマッピングされると、多数のクラスを分類整理することができ、ソフトウェアの管理が容易になります（選択肢**D**）。

※次ページに続く

クラスは必ず何らかのパッケージに属します。パッケージ宣言を省略したクラスは、デフォルトで**無名パッケージ**に属するものと解釈されます（選択肢E）。パッケージに属さないクラスは存在しません。

### 3. B　　　　　　　　　　　　　　　　　　　　　　　　➡ P12

パッケージ宣言に関する問題です。クラスが所属するパッケージは、次のように**packageキーワード**を使って宣言します。

**例 パッケージ宣言**

```
package sample;   ← ソースコードの先頭行に記述する
public class Test {
    // any code
}
```

このように宣言すると、Testクラスはsampleパッケージに属していることになります。なお、パッケージ宣言は、必ず**ソースコードの先頭行**に記述しなければいけません。間違えやすいのは、次のようにパッケージ宣言とインポート宣言の順番を逆にしてしまうことです。

**例 パッケージ宣言（誤り）**

```
import aaa.*;
package sample;
public class Test {
    // any code
}
```

このようにパッケージ宣言よりも前に何らかのコードを記述すると、コンパイルエラーが発生します。パッケージ宣言よりも前に記述できるのは**コメント**だけです。したがって、選択肢Aは誤りで、選択肢**B**が正解です。

ほかのプログラミング言語では、選択肢Cのように中カッコ「{}」を使ってパッケージブロックを作り、そのブロック内にクラスを宣言するものもありますが、Javaでこのような宣言はできません。よって、選択肢CとDは誤りです。

パッケージ宣言に関するルールを覚えておきましょう。
・パッケージ宣言は必ずソースコードの先頭行に記述する
・パッケージ宣言よりも前に記述できるのはコメントだけである

## 4. A、C
→ P13

第1章
Javaの基本（解答）

クラスのインポートに関する問題です。

コンパイラやJVMはクラスを完全修飾クラス名でしか扱えません。パッケージ宣言しなかった場合ですら、そのクラスは**無名パッケージ**（デフォルトパッケージ）に所属していると見なされます。そのため本来は、次のように**完全修飾クラス名**でクラスを指定しなければいけません。

**例** 完全修飾クラス名でクラスを指定したソースコード

```
public class Main {
    public static void main(String[] args) {
        java.lang.String str = "100";
        int val = java.lang.Integer.parseInt(str);
        java.math.BigDecimal decimal = new java.math.BigDecimal(val);
        System.out.println(decimal.intValue());
    }
}
```

一見してわかるとおり、このように完全修飾クラス名でプログラムを記述すると、コードは冗長で読みにくくなります。そこで、次のように**インポート宣言**をすることで、パッケージ名を省略してクラス名だけで記述できるようにします。

**例** クラスのパッケージ名を省略するため、インポート宣言をしたソースコード

```
import java.lang.String;
import java.lang.Integer;
import java.math.BigDecimal;

public class Main {
    public static void main(String[] args) {
        String str = "100";
        int val = Integer.parseInt(str);
        BigDecimal decimal = new BigDecimal(val);
        System.out.println(decimal.intValue());
    }
}
```

※次ページに続く

21

**java.langパッケージ**は基本的なクラスがまとめられたパッケージであり、このパッケージに所属するクラスは頻繁に利用するためインポート宣言を省略できます。また、同じパッケージに属するクラスのインポート宣言も省略可能です。以上のことから、選択肢**A**と**C**が正解です。選択肢Bはjava.lang.Stringとjava.lang.Systemクラスに限定しており、適切ではありません。

インポート宣言時に、利用するクラスの完全修飾クラス名を指定するのではなく、**アスタリスク**「*」を使って**そのパッケージに属するクラス**をすべてインポートできます。たとえば、次のように宣言すれば、java.utilパッケージ内のすべてのクラスをクラス名で表記できます。

**例** java.utilパッケージに属する全クラスのインポート宣言

```
import java.util.*;
```

このようにアスタリスクを使うことで一度に複数のクラスをインポートできます。ただし、この方法でインポートできるのは、**指定したパッケージに属するクラス**に限定されます。アスタリスクを使っても、サブパッケージに属するクラスがインポートされることはありません。上記の宣言でインポートされるのはjava.utilパッケージに属するクラスだけで、サブパッケージであるjava.util.regexパッケージやjava.util.loggingパッケージに属するクラスをインポートできるということではありません。したがって、選択肢Dも誤りです。

## 5. C　　→ P13

パッケージとクラスのアクセス制御に関する問題です。
**無名パッケージ**に属するクラスは、同じ無名パッケージに属するクラスからしかアクセスできません。たとえば、次の2つのクラスは同じパッケージ（無名パッケージ）に属しているため、OfficeクラスからPersonクラスを使うことができます。

**例** 同じ無名パッケージに属するPersonクラスとOfficeクラス

```
class Person {}

public class Office {
    Person p;
}
```

しかし、次のように明示的にパッケージ宣言をしたクラスからは、上記のOfficeクラスを使えません。このコードはコンパイルエラーになります。

**例** ex5パッケージに属するMainクラス

```java
package ex5;

public class Main {
    public static void main(String[] args) {
        Office office = new Office();
    }
}
```

設問のコードでは、Sampleクラスを継承したSampleImplクラスを定義しています。SampleImplでは、Sampleに定義されたnumフィールドの値を表示しようとしています。

しかし、設問のコードの場合、Sampleクラスはパッケージ宣言されていないので無名パッケージに属しており、一方のSampleクラスではex5パッケージに属していることに着目しましょう。明示的にパッケージ宣言したクラスから、無名パッケージに属するクラスにアクセスしようとするとコンパイルエラーになります。以上のことから、選択肢**C**が正解です。

---

## 6. A、C　　　　　　　　　　　　　　　→ P14

staticインポートの書式に関する出題です。
本来、**staticなフィールドやメソッド**は、次のように「**クラス名. フィールド名**」や「**クラス名. メソッド名**」の書式で、どのクラスに定義されているものなのかを明示しなければいけません。

**例** staticなフィールドへのアクセスとstaticなメソッドの呼び出し

```
Sample.num       ← staticなフィールドにアクセス
Sample.print();  ← staticなメソッドの呼び出し
```

これをフィールド名やメソッド名だけで省略表記できるようにするための宣言が**staticインポート**です。staticインポートの宣言は、次のように**import static**に続けて、省略表記したいフィールドやメソッドの完全修飾クラス名を記述します。

**例** staticインポート宣言

```
import static jp.co.xxx.Sample.num    ← Sampleクラスのstaticなフィールドnumをインポート
import static jp.co.xxx.Sample.print  ← Sampleクラスのstaticなメソッドprintをインポート
```

※次ページに続く

staticインポートを宣言すれば、次のようにあたかも同じクラス内に定義されているフィールドやメソッドのように記述できます。

例 staticインポートを宣言し、フィールドとメソッドを省略表記した例

```
import static jp.co.xxx.Sample.num
import static jp.co.xxx.Sample.print

public class Main {
    public static void main(String[] args) {
        num = 10;
        print();
    }
}
```

以上のことから、選択肢**A**と**C**が正解です。

staticメソッドをインポート宣言するときには、**メソッド名だけ**を記述します。カッコ「**( )**」や引数などは記述しません。もし、オーバーロードされた同名のメソッドが複数あった場合はオーバーロードのルールが適用され、渡す引数の型や種類、数によって、呼び出されるメソッドが決まるため、メソッドの数だけstaticインポートを宣言したり、引数を指定したりする必要はありません。

例 staticメソッドを持つTestクラス

```
package ex6;
public class Test {
    public static void print() {
        System.out.println("default");
    }
    public static void print(String str) {
        System.out.println(str);
    }
}
```

**例** TestクラスのprintメソッドをstaticインポートするOverloadImportクラス

```
package ex6;
import static ex6.Test.print;
public class OverloadImport {
    public static void main(String[] args) {
        print("sample");
    }
}
```

上記のコードでは、呼び出し時の引数として文字列を渡しているため、String型を受け取るprintメソッドが実行されます。

なお、staticインポート宣言は、インポート宣言同様、省略表記のために使います。インポートしたフィールドやメソッドの定義がコピーされるわけではありません。staticインポートしたフィールドやメソッドは、コンパイル時にstaticインポート宣言に従って、次のように「**クラス名.フィールド名**」や「**クラス名.メソッド名**」の形式に変換され、コンパイルされます。

**例** コンパイル時に変換されたフィールドとメソッド

```
public class Main {
    public static void main(String[] args) {
        jp.co.xxx.Sample.num = 10;      ← コンパイラによって変換されたコード
        jp.co.xxx.Sample.print();       ← コンパイラによって変換されたコード
    }
}
```

staticインポートは「import static」であることを忘れないようにしましょう。「staticインポート」という言い方であるため、「static import」のようにimportとstaticの順番を間違えやすいので気を付けましょう。

メソッドのstaticインポート宣言では、メソッド名にカッコ「()」や引数を付けません。

## 7. A　　　→ P15

staticインポートに関する問題です。

staticインポートを多用すると、フィールドやメソッドが重複する可能性が高まります。設問では、Mainクラス内に定義しているstaticフィールドと同名のstaticフィールドであるVALUEをインポートしています。インポートしたクラスに、インポートされたメソッドやフィールドと同名のものがあった場合、そのインポートは無視され、コンパイラによって次のようにコードが変換されます。

**例**「クラス名.フィールド名」の形式に変換されたコード

```
public class Main {
    private final static int VALUE = 0;
    public static void main(String[] args) {
        System.out.println(ex7.Main.VALUE);   ← 「クラス名.フィールド名」
    }                                             の形式に変換
}
```

したがって、設問のコードの7行目では、Mainクラス内に定義しているVALUEを使うことになります。以上のことから、選択肢**A**が正解です。

　インポートしたクラスに、インポートされたメソッドやフィールドと同名のものがあった場合、そのインポートは無視されます。

なお、同名のフィールドやメソッドを複数インポートした場合、コンパイラはどちらを利用してよいかを判断できません。たとえば、IntegerクラスとLongクラスには、staticな定数MAX_VALUEがあります。これを次のように同時にstaticインポートしようとすると、コンパイルエラーが発生します。

**例** 複数の同名の定数を同時にstaticインポートした例

```
import static java.lang.Integer.MAX_VALUE;
import static java.lang.Long.MAX_VALUE;

public class AnbiguousImport {
    public static void main(String[] args) {
        System.out.println(MAX_VALUE);
    }
}
```

**例** 上記コードのコンパイルエラー

```
> javac AnbiguousImport.java
AnbiguousImport.java:1: エラー: MAX_VALUEはstaticの単一の型インポート宣言で定義されています
import static java.lang.Integer.MAX_VALUE;
^
エラー1個
```

## 8. A、B、E → P15

mainメソッドに関する問題です。

クラスには複数のメソッドを定義できます。このとき、どのメソッドから処理を始めるのかが決まっていなくてはいけません。処理を始めるためのメソッドのことを、一般的に**エントリーポイント**と呼びます。JVMは、Javaコマンドで指定されたクラスを読み込み、そのクラスに定義されているエントリーポイントから処理を始めます。

Javaでは、エントリーポイントとなるメソッドの定義は決められており、プログラマーが自由に決められるわけではありません。エントリーポイントは、次のように記述します。

**例** エントリーポイントとなるメソッドの定義

```
public static void main(String[] args) {
    // any code
}
```

上記のコード例のうち、変更可能なのは引数名「args」の部分だけで、その他の部分については変更できません。引数名の部分は単なる変数名の宣言に過ぎないため、命名規則に従っていれば自由に変更可能です。エントリーポイントに適用されるルールは次のとおりです（選択肢**A**、**B**）。

・ 公開されていること（**public**であること）
・ インスタンスを生成しなくても実行できること（**static**であること）
・ 戻り値は戻せない（**void**であること）
・ メソッド名は**main**であること
・ 引数は**String配列型**を1つ受け取ること

エントリーポイントの引数には、String配列型だけでなく、次のように**可変長引数のString型**を受け取ることもできます（選択肢**E**）。

※次ページに続く

```
public static void main(String... args) {

}
```

これは、可変長の引数はコンパイル時に配列型の引数に変換されるためです。以上のことから、選択肢**A**、**B**、**E**が正解です。

## 9. B　　　　　　　　　　　　　　　　　　　　　　　　　　　　➡ P16

javaコマンドの実行に関する問題です。**javaコマンド**は、JVMを起動するためのコマンドです。JVMは起動後、指定されたクラスをロードし、このクラスのmainメソッドを呼び出します。javaコマンドの構文は次のとおりです。

**構文**
> java 完全修飾クラス名 [引数 引数 …]

クラス名のあとに続ける引数のことを「**起動パラメータ**」や「**コマンドライン引数**」と呼びます。起動パラメータは、スペースで区切って複数指定できます。また、起動パラメータはオプションなので省略可能です。起動パラメータとして指定されたデータは、JVMによってString配列型オブジェクトに格納され、mainメソッドの引数として渡されます。javaコマンドを実行したときの動作は次のとおりです。

・ JVMを起動する
・ 指定されたクラスをクラスパスから探し出してロードする
・ String配列型オブジェクトを作成し、起動パラメータを格納する
・ 起動パラメータを保持したString配列型オブジェクトへの参照を引数に渡してmainメソッドを実行する

設問のコマンドでは、「Main」が実行したいクラス名で、そのあとに続く「java」「one」「two」の3つの文字列が起動パラメータです。これらの3つの文字列は、mainメソッドの引数である配列型変数argsを使って参照できます。たとえば、args[0]とすれば「java」、args[1]であれば「one」が参照できます。そのため、設問のクラスの3行目では「java one」とコンソールに表示されます。以上のことから、選択肢**B**が正解です。

> javaコマンドでのクラス実行時に指定する起動パラメータは、String配列型オブジェクトに格納されるため、1番目が配列型変数args[0]、2番目がargs[1]……となります。

# 第 2 章

## Javaのデータ型の操作

- プリミティブ型のデータ
- 参照型のデータ
- クラスとインスタンスの概念
- インスタンスフィールドへのアクセス
- インスタンスのメソッド呼び出し
- ガーベッジコレクション

**1.** 次のプログラムをコンパイル、実行したときの結果として、正しいものを選びなさい。（1つ選択）

```
1.  public class Main {
2.      public static void main(String[] args) {
3.          int val = 7;
4.          bool flg = true;
5.          if (flg == true) {
6.              do {
7.                  System.out.println(val);
8.              } while (val > 10);
9.          }
10.     }
11. }
```

A. 7が1回だけ表示される
B. 何も表示されない
C. コンパイルエラーが発生する
D. 実行時に例外がスローされる

➡ P37

**2.** 次の中から、コンパイルエラーになる文を選びなさい。（1つ選択）

A. int a = 267;
B. int b = 0413;
C. int c = 0x10B;
D. int d = 0b100001011;
E. int e = 0827;

➡ P38

**3.** 次の中から、コンパイルエラーになる式を選びなさい。（5つ選択）

A. int a = 123_456_789;
B. int b = 5_____2;
C. int c = _123_456_789;
D. int d = 123_456_789_;
E. float e = 3_.1415F;
F. long f = 999_99_9999_L;
G. byte g = 0b0_1;

30

```
H.    int h = 0_52;
I.    int i = 0x_52;
```

→ P39

**4.** char型の変数の初期化として、正しいものを選びなさい。（1つ選択）

```
A.    char a = "a";
B.    char b = 'abc';
C.    char c = 89;
D.    char d = null;
```

→ P40

**5.** 次の中から、コンパイルエラーになる式を選びなさい。（2つ選択）

```
A.    int $a = 100;
B.    int b_ = 200;
C.    int _0 = 300;
D.    int ${d} = 400;
E.    int £a = 500;
F.    int ¥f = 600;
G.    int g.a = 700;
```

→ P42

**6.** 次のプログラムを実行した結果としてコンソールに「NULL」と表示したい。3行目の空欄に入るコードとして、正しいものを選びなさい。（1つ選択）

```
1.  public class Main {
2.      public static void main(String[] args) {
3.          ┌─────────────────────┐
4.          System.out.println(obj);
5.      }
6.  }
```

```
A.    Object obj = null;
B.    Object obj = false;
C.    Object obj = NULL;
D.    Object obj = "";
E.    選択肢AとCのどちらも可能である
F.    選択肢A〜Eはすべて誤りである
```

→ P43

31

**7.** 次のプログラムを確認してください。

```
1.  public class Item {
2.      private int num = 10;
3.      public void setNum(int num) {
4.          this.num = num;
5.      }
6.      public int getNum() {
7.          return this.num;
8.      }
9.  }
```

このクラスを利用する以下のプログラムを、コンパイル、実行したときの結果として、正しいものを選びなさい。（1つ選択）

```
1.  public class Main {
2.      public static void main(String[] args) {
3.          Item a = new Item();
4.          Item b = new Item();
5.          b.setNum(20);
6.          System.out.println(a.getNum());
7.      }
8.  }
```

A.　0が表示される
B.　10が表示される
C.　20が表示される
D.　コンパイルエラーが発生する
E.　実行時に例外がスローされる

→ P44

**8.** 次のプログラムを確認してください。

```
1.  public class Item {
2.      public String name;
3.      public int price;
4.      public void printInfo() {
5.          System.out.println(name + ", " + price);
6.      }
7.  }
```

このクラスを利用する以下のプログラムを、コンパイル、実行したとき
の結果として、正しいものを選びなさい。（1つ選択）

```
1.  public class Main {
2.      public static void main(String[] args) {
3.          Item a = new Item();
4.          Item b = new Item();
5.          a.name = "apple";
6.          b.price = 100;
7.          a.price = 200;
8.          b.name = "banana";
9.          a = b;
10.         a.printInfo();
11.     }
12. }
```

A. 「apple, 100」と表示される
B. 「banana, 100」と表示される
C. 「apple, 200」と表示される
D. 「banana, 200」と表示される
E. 実行時に例外がスローされる
F. コンパイルエラーが発生する

➡ P45

第 2 章

Javaのデータ型の操作（問題）

33

**9.** 次のクラスのhelloメソッドを呼び出し、コンソールに「hello」と表示したい。

```
1.  public class Sample {
2.      public void hello() {
3.          System.out.println("hello");
4.      }
5.  }
```

4行目の空欄に入るコードとして、正しいものを選びなさい。（1つ選択）

```
1.  public class Main {
2.      public static void main(String[] args) {
3.          Sample sample = new Sample();
4.          [                    ]
5.      }
6.  }
```

A.   hello;
B.   hello();
C.   Sample.hello;
D.   Sample.hello();
E.   sample.hello();
F.   sample.hello;

➡ P46

**10.** 次のプログラムを確認してください。

```
1.  public class Sample {
2.      public int add(Integer a, Integer b) {
3.          return a + b;
4.      }
5.  }
```

このクラスを利用する以下のプログラムを、コンパイル、実行したときの結果として、正しいものを選びなさい。（1つ選択）

34

```
1.  public class Main {
2.      public static void main(String[] args) {
3.          Sample s = new Sample();
4.          System.out.println(s.add(10));
5.      }
6.  }
```

A. 「10」と表示される
B. 「10null」と表示される
C. 「void」と表示される
D. コンパイルエラーが発生する
E. 実行時に例外がスローされる

➡ P48

☐ **11.** 次のプログラムを実行し、7行目が終了したときにガーベッジコレクションの対象となるインスタンスはどれか。正しい説明を選びなさい。（1つ選択）

```
1.  public class Main {
2.      public static void main(String[] args) {
3.          Object a = new Object();
4.          Object b = new Object();
5.          Object c = a;
6.          a = null;
7.          b = null;
8.          // more code
9.      }
10. }
```

A. 3行目で作成したインスタンスだけが、ガーベッジコレクションの対象となる
B. 4行目で作成したインスタンスだけが、ガーベッジコレクションの対象となる
C. 3行目と4行目で作成したインスタンスが、ガーベッジコレクションの対象となる
D. ガーベッジコレクションの対象となるインスタンスは存在しない

➡ P48

**12.** 次のプログラムの5行目に記述できるコードとして、正しいものを選びなさい。（2つ選択）

```
1.  public class Main {
2.      public static void main(String[] args) {
3.          int a = 1;
4.          int b = 2;
5.          [                    ]
6.          int c = b;
7.      }
8.  }
```

A.    System.out.println(a);

B.    System.out.println(b + 2);

C.    System.out.println(c);

D.    System.out.println(d);

➡ P51

# 第2章　Javaのデータ型の操作
# 解　答

## 1.　C　　→ P30

Javaのプリミティブ型についての問題です。

**データ型**とは、**データの種類**を表す情報で、プログラムの実行中に**データの扱い方**を指定するために記述します。たとえば、「3」という値を整数として扱う場合と、浮動小数点数として扱う場合とではコンピュータ内部での扱い方が異なります。これは次のように2進数で表記するだけでも、データの表現方法が異なることがわかります。

**【数値の2進数表現】**

| 型 | ビット表現 |
|---|---|
| int型の3 | 00000000000000000000000000000011 |
| float型の3.0 | 01000000010000000000000000000000 |

また、原則的にプログラムは同じ種類のデータ同士しか演算できません。数値の「3」と数字の「"2"」を足したり、引いたりはできません。そのため、暗黙的に型変換が行われます。Javaではコンパイラが、データ型を見て型変換できるかどうかをチェックします。

Javaには大きく分けて、**プリミティブ型**と**参照型**の2つのデータ型があります。整数や浮動小数点数といった数値、真偽値、文字を扱うのがプリミティブ型です。もう一方の参照型には、オブジェクト型、列挙型、配列型があります。プリミティブ型と参照型の違いは、値そのものを扱うか、インスタンスへの参照（リンク）を扱うかという点です。プリミティブ型は、次のとおりです。

**【プリミティブ型】**

| データ型 | 値 |
|---|---|
| boolean | true、false |
| char | 16ビットUnicode文字 ¥u0000〜¥uFFFF |
| byte | 8ビット整数 -128〜127 |
| short | 16ビット整数 -32768〜32767 |
| int | 32ビット整数 -2147483648〜2147483647 |
| long | 64ビット整数 -9223372036854775808〜9223372036854775807 |
| float | 32ビット単精度浮動小数点数 |
| double | 64ビット倍精度浮動小数点数 |

設問のコードは、4行目で宣言しているデータ型が「bool」となっているため、コンパイルエラーが発生します。Javaのプログラムでは、真偽値を扱うためのデータ型は「boolean」です。以上のことから、選択肢**C**が正解です。

> JavaはCやC++の影響を強く受けたプログラミング言語ですが、C言語で真偽値を表すbool型はJavaには存在しません。ほかのプログラミング言語を学んだことがある方は、Javaで使われている8つのプリミティブ型を正確に覚えておきましょう。

## 2.　E　　→ P30

整数リテラルの記述に関する問題です。
**リテラル**とは、ソースコード中に記述する値のことです。Javaには、整数、浮動小数点数、真偽、文字の4つのリテラルがあります。Javaのリテラルは、デフォルトでは、整数値であればint型、浮動小数値であればdouble型、真偽値であればboolean型、文字であればchar型のデータとして扱われます。

もし、リテラルをほかのデータ型であることを明示したいときには、「100L」や「3.0F」のように、**long型**であれば「**L**」や「**l**」、**float型**であれば「**F**」や「**f**」といった**接尾辞**を値の後ろに付けます。なお、byteやshortに対応した接尾辞はありません。これは、変数のデータ型によって、int型のリテラルは自動的に型変換が行われるからです。たとえば次の式では、代入演算子の右オペランドはint型のリテラルであり、これに対応する左オペランドはshort型の変数です。そのため、右オペランドのリテラルは、short型に型変換されます。

**例** int型のリテラルをshort型に代入

```
short a = 10;
```

整数リテラルの記述は、10進数のほかに8進数や16進数で記述できます。Java SE 7からは2進数でも記述できるようになりました。たとえば10進数で「63」という整数リテラルを**8進数**で記述するには、「077」のように「**0**」を接頭辞として付けます。**16進数**であれば「0x3F」のように「**0x**」を、**2進数**であれば「0b0111111」のように「**0b**」を**接頭辞**として付けます。

設問の選択肢では、まず接頭辞を確認します。選択肢Aの「267」には接頭辞がありません。よって、10進数の整数リテラルです。選択肢Bの「0413」は、0から始まっていることから8進数の整数リテラルであることがわかります。選択肢Cの「0x10B」は、0xから始まっていることから16進数のリテラルです。選択肢Dの「0b100001011」は、0bから始まっていることから2進数のリテラ

ルです。選択肢Eの「0827」は、0から始まっていることから8進数の整数リテラルと解釈されます。しかし、8進数は0～7の8つの数を使って値を表すため、8という数は使えません。以上のことから、選択肢Eがコンパイルエラーになります。

試験対策　Javaでは、数値を10進数のほかに、2進数、8進数、16進数のリテラルで表記でき、それぞれ、0b、0、0xで始めます。

## 3.　C、D、E、F、I　　→ P30

Java SE 7から導入された新しい整数リテラル表記についての問題です。
**アンダースコア「_」**を使った数値表記は、桁数の多い数値リテラルの見やすさを向上させる目的でJava SE 7から導入されました。数値リテラルのアンダースコアは、以下のルールに従えば、出現する場所や回数は基本的には自由です。

・ **リテラルの先頭と末尾**には記述できない
・ **記号の前後**には記述できない

なお、2つ目のルールの記号には、小数点を表すドット「.」、long型やfloat型リテラルを表す「L」や「F」、2進数を表す「0b」、16進数を表す「0x」などが含まれます。

A. B. G. H　上記の2つのルールに反していません。よって、コンパイルエラーは発生しません。
C. D　　　　1つ目のルールに反しているため、コンパイルエラーが発生します。
E. F. I　　　2つ目のルールに反しているため、コンパイルエラーが発生します。

以上のことから、選択肢**C**、**D**、**E**、**F**、**I**が正解です。

試験対策　Java SE 7から導入された整数リテラル表記の詳細については、Javaの仕様を確認してください。試験対策としては以下のことを覚えておきましょう。
・リテラルの先頭と末尾には記述できない
・記号の前後には記述できない
・利用できる記号は、小数点を表すドット「.」、long型やfloat型リテラルを表す「L」や「F」、2進数を表す「0b」、16進数を表す「0x」

## 4. C

**→ P31**

文字リテラルと文字列リテラルの違いに関する問題です。

**char型**は文字を表すデータ型です。複数の文字を集めたものを「文字列」と呼びます。文字と文字列は間違えやすいので注意しましょう。Javaでは、文字リテラルと文字列リテラルを分けるために、リテラルを表す記号が異なります。**文字リテラル**は、「'a'」のように**シングルクォーテーション**「'」で括らなければいけません。一方、**文字列リテラル**は、「"abc"」のように**ダブルクォーテーション**「"」で括ります。

選択肢Aは、ダブルクォーテーションで括っているので文字列リテラルです。しかし、文字列リテラルはchar型変数とは互換性がないため、コンパイルエラーが発生します。選択肢Bは、複数の文字からなる文字列をシングルクォーテーションで括っています。しかし、文字列はダブルクォーテーションで括らなければいけません。よって、コンパイルエラーが発生します。以上のことから、選択肢AとBは誤りです。

コンピュータ内部では、文字には番号が振られ、この文字番号によって管理されています。どの文字に何番を割り当て、それをどのようなビットで扱うかを決めたもののことを「文字符号化方式」や「文字コード」と呼びます。日本語を扱える代表的な文字コードには、「Shift_JIS」や「EUC-JP」などがあります。

文字コードは世界中にさまざまな種類がありますが、それぞれに互換性はないことから文字化けなどの問題が発生しました。そこで、1993年に世界中の文字を集めた共通の文字符号化方式「**Unicode**」が作られました。Javaは、このUnicodeを標準の文字コードに採用しています。

Unicodeの文字は、U+の後ろに16進数の数値4桁を付けたコード（U+0000 〜 U+FFFF）で表されます。4桁の16進数は、65,536（16×16×16×16）通りあるため、1つの文字コードでかなりの文字を表現できます。Javaでは、「'¥u30A2'」のように「**¥u**」の接頭辞の後ろに**16進数4桁**を付け、シングルクォーテーションで括って表現します。たとえば、次のコードはコンソールにカタカナの「ア」を表示します。

**例** Unicodeの表記

```
char c = '¥u30A2';
System.out.println(c);
```

このように16進数4桁の数値で文字を表現できることから、char型の変数には、**0～65535**までの数値を代入できます。次の例では、コンソールにアルファベットの「A」を表示します。

**例**「A」を数値で表記

```
char c = 65;
System.out.println(c);
```

以上のことから、選択肢**C**が正解です。

char型の変数に代入できるのは、次の3種類です。

・シングルクォーテーションで括った文字（文字リテラル）
・シングルクォーテーションで括った「￥u」から始まるUnicode番号（文字リテラル）
・0～65535までの数値（数値リテラル）

選択肢Dのようにnullは代入できません。**null**とはリテラルの一種で、変数が「何も参照しない」ことを表現するためのデータです。プリミティブ型の変数は値を保持するためのものであって、参照を保持できません。よって、nullを代入することはできません。以上のことから、選択肢Dも誤りです。

試験対策　char型の変数には、ダブルクォーテーション「"」で括った文字列リテラルは代入できません。代入できるのは、シングルクォーテーション「'」で括った文字リテラル、もしくは数値のみです。シングルクォーテーション、ダブルクォーテーションを間違えないようにしましょう。

参考　char型の変数に代入できるのは、0～65535までの数値だけです。符号付きの整数（負の値）は扱えません。負の整数リテラルを代入しようとするとコンパイルエラーが発生します。

参考　正確には、Unicodeは符号化文字集合です。符号化文字集合とは、扱う文字を集めただけのものです。実際にコンピュータが文字を扱うには、符号化文字集合で定められた文字をどのようにビットに変換するかという符号化方式を決める必要があります。Unicodeの文字符号化方式には、文字を8ビットで表した「UTF-8」や16ビットで表した「UTF-16」などの種類があります。

## 5. D、G　　　→ P31

識別子の命名規則に関する問題です。

Javaでは、変数やメソッド、クラスなどの名前のことを「**識別子**（Identifier）」と呼びます。識別子はプログラマーが自由に決められますが、次のような規則があります。

- ・ **予約語は使えない**
- ・ 使える記号は、**アンダースコア**「**_**」と**通貨記号**のみ
- ・ **数字から始めてはいけない**（2文字目以降）

Javaでは、プログラムの文を表現するために必要な用語が規定されています。このような用語のことを「**予約語**」や「**キーワード**」と呼びます。予約語には、「int」や「double」といったデータ型を表現するものや、「for」や「if」といった文脈表現するものなどがあります。このようにプログラムを表現するための予約語は、識別子として使えません。予約語と識別子は、明確に区別できなければ、プログラムの解釈ができなくなるからです。

### 【Javaの予約語】

| abstract | assert | boolean | break | byte |
|---|---|---|---|---|
| case | catch | char | class | const |
| continue | default | do | double | else |
| enum | extends | final | finally | float |
| for | goto | if | implements | import |
| instanceof | int | interface | long | native |
| new | package | private | protected | public |
| return | short | static | strictfp | super |
| switch | synchronized | this | throw | throws |
| transient | try | void | volatile | while |

識別子に使える記号はアンダースコアと「¥」「$」「€」「£」などの通貨記号だけで、ハイフン「-」は使えません。間違えやすいので注意しましょう。また、識別子は数字から始めてはいけません。数字は2文字目以降に使えます。

選択肢Aは通貨記号であるドル記号「$」、選択肢BとCは、アンダースコアを使っています。どちらも許容されている記号であり、問題ありません。同様に、選択肢EとFはイギリス£と日本円の通貨記号を使っています。どちらも通貨記号であるため、問題ありません。

しかし、識別子に中カッコ「{}」やドット「.」は使えません。よって、選択肢**D**と**G**はコンパイルエラーが発生します。

識別子に使える記号はアンダースコア「_」と通貨記号であることと、数字は2文字目以降に使えることを覚えておきましょう。特に、変数名は数字から始めてはいけないことはよく覚えておきましょう。

JavaではUnicodeに定められた文字を識別子として利用できます。ただし、構文を表すために使われる文字である以下のようなものは使えません。
! @ # % ^ & * ( ) ' : ; [ / \ }

## 6. F　　→ P31

Javaのデータ型に関する問題です。
Javaのデータ型には、大きく分けてプリミティブ型と参照型の2つがあります。**プリミティブ型**の変数はデータそのものを保持します。一方、**参照型**の変数はオブジェクトへの参照（リンク）を保持します。

参照型の変数は、オブジェクトへの参照（リンク）を保持しているか、保持していないかのどちらかしか表現できません。参照を保持していないことを表現するためのリテラルが「**null**」です。nullは「NULL」とは表現できません。よって、選択肢Cは誤りです。

また、選択肢Aのように明示的にnullを代入すると、何も参照していない状態の参照型変数を作れます。この変数を設問のコードのようにコンソールに出力すると、nullと表示されます。このようにnullを「null」と出力するのは、printlnメソッドの仕様です。以上のことから、選択肢Aも誤りです。

選択肢Bは、参照型変数にプリミティブ型のリテラル「false」を代入しようとしています。プリミティブ型と参照型に互換性はありません。よって、選択肢Bも誤りです。選択肢Dは、文字数0の空文字を表すStringオブジェクトへの参照を代入しています。そのため、この変数を設問のコードのようにコンソールに出力すると、文字数0の空文字オブジェクトが参照され、その中身（空文字）が出力されるため、何も表示されません。

以上のことから、選択肢**F**が正解です。

※次ページに続く

nullは変数が何も参照していないことを表すリテラルです。一方、空文字は、文字数0のStringオブジェクトを表します。nullと空文字が異なる点に注意しましょう。

## 7. B　→ P32

クラスとインスタンスに関する問題です。
オブジェクト指向プログラミングでは、**クラス**を定義し、クラスから**インスタンス**を生成して、インスタンスが動作することでプログラムを動作させます。プログラムを記述したクラスそのものが動作するのではない点に注意しましょう。

クラスとインスタンスの関係はコピー元とコピーの関係と同じです。クラスファイルは、ハードディスク上に保存されている単なるファイルに過ぎません。プログラムはハードディスク上では動作しないため、メモリ上に展開する必要があります。そのため、JVMは必要なクラスファイルをハードディスク上から探し出し、読み込んでメモリ上に展開（コピー）します。このコピーのことを「インスタンス」と呼びます。このようにコピーを取るため、インスタンスはクラスに定義した内容をそのまま持っているのです。

【クラスとインスタンスの関係①】

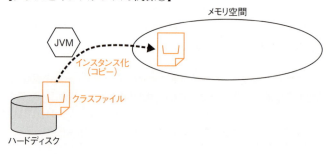

なお、厳密にはインスタンスはクラスの完全なコピーではありません。たとえばstaticな変数などはインスタンスにはコピーされません。ただし、ここでは理解しやすくするために「コピー」と単純化して解説しています。

もし、複数のインスタンスを作れば、複数のコピーを作ることになります。この仕組みのおかげで、インスタンスごとに異なる値を保持することができます。

**【クラスとインスタンスの関係②】**

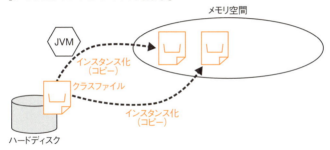

　設問のコードでは、Mainクラスの3行目と4行目でItemクラスのインスタンスを作っています。そのため、メモリ上にはItemのコピーが2つできることになります。5行目では、2つ目のインスタンスのsetNumメソッドを呼び出しています。そのため、2つ目のインスタンスの値は20に書き換わります。一方、1つ目のインスタンスには何も変化はありません。1つ目のインスタンスの変数numは、インスタンス生成時に10で初期化されたままです。そのため、6行目で出力される値も10となります。

**【設問のコードのイメージ】**

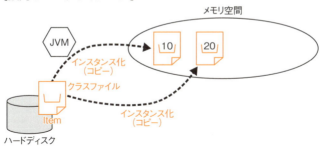

　以上のことから、選択肢**B**が正解です。

## 8.　B　　　　　　　　　　　　　　　　　　　　　　→ P33

　参照型変数が、どのインスタンスへの参照を持っているかを問う問題です。参照型変数には、インスタンスへの**参照**（リンク）を代入します。設問では、Mainクラスの3行目と4行目で2つの異なるインスタンスを生成し、それぞれ変数aとbという2つの変数に参照を代入しています。5行目から8行目にかけて、2つのインスタンスのフィールドに値を代入しているため、2つのインスタンスは異なるフィールド値を持っていることになります。

※次ページに続く

【設問のコードのイメージ①】

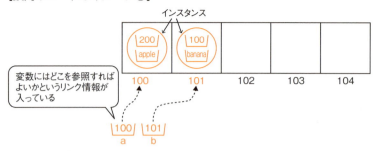

しかし、9行目で変数bの参照を変数aに代入しています。そのため、これ以降、変数aとbは、同じインスタンスへの参照を持っていることになります。

【設問のコードのイメージ②】

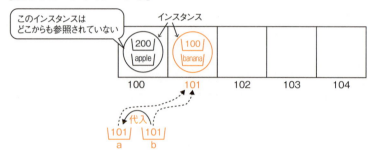

以上のことから、10行目のprintInfoメソッドは、「banana, 100」と出力します。よって、選択肢**B**が正解です。

 試験対策　この問題では、複数のインスタンスを作成し、それぞれ異なる値を持たせた上で、変数がどのインスタンスへの参照を持っているかという点が出題のポイントになります。変数内の参照が、どのタイミングで変わったのかをしっかりと把握するようにしましょう。

## 9. E　　　　　　　　　　　　　　　　　　　　　　　➡ P34

インスタンスメソッドの呼び出しに関する問題です。
メソッドを呼び出すには、「メソッド名(引数)」を記述しなければいけません。
たとえば、次のようなコードがあったとき、methodAメソッドからmethodBメソッドを呼び出すには、「methodB();」と記述します。

**例** メソッドの呼び出し

```
public class Test {
    public void methodA() {
        methodB();   ←同じインスタンスに定義されているメソッドの呼び出し
    }
    public void methodB() {
        System.out.println("hello.");
    }
}
```

選択肢Aはメソッド名の後ろにカッコ「( )」がありません。これでは、メソッドではなくフィールドへのアクセスと解釈されます。よって、選択肢Aは誤りです。

このような書式は、呼び出すメソッドと呼び出されるメソッドが同じインスタンスにある場合の書式です。異なるインスタンスが持つメソッドを呼び出すには、**参照**を使って、「**参照.メソッド名(引数)**」と記述します。設問のコードは、MainクラスのmainメソッドからSampleクラスのインスタンスが持つhelloメソッドを呼び出さなければいけません。したがって、選択肢**E**が正解です。

選択肢Bは、メソッド名だけを記述しており、変数sampleを使っていません。そのため、同じクラスに定義されているメソッドを呼び出していると解釈されます。よって、選択肢Bも誤りです。

選択肢CとDは、参照が格納されている変数ではなく、**クラス名**を記述しています。これは**static**で修飾されたフィールドやメソッドを呼び出すときの書式です。しかし、Sampleクラスのhelloメソッドは、staticで修飾されていません。よって、選択肢CとDも誤りです。

選択肢Fは、参照を使っていますがカッコを付けていません。これでは、インスタンスへのフィールドへのアクセスと解釈されてしまいます。よって、選択肢Fも誤りです。

**試験対策**　メソッド呼び出しの書式を覚えておきましょう。
・同じインスタンスに定義されているメソッドの場合は、**メソッド名(引数)**
・インスタンスに定義されているメソッドの場合は、**変数.メソッド名(引数)**
・staticなメソッドの場合は、**クラス名.メソッド名(引数)**

## 10.　D　　　　　　　　　　　　　　　　　　　→ P34

メソッドの呼び出しとシグニチャに関する問題です。
プログラムから何らかのメソッドを呼び出すと、JVMは指定されたメソッドを読み込み、実行します。このときJVMには、多数あるメソッドから実行すべきメソッドを探し出す方法が必要です。実行すべきメソッドを探すために使う方法は、次の3つです。

・参照（どのインスタンスのメソッドなのか）
・クラス名（どのクラスに定義されているstaticなメソッドなのか）
・シグニチャ

参照やクラス名は、どこに定義されているメソッドなのかを見分けるために必要です。これらを省略したときには、同じクラスやインスタンスに定義されているメソッドであるとコンパイラに解釈されます。

3つ目の**シグニチャ**とは、**メソッド名**と**引数のリスト**のセットのことです。JVMは、メソッドを名前だけで見分けているわけではありません。Javaには**オーバーロード**という仕組みがあるため、同名のメソッドが複数存在する可能性があるからです。そこで、メソッド名に加えて引数のリスト（数や種類、順番）を同時に使ってメソッドを見分けます。たとえば、int型の引数を受け取るhelloメソッドと、String型の引数を受け取るhelloメソッドは、同名のメソッドですが異なるものとして扱われます。

設問のSampleクラスのaddメソッドは、2つの引数を受け取ります。しかし、呼び出しているMainクラスのmainメソッドでは、引数を1つしか渡していません。2つの引数を受け取るaddメソッドは定義されていますが、1つ目の引数を受け取るaddメソッドは定義されていません。そのため、このMainクラスはコンパイルエラーが発生します。以上のことから、選択肢**D**が正解です。

呼び出されるメソッドがインスタンスのメソッドなのか、staticなメソッドなのかを確認しましょう。
呼び出し元のメソッドが、呼び出されるメソッドのシグニチャと一致しているかを確認しましょう。

## 11.　B　　　　　　　　　　　　　　　　　　　→ P35

ガーベッジコレクションのタイミングに関する問題です。
インスタンスはメモリ上に作られるため、無制限に作るとメモリ空間を使い切ってしまいます。限りあるメモリを有効に使うためにも、利用されないイ

ンスタンスを削除し、空きスペースを作らなければいけません。

C言語などでは、メモリを確保したり、解放したりするコードをプログラム
に記述しなければいけません。このようなメモリ操作は、プログラムからハー
ドウェアを自由に扱える高い自由度を与えてくれる反面、コーディングの煩
雑さや、バグフィックスの難しさなど、ソフトウェア開発の生産性を左右す
る大きな障害にもなっていました。

一方、Javaは自動メモリ管理機能を提供することで、メモリ操作といった煩
雑なコーディングからプログラマーを解放し、高い生産性を維持できる言語
として設計されています。

利用されなくなったインスタンスを解放するのは、JVMの機能の1つである
**ガーベッジコレクタ**が行います。ガーベッジコレクタは、メモリ上に使われ
なくなったインスタンスがないかを探し、見つからなければそのインスタン
スを破棄して、メモリを解放します。また、ガーベッジコレクタは、インス
タンスの破棄を繰り返すことで細切れになったメモリをまとめ、大きな空間
を確保する「**コンパクション**」という機能も持っています。

ガーベッジコレクタが不要なインスタンスを探し、破棄することを「**ガーベッ
ジコレクション**」と呼びます。ガーベッジコレクションが起こるタイミン
グは、プログラマーが制御することはできず、CPUの利用状況などによって
JVMが決めます。Systemクラスには、**gcメソッド**というガーベッジコレクショ
ンを促すメソッドがありますが、これもJVMに実行を促すだけであり、必ず
ガーベッジコレクションが起こることを保証するものではありません。

ガーベッジコレクションの対象は、どこからも**参照されなくなったインスタ
ンス**です。インスタンスへの参照が外れる代表的なタイミングとしては、変
数に**nullを代入**するときがあります。

**例** nullを代入しインスタンスへの参照を外す

```
Object obj = new Object();
obj = null;  ←このタイミングで、インスタンスへの参照が外れる
```

このほかにも、インスタンスへの参照を保持している変数に、ほかのインス
タンスへの参照を代入したときも同様です。

※次ページに続く

**例** 新しいインスタンスへの参照で変数を上書き

```
Object obj = new Object();
obj = new Object();  ←新しいインスタンスへの参照で変数を上書き
```

Javaでは、インスタンスを直接扱うことはできず、参照を経由してしか扱えません。そのため、どの変数からも参照されていないインスタンスは、プログラムのどのコードからも使うことはできません。ガーベッジコレクタは、このような参照されていないインスタンスを探し出して、メモリを無駄に占有しないようにするために破棄するのです。

設問では、2つのObjectクラスのインスタンスを作り、aとbという変数で参照しています。

【設問のコード3～4行目のイメージ】

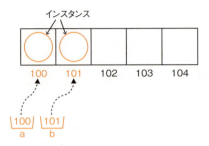

5行目では変数cを宣言し、変数aの参照をコピーして代入しています。そのため、変数aとcは、同じインスタンスへの参照を持っていることになります。

【設問のコード5行目のイメージ】

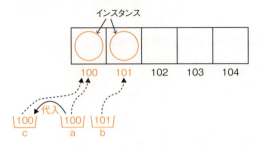

6行目と7行目では、変数a、bにnullを代入し、参照を外しています。しかし、5行目で変数cに参照をコピーしておいたため、7行目が終了した時点でどこからも参照されていないインスタンスは、4行目で作ったインスタンスだけということになります。

【設問のコード6〜7行目のイメージ】

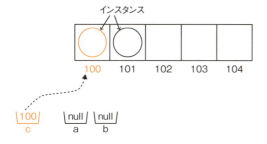

以上のことから、選択肢**B**が正解です。

**試験対策**

インスタンスの参照がなくなった時点で、ガーベッジコレクションの対象となります。
ガーベッジコレクションのタイミングはJVMが決めます。gcメソッドは促すだけで保証はされません。

## 12. A、B　　　　　　　　　　　　　　　　　　　　⇒ P36

ローカル変数の宣言に関する問題です。
メソッドは、記述した順に実行されます。これを「**順次処理**」と呼びます。この順次処理はメソッド内の処理の流れを表したもので、クラス内の流れを表したものではありません。メソッド内の処理は記述順に動作しますが、クラスのメソッドが記述順に実行されるわけではないことに注意しましょう。

順次処理では、後続の処理で使う変数などは、使う箇所よりも前で宣言されていなければいけません。そのため、次のようなコードはコンパイルエラーが発生します。

**例** 変数が宣言よりも前に使われている

```
System.out.println(num);
int num = 10;
```

設問のコード3行目では変数aを、4行目では変数bを宣言しています。選択肢Aの場合は5行目の実行で1が表示され、選択肢Bの場合は4が表示されます。よって、選択肢**A**と**B**が正解です。

選択肢Cは変数cの値をコンソールに表示するコードですが、変数cはこのコードの次の行で宣言されています。そのため、このコードはコンパイルエラー

になります。よって、選択肢Cは誤りです。

選択肢Dは変数dの値をコンソールに表示するコードですが、変数dはどこにも宣言されていません。変数を使うには、まずその変数を宣言しなければいけません。そのため、このコードはコンパイルエラーになります。よって、選択肢Dも誤りです。

# 第 3 章

## 演算子と判定構造の使用

- ■代入演算子
- ■マイナス演算子
- ■インクリメント演算とデクリメント演算
- ■関係演算子
- ■論理演算子
- ■演算子の優先順位
- ■同一性と同値性
- ■if文、if-else文、if-else if-else文
- ■switch文
- ■三項演算子

**1.** 次のプログラムをコンパイル、実行したときの結果として正しいものを選びなさい。（1つ選択）

```
1.  public class Main {
2.      public static void main(String[] args) {
3.          int a = 3;
4.          int b = a += 5;
5.          System.out.println(a + b);
6.      }
7.  }
```

- A. 8が表示される
- B. 10が表示される
- C. 16が表示される
- D. コンパイルエラーが発生する
- E. 実行時に例外がスローされる

➡ P67

**2.** 次のプログラムをコンパイル、実行したときの結果として、正しいものを選びなさい。（1つ選択）

```
1.  public class Sample {
2.      public static void main(String[] args) {
3.          int num = -10;
4.          System.out.println(10 * -num);
5.      }
6.  }
```

- A. 100が表示される
- B. -100が表示される
- C. コンパイルエラーが発生する
- D. 実行時に例外がスローされる

➡ P68

**3.** 次の中から、コンパイルエラーになる文を選びなさい。（3つ選択）

- A. byte a = 0b10000000;
- B. short b = 128 + 128;

```
C.    int c = 2 * 3L;
D.    float d = 10.0;
```

➡ P68

**4.** 次のプログラムをコンパイル、実行したときの結果として、正しいもの
を選びなさい。（1つ選択）

```
1.  public class Main {
2.      public static void main(String[] args) {
3.          int a = 10;
4.          int b = a++ + a + a-- - a-- + ++a;
5.          System.out.println(b);
6.      }
7.  }
```

A.   7が表示される
B.   32が表示される
C.   33が表示される
D.   43が表示される
E.   コンパイルエラーが発生する
F.   実行時に例外がスローされる

➡ P70

**5.** 次のプログラムをコンパイル、実行したときの結果として、正しいもの
を選びなさい。（1つ選択）

```
1.  public class Main {
2.      public static void main(String[] args) {
3.          boolean a = true;
4.          boolean b = true;
5.          System.out.println(a <= b);
6.      }
7.  }
```

A.   「true」と表示される
B.   「false」と表示される
C.   コンパイルエラーが発生する
D.   実行時に例外がスローされる

➡ P73

**6.** 次のプログラムをコンパイル、実行したときの結果として、正しいものを選びなさい。（1つ選択）

```
 1.  public class Main {
 2.      public static void main(String[] args) {
 3.          int a = 10;
 4.          int b = 10;
 5.          if (10 < a && 10 < ++b) {
 6.              a++;
 7.          }
 8.          System.out.println(a + b);
 9.      }
10.  }
```

A.   20が表示される
B.   21が表示される
C.   22が表示される
D.   コンパイルエラーが発生する
E.   実行時に例外がスローされる

➡ P74

**7.** 次のプログラムをコンパイル、実行したときの結果として、正しいものを選びなさい。（1つ選択）

```
 1.  public class Main {
 2.      public static void main(String[] args) {
 3.          int a = 100, b = 20, c = 30;
 4.          System.out.println(a % b * c + a / b);
 5.      }
 6.  }
```

A.   5が表示される
B.   35が表示される
C.   90が表示される
D.   コンパイルエラーが発生する
E.   実行時に例外がスローされる

➡ P75

**8.** 次のプログラムを確認してください。

```
1. public class Sample {
2.     private int num;
3.     public Sample(int num) {
4.         this.num = num;
5.     }
6. }
```

このクラスを利用する以下のプログラムを、コンパイル、実行したとき
の結果として、正しいものを選びなさい。（1つ選択）

```
1. public class Main {
2.     public static void main(String[] args) {
3.         Sample s1 = new Sample(10);
4.         Sample s2 = s1;
5.         s1 = new Sample(10);
6.         System.out.println(s1 == s2);
7.     }
8. }
```

A. 「true」と表示される
B. 「false」と表示される
C. コンパイルエラーが発生する
D. 実行時に例外がスローされる

➡ P77

第3章

演算子と判定構造の使用（問題）

**9.** 次のプログラムを確認してください。

```
1.  public class Sample {
2.      private int num;
3.      private String name;
4.      public Sample(int num, String name) {
5.          this.num = num;
6.          this.name = name;
7.      }
8.      public boolean equals(Object obj) {
9.          if (obj == null) {
10.             return false;
11.         }
12.         if (obj instanceof Sample) {
13.             Sample s = (Sample) obj;
14.             return s.num == this.num;
15.         }
16.         return false;
17.     }
18. }
```

このクラスを利用する以下のプログラムを、コンパイル、実行したとき
の結果として、正しいものを選びなさい。（1つ選択）

```
1.  public class Main {
2.      public static void main(String[] args) {
3.          Sample a = new Sample(10, "a");
4.          Sample b = new Sample(10, "b");
5.          System.out.println(a.equals(b));
6.      }
7.  }
```

A. 「true」と表示される
B. 「false」と表示される
C. Sampleクラスでコンパイルエラーが発生する
D. Mainクラスでコンパイルエラーが発生する
E. 実行時に例外がスローされる

➡ P78

**10.** 次のプログラムを確認してください。

```
1.  public class Sample {
2.      private int num;
3.      public Sample(int num) {
4.          this.num = num;
5.      }
6.      public boolean equals(Sample obj) {
7.          if (obj == null) {
8.              return false;
9.          }
10.         return this.num == obj.num;
11.     }
12. }
```

第 3 章

演算子と判定構造の使用（問題）

このクラスを利用する以下のプログラムを、コンパイル、実行したとき
の結果として、正しいものを選びなさい。（1つ選択）

```
1.  public class Main {
2.      public static void main(String[] args) {
3.          Object a = new Sample(10);
4.          Object b = new Sample(10);
5.          System.out.println(a.equals(b));
6.      }
7.  }
```

A.  Sampleクラスでコンパイルエラーが発生する
B.  Mainクラスでコンパイルエラーが発生する
C.  「true」と表示される
D.  「false」と表示される
E.  実行時に例外がスローされる

➡ P80

59

**11.** 次のプログラムをコンパイル、実行したときの結果として、正しいものを選びなさい。（1つ選択）

```
1.  public class Main {
2.      public static void main(String[] args) {
3.          Object a = new Object();
4.          Object b = null;
5.          System.out.println(a.equals(b));
6.      }
7.  }
```

 A. trueが表示される
 B. falseが表示される
 C. コンパイルエラーが発生する
 D. 実行時に例外がスローされる

➡ P81

**12.** 次のプログラムをコンパイル、実行したときの結果として、正しいものを選びなさい。（1つ選択）

```
1.  public class Main {
2.      public static void main(String[] args) {
3.          String a = "sample";
4.          String b = "sample";
5.          System.out.print(a == b);
6.          System.out.print(", ");
7.          System.out.println(a.equals(b));
8.      }
9.  }
```

 A. 「false, true」と表示される
 B. 「false, false」と表示される
 C. 「true, false」と表示される
 D. 「true, true」と表示される

➡ P81

**13.** 次のプログラムをコンパイル、実行したときの結果として、正しいものを選びなさい。（1つ選択）

```
1.  public class Main {
2.      public static void main(String[] args) {
3.          String a = new String("sample");
4.          String b = "sample";
5.          System.out.print(a == b);
6.          System.out.print(", ");
7.          System.out.println(a.equals(b));
8.      }
9.  }
```

A. 「false, true」と表示される
B. 「false, false」と表示される
C. 「true, false」と表示される
D. 「true, true」と表示される

➡ P83

**14.** 次のプログラムを実行したときに「**ok**」と表示したい。4行目の空欄に入るコードとして、正しいものを選びなさい。（1つ選択）

```
1.  public class Main {
2.      public static void main(String[] args) {
3.          int num = 10;
4.          ┌─────────────────────┐
5.              System.out.println("ok");
6.      }
7.  }
```

A. if (num <= 10)
B. if num <= 10
C. if (num <= 10) then
D. if num <= 10 then

➡ P84

第 3 章

演算子と判定構造の使用（問題）

61

**15.** 次のプログラムをコンパイル、実行したときの結果として、正しいもの
を選びなさい。（1つ選択）

```java
1.  public class Main {
2.      public static void main(String[] args) {
3.          if (false)
4.          System.out.println("A");
5.          System.out.println("B");
6.      }
7.  }
```

A.　Aだけが表示される

B.　Bだけが表示される

C.　AとBの両方が表示される

D.　何も表示されない

E.　コンパイルエラーが発生する

F.　実行時に例外がスローされる

➡ P85

**16.** 次のプログラムをコンパイル、実行したときの結果として、正しいもの
を選びなさい。（1つ選択）

```java
1.  public class Main {
2.      public static void main(String[] args) {
3.          int num = 10;
4.          if (num < 10)
5.              System.out.println("A");
6.          else
7.              System.out.println("B");
8.          if (num == 10)
9.              System.out.println("C");
10.     }
11. }
```

A.　「A」「B」「C」と表示される

B.　「A」「C」と表示される

C.　「B」「C」と表示される

D.　「A」だけが表示される

E. 「B」だけが表示される

F. 「C」だけが表示される

➡ P86

**17.** 次のプログラムをコンパイル、実行したときの結果として、正しいものを選びなさい。（1つ選択）

```java
1.  public class Main {
2.      public static void main(String[] args) {
3.          int num = 10;
4.          if (num == 100)
5.              System.out.println("A");
6.          else if (10 < num)
7.              System.out.println("B");
8.          else
9.          if (num == 10)
10.             System.out.println("C");
11.         else
12.         if (num == 10)
13.             System.out.println("D");
14.     }
15. }
```

A. Cが表示される

B. Dが表示される

C. CとDが表示される

D. 何も表示されない

E. コンパイルエラーが発生する

F. 実行時に例外がスローされる

➡ P87

**18.** switch文の条件式が戻せる型として、正しいものを選びなさい。（6つ選択）

    A.    char

    B.    byte

    C.    short

    D.    int

    E.    long

    F.    String

    G.    enum

    H.    boolean

➡ P89

**19.** 次のプログラムはコンパイルエラーが発生する。何行目でコンパイルエラーが発生するか。（2つ選択）

```
1.  public class Main {
2.      public static void main(String[] args) {
3.          final int NUM = 0;
4.          int num = 10;
5.          switch (num) {
6.          case "10":      System.out.println("A");
7.                          break;
8.          case num :      System.out.println("B");
9.                          break;
10.         case 2 * 5 :    System.out.println("C");
11.                         break;
12.         case NUM :      System.out.println("D");
13.                         break;
14.         }
15.     }
16. }
```

    A.    6行目でコンパイルエラーが発生する

    B.    8行目でコンパイルエラーが発生する

    C.    10行目でコンパイルエラーが発生する

    D.    12行目でコンパイルエラーが発生する

➡ P90

**20.** 次のプログラムをコンパイル、実行したときの結果として、正しいもの
を選びなさい。（1つ選択）

```
1.  public class Main {
2.      public static void main(String[] args) {
3.          int num = 1;
4.          switch (num) {
5.          case 1:
6.          case 2:
7.          case 3: System.out.println("A");
8.          case 4: System.out.println("B");
9.          default:
10.             System.out.println("C");
11.         }
12.     }
13. }
```

第3章

演算子と判定構造の使用（問題）

A. 「A」だけが表示される

B. 「A」「B」と表示される

C. 「A」「B」「C」と表示される

D. 何も表示されない

E. コンパイルエラーが発生する

F. 実行時に例外がスローされる

➡ P91

65

**21.** 次のプログラムを実行したときに「yes」と表示したい。8行目の空欄に入るコードとして、正しいものを選びなさい。（1つ選択）

```
1.  public class Main {
2.      public static void main(String[] args) {
3.          String a = "A";
4.          String b = "B";
5.          String c = [              ] ;
6.          System.out.println(c);
7.      }
8.  }
```

A.　a.equals(b) ? "yes" : "no"

B.　a.equals(b) ? "no" : "yes"

C.　a.equals(b) : "yes" ? "no"

D.　a.equals(b) : "no" ? "yes"

➡ P92

**22.** 次のプログラムを実行したときに「A」と表示したい。4行目の空欄に入るコードとして、正しいものを選びなさい。（1つ選択）

```
1.  public class Main {
2.      public static void main(String[] args) {
3.          int point = 80;
4.          String val = [              ] ;
5.          System.out.println(val);
6.      }
7.  }
```

A.　point < 40 ? "D" ? point < 60 ? "C" ? point < 80 ? "B" : "A"

B.　point < 40 ? "D" : point < 60 ? "C" : point < 80 : "B" : "A"

C.　point < 40 ? "D" : point < 60 : "C" : point < 80 ? "B" : "A"

D.　point < 40 ? "D" : point < 60 ? "C" : point < 80 ? "B" : "A"

➡ P92

# 第3章　演算子と判定構造の使用
# 解　答

## 1. C → P54

代入演算子と演算子の動作についての問題です。

**代入演算子**は、値を変数に代入するための演算子ですが、加算代入や減算代入のようなバリエーションを持ちます。

【代入演算子】

| 演算子 | 使用例 | 意味 |
|---|---|---|
| = | a = 10; | 変数aに10を代入する |
| += | a += 10; | 「a = a + 10」と同じ。変数aの値に10を足してから、変数aに結果を代入する |
| -= | a -= 10; | 「a = a - 10」と同じ。変数aの値から10を引いてから、変数aに結果を代入する |
| *= | a *= 10; | 「a = a * 10」と同じ。変数aの値に10を掛けてから、変数aに結果を代入する |
| /= | a /= 10; | 「a = a / 10」と同じ。変数aの値を10で割ってから、変数aに結果を代入する |

代入演算了は左右のオペランドの評価が終わっていなければ代入できません。たとえば、「a = b + 5」という式であれば、b + 5の演算が終わらなければ変数aに値が代入されることはありません。そのため、設問のコード4行目の「b = a += 5」という式は、「a += 5」が終わらなければ変数bに値が代入されることはありません。よって、この式を分解すると次のような順番で実行されます。

① a = a + 5;　（a += 5）
② b = a;

設問のコード3行目で、変数aは3で初期化されているため、上記①の式は「a = 3 + 5」と同じです。そのため、変数aの値は8となり、②の式でその値を代入した変数bの値も、aと同様に8となります。設問のコード5行目で変数aとbの値を合計して出力しているため、コンソールには16が表示されます。以上のことから、選択肢**C**が正解です。

## 2. A　→ P54

マイナス演算子に関する問題です。

**マイナス演算子**「-」は、左オペランドから右オペランドの値を引く**二項演算子**と、正負の値を反転させるために使う**単項演算子**の2種類があります。設問のコードは、後者の単項演算子としてマイナス演算子を使っています。変数numの値は-10ですので、正負を反転させて10にしてから掛け算を行います。そのため、設問のコードを実行すると100が表示されます。したがって、選択肢**A**が正解です。

なお、次のようにマイナス演算子とオペランドの間に空白が入っても正常に反転されます。

**例** マイナス演算子の前に空白を入れた記述例

```
4. System.out.println(10 * - num);
                           ↑ 空白が入っていても反転される
```

## 3. A、C、D　→ P54

型変換に関する問題です。

大きな範囲の値を小さな変数に代入するときには、次のように明示的なキャストが必要です。

**例** 明示的なキャスト

```
int a = 10;
short b = (short) a;
```

整数や浮動小数点数といった数値リテラルは、デフォルトで特定の型を持っています。整数の数値リテラルは**int型**、浮動小数点数の場合は**double型**が基本です。そのため次の式は、本来は明示的なキャストをしなければいけません。

**例** int型のリテラルをshort型へ代入

```
short b = 10;  ← int型のリテラルをshort型の変数に代入しようとしている
```

しかし、byteやshort型の変数に代入する整数リテラルの場合、その値が型の範囲内であればコンパイラはコンパイルエラーを出しません。たとえば、byte型は-128〜127の範囲の値を扱います。そのため、次の1つ目の式はコンパイルエラーになりますが、2つ目の式はコンパイルエラーにはなりません。

**例** int型のリテラルをbyte型へ代入

```
byte a = 128;  ←byteの範囲に収まらないint型のリテラルのためコンパイルエラー
byte b = 127;  ←byteの範囲に収まるint型のリテラルのためコンパイルできる
```

選択肢Aは、128を2進数で表記したものです。2進数表記された値は、次のように右のビットから1、2、4、8…と順に書いて、ビットが1のところを合計すると計算できます。

【2進数表記から10進数表記への計算】

0 1 0 0 1 0 0 1 0　　128＋16＋2＝146
256 128 64 32 16 8 4 2 1

前述のとおり、byte型は-128〜127までの範囲を扱うデータ型です。そのため、選択肢Aのように128を表す2進数リテラルは、byte型ではなくint型の値と見なされるため、「互換性がない」というコンパイルエラーが発生します。なお、次のように明示的にキャストすれば、コンパイルエラーは発生しません。

**例** byte型へキャストして代入

```
byte a = (byte) 0b10000000;
```

**数値を演算**するとき、**演算子の両側のオペランドは同じ型**でなければいけません。もし、オペランドの型が異なる場合には、小さいほうの型は大きいほうの型に自動的に変換されます。たとえば、次のようにint型の値とlong型の値を演算する際には、**int型**の値は**long型**に変換され、long型同士の演算として扱われます。なお、**long型同士**の演算結果は、**long型**になることに注意してください。

**例** int型とlong型の演算

```
int a = 10;
long b = 20;
long c = a + b;
```

選択肢Bは、int型のリテラル同士の演算です。そのため、演算結果はint型のデータになります。しかし、この演算結果の256はshort型の範囲内（-32768〜32767）であるため、コンパイルエラーは発生しません。

選択肢Cは、乗算演算子の右オペランドのリテラルにlong型を表す**接尾辞（L）**

第3章

演算子と判定構造の使用（解答）

69

が付いています。そのため、int型とlong型の演算となるこの式は、演算子の左オペランドをlong型に変換してから演算されます。前述のとおり、long型同士の演算の結果はlong型となるため、この式は次の式と同等の意味を表しています。

例 long型のリテラルをint型の変数に代入（コンパイルエラー）

```
int c = 6L;
```

この式のようにlong型の値をint型の変数に代入することはできません。この式は、コンパイルエラーになります。

整数リテラルのデフォルトの型はint型ですが、浮動小数点数リテラルの場合にはdoubleがデフォルトの型です。そのため、選択肢Dはdouble型の値をより小さい範囲しか扱えないfloat型の変数に代入しようとしていることになります。よって、この式はコンパイルエラーとなります。

以上のことから、選択肢**A**、**C**、**D**が正解です。

byteとshortは扱う範囲が狭いデータ型です。この2つのデータ型については、正確に範囲を覚えておきましょう。

Javaではbyte型のような数値型とboolean型に互換性はありません。このため、byte型に真偽値（true/false）を代入したり、boolean型に0や1という数値を代入したりすることはできません。このような互換性がある、その他のプログラミング言語を学んだ方は注意しましょう。

## 4. B　　　→ P55

インクリメントとデクリメントに関する問題です。
**インクリメント演算子**「**++**」と**デクリメント演算子**「**--**」は、変数の値に1を加算したり、1を減算したりするための演算子です。この演算子は、次のように単独で記述した場合は、単に1を加算・減算するシンプルな動作をします。

例 インクリメント演算子の利用

```
int a = 10;
a++;    ← a = 10 + 1; と同じ
++a;    ← a = 11 + 1; と同じ
```

しかし、これらの演算子がほかの演算子と組み合わさると動作が複雑になります。たとえば、次のように変数aを変数bに代入するときにインクリメント演算子を**前置**すると、その動作が変わります。前置した場合は、演算結果が代入されます。しかし、**後置**した場合は、元の値のコピーが戻されてから、変数の値が加算されます。

**例** 前置インクリメントと後置インクリメント

```
int a = 10;
int b = ++a;   ← 前置：int b = 1 + 10; と同じ
int c = a++;   ← 後置：元の値である11が戻されてcに代入されてから、aが12になる
```

では、演算子を後置したときに、代入だけでなく、ほかの演算をさらに追加した場合はどうなるかを考えてみましょう。次の式では、後置インクリメントのあとに加算演算子を追加しています。

**例** 後置インクリメントの後ろに加算演算子を追加

```
int a = 10;
int b = a++ + 10;   ← int b = 10 + 10; a = 10 + 1;
```

この場合も元の値のコピーを使って演算してから、変数aの値を1増やします。そのため、変数aの値は11に、変数bの値は20になります。この例では、わかりやすくするために2つの変数を使いました。もし、次のように1つの変数だけを使った場合は、次の図のように一時変数を使って考えます。インクリメント演算子が出てくれば、演算対象の値を保持した一時変数を用意し、その値を1増やします。その後、同じ変数が登場すれば、この一時変数の値を適用します。

【インクリメント演算①】

$$a = a\underline{++} + a; \Rightarrow a = 10 + 11$$

+1 ↓ ↗
|11|
一時変数

このように、先にインクリメントしてから式を組み立てると簡単に解けるようになります。先にインクリメントやデクリメントを実行して式を組み立てるのは、これらの演算子の優先順位が、ほかの算術演算子よりも高いからです。インクリメント演算子・デクリメント演算子と算術演算子の優先順位は異なるため、式の左から順に実行してはいけない点に注意してください。

※次ページに続く

また、インクリメントされた結果は演算子のあとに出てくる変数に適用されることを覚えておきましょう。これは次のように適用すべき変数が複数現れた場合も同じです。

**【インクリメント演算②】**

$$a = a++ + a + a; \Rightarrow a = 10 + 11 + 11$$

+1 → 11 一時変数

前置の場合もインクリメントされた一時変数の値が適用されるタイミングが異なるだけで、「インクリメントされた結果は演算子のあとに出てくる変数に適用される」というルールは同じです。

**【インクリメント演算③】**

$$a = ++a + a; \Rightarrow a = 11 + 11$$

+1 → 11 一時変数

たとえば、次の式のように1つの式の中に複数のインクリメント演算やデクリメント演算がある場合は、演算子が出てきたタイミングで一時変数の値を変更して、適用していきます。

**【インクリメント演算④】**

$$a = a++ + a + ++a + a; \Rightarrow a = 10 + 11 + 12 + 12$$

+1 → 11 一時変数　　+1 → 12 一時変数

このように演算子が出てきたタイミングで一時変数の値を変更し、それ以降に登場する変数に適用するというルールを覚えておけば、設問のコードのように複雑に見える式でも簡単に解けるようになります。

**【インクリメント演算⑤】**

$$a = a++ + a + a-- - a-- + ++a; \Rightarrow a = 10+11+11-10+10$$

+1 → 11 一時変数　　-1 → 10 一時変数　　-1 → 9 一時変数　　+1 → 10 一時変数

以上のことから、選択肢**B**が正解です。

72

**試験対策** インクリメント演算子やデクリメント演算子の前置と後置の違いによる演算の動作順序は重要なポイントです。一時変数がどのタイミングで加算や減算されるかをしっかりと覚えておきましょう。

## 5. C  ➡ P55

Javaには、数値演算をするための算術演算子のほかに、関係演算子や論理演算子など多くの演算子が用意されています。設問は、関係演算子についての問題です。

**関係演算子**は、左右オペランドの値を比較し、**真偽値**を戻す演算子です。たとえば、**==演算子**は左右のオペランドの値が等しければ**true**を、等しくなければ**false**を戻します。関係演算子には、次のような種類があります。

【関係演算子】

| 演算子 | 使用例 | 意味 |
| --- | --- | --- |
| == | a == b | aとbが等しければtrue |
| != | a != b | aとbが等しくなければtrue |
| > | a > b | bがaよりも小さければtrue |
| >= | a >= b | bがa以下であればtrue |
| < | a < b | bがaよりも大きければtrue |
| <= | a <= b | bがa以上であればtrue |
| instanceof | a instanceof b | aがbと同じクラスかbのサブクラスのインスタンスであればtrue |

これらの演算子は、数値や文字、真偽値、参照などさまざまな対象を比較できます。しかし、このうち、「>」「>=」「<」「<=」の4つの演算子は、**数値**の大小を比較するもので、数値以外の比較はできません。以上のことから、選択肢**C**が正解です。

**試験対策** 「>」「>=」「<」「<=」の4つの関係演算子に関する問題では、オペランドの値を含むかどうかを確認しましょう。「>」と「<」はオペランドの値を含まず、「>=」と「<=」はオペランドの値を含みます。

## 6. A → P56

論理演算子に関する問題です。

複数の関係演算を組み合わせ、複雑な条件を指定するために使うのが**論理演算子**です。論理演算子を使うことで「10より大きく、かつ20より小さい」や「xが10と等しいか、またはyが20と等しい」などのような複雑な条件を記述できます。論理演算子には、次のような種類があります。

### 【論理演算子】

| 演算子 | 使用例 | 意味 |
|---|---|---|
| & | a & b | aとbの両方がtrueであればtrue |
| && | a && b | aとbの両方がtrueであればtrue |
| \| | a \| b | aもしくはbのいずれかがtrueであればtrue |
| \|\| | a \|\| b | aもしくはbのいずれかがtrueであればtrue |
| ! | !a | aがtrueであればfalse、falseであればtrue |

論理演算子の左右オペランドの組み合わせによる結果は次のとおりです。**&**や**&&**は両方がtrueのときだけtrue、**|**や**||**は両方がfalseのときだけfalseとなります。

### 【論理演算子】

| &および&& | | | \|および\|\| | | |
|---|---|---|---|---|---|
| 左 | 右 | 結果 | 左 | 右 | 結果 |
| true | true | true | true | true | true |
| true | false | false | true | false | true |
| false | true | false | false | true | true |
| false | false | false | false | false | false |

&と&&、|と||の違いは、左オペランドの結果で右オペランドを評価するか、評価しないかという点です。**&&**や**||**は「**ショートサーキット演算子**」とも呼ばれ、左オペランドの結果によっては右オペランドを評価しません。

&&演算子は、もし左オペランドの式がfalseを戻すのであれば、右オペランドを評価しません。前述のとおり、&や&&の2つの演算子は、両方がtrueのときだけtrueを戻すため、左オペランドの式がfalseを戻した段階で、この論理演算の結果はfalseであることが確定します。&&演算子は、このような場合に右オペランドの式を評価するような無駄を省きます。たとえば、次の式は左オペランドの式がfalseを戻すため、右オペランドのインクリメントは実行されず、変数aの値は「5」のままです。

**例** &&演算子

```
int a = 5;
boolean b = a < 3 && ++a < 10;
```

||演算子も同様に、もし左オペランドがtrueを戻すのであれば、この演算は常にtrueを戻すことが確定するため、右オペランドを評価しません。

もし、必ず両オペランドとも評価したいのであれば、&演算子や|演算子を使います。たとえば、先ほどの式を次のように&&演算子から&演算子に変更します。

**例** &演算子

```
int a = 5;
boolean b = a < 3 & ++a < 10;
```

左オペランドの式「a < 3」はfalseを戻しますが、そのまま右オペランドも評価されるため、変数aの値はインクリメントされて「6」に変わります。左オペランドがfalseを、右オペランドがtrueを戻すため、論理演算の結果はfalseです。このように&&演算子から&演算子に変更しても式の結果は同じです。しかし、式の途中で変数aの値が「5」から「6」に変わっているため、その後の処理で違いが生じる可能性があります。

設問のコード5行目の論理演算は、ショートサーキット演算子「&&」を使っています。そのため、左オペランドの式がfalseを戻す段階で、右オペランドは評価されません。よって、変数aとbのインクリメントは両方とも実行されません。以上のことから、選択肢**A**が正解です。

## 7.　A　　　　　　　　　　　　　　　　　　　　➡ P56

演算子の優先順位についての問題です。
Javaのプログラムでは、複数の演算子を組み合わせて複雑な式を表現できます。演算子には**優先順位**があり、同じ優先順位であれば式は左から順に実行されます。もし、異なる優先順位の演算子が含まれていた場合は、優先順位の高いものから演算されます。演算子の優先順位は、次のとおりです。

※次ページに続く

**第3章**

演算子と判定構造の使用（解答）

**75**

【演算子の優先順位】

| 優先順位 | 演算子 |
|---|---|
| 高い | [ ] . （パラメータのリスト） x++ x-- |
| | ++x --x +x ~ ! |
| | new （型）x |
| | * / % |
| | + - |
| | << >> >>> |
| | < > <= >= instanceof |
| | == != |
| | & |
| | ^ |
| | \| |
| | && |
| | \|\| |
| | ?: |
| 低い | = += -= *= /= %= &= ^= != <<= >>= >>>= |

設問の式は、次のようにカッコで括ると優先順位がわかりやすいでしょう。

**例** 設問のコード4行目①

```
(a % b * c) + (a / b)
```

これに数値を入れてみると、次のような式になります。

**例** 設問のコード4行目②

```
(100 % 20 * 30) + (100 / 20)
```

優先順位が同じ演算子が式に複数含まれていた場合、左から順に実行していきます。そのため、最初に実行されるのは「100 % 20」の剰余算です。余りを求めるこの式は0を戻すため、次の式と同じ意味を持ちます。

**例** 設問のコード4行目③

```
(0 * 30) + (100 / 20)
```

＋演算子の左側の式は、0と30を掛けているため、その結果は0のままです。一方、右側の式は100を20で割っているため結果は5になります。左右両方の式の評価が終わった段階で、優先順位が低かった加算演算子が実行されるた

め、0+5=5で結果は「5」となります。以上のことから、選択肢**A**が正解です。

**試験対策**
Javaには上記のとおり数多くの演算子があり、それぞれ優先順位が異なります。試験対策としてすべてを覚える必要はありませんが、以下のことを覚えておきましょう。
・カッコやインクリメント、デクリメントが最優先である
・数学と同じで乗算や除算、剰余算が、加算や減算よりも優先される

## 8. B     ➡ P57

同一性と同値性に関する問題です。
Javaでは「同じ」という言葉が、2つの意味を持っています。1つ目は、**同じインスタンス**であること。もう1つは、**同じ値**であることです。前者を「同一」、後者を「同値」と呼びます（同値については解答9を参照してください）。

**同一**であるとは、複数の変数が**同じインスタンスを参照している**ことを指します。たとえば、次のコードはインスタンスを1つ作り、そのインスタンスへの参照を2つの変数で共有しています。このとき、「変数aと変数bは同一である」といいます。このような性質のことを、「**同一性**」と呼びます。

**例** 2つの変数が同じ参照を共有

```
Object a = new Object();
Object b = a;  ← 変数aの参照をコピーして変数bに代入
```

【同一性】

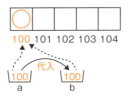

同一性は、**==演算子**で判定します。次のコードは、前述の変数aとbを比較しています。どちらの変数も同じ参照を持っているため、結果は「true」と表示されます。

**例** ==演算子で同一性を判定

```
System.out.println(a == b);
```

設問では、mainメソッドでSampleのインスタンスを1つ作っています。その後、Sample型変数をもう1つ用意し、1つ目のインスタンスへの参照を代入しています。そのため、変数s1とs2は同じ参照を持っています。つまり、同一です。しかし、5行目でさらにSampleのインスタンスを作り、そのインスタンスへの参照を変数s1に代入しています。この段階で変数s1とs2は、異なるインスタンスへの参照を持っており、同一ではなくなります。そのため、＝＝演算子で比べた結果はfalseとなります。以上のことから、選択肢**B**が正解です。

## 9. A　　　　　　　　　　　　　　　　　　　　　　　　　　➡ P58

解答8では、Javaの「同じ」という言葉には同一と同値があることを学びました。本設問は、同値性についての問題です。

**同値性**とは、インスタンスは異なるけれど、同じ値を持っている性質のことです。たとえば、次のようなクラスを例に同値性について考えます。

**例** Personクラス

```
public class Person {
    private String name;
    public Person(String name) {
        this.name = name;
    }
}
```

このクラスを使って、次のように、まったく同じ値を持った2つのインスタンスを作ります。

**例** Personクラスのインスタンスの作成

```
Person a = new Person("taro");
Person b = new Person("taro");
```

インスタンスを2つ作って、それぞれ異なる変数に代入しているため、それぞれの変数が持っている参照は異なります。しかし、参照先のインスタンスは共に同じ値を持っています。このような状態を「2つのインスタンスは同値である」といいます。

同値性は、同一性のように＝＝演算子で確認することはできません。＝＝演算子は、変数内の値、つまり参照同士を比較する演算子だからです。**参照の先にあるインスタンスが同じ値を持っている**かどうかは**equalsメソッド**を使って確認します。

equalsメソッドは、**Objectクラス**に定義されている、同値性を確かめるためのメソッドです。ただし、Objectクラスに定義されているequalsメソッドは、次のように同一性を確認する実装になっています。

```
public boolean equals(Object obj) {
    return (this == obj);
}
```

「同じ値を持っている」という定義は、すべてのフィールドが一致することを条件とするのか、それとも一部のフィールドでも一致すればよいと判断するのかが、クラスごとに異なります。そのため、どのような条件にするかは各クラスの設計者に委ねられています。クラスを設計するにあたっては、同値であることの条件を定め、**equalsメソッドをオーバーライドする**ことで実装します。

設問のSampleクラスは、numとnameという2つあるフィールドのうち、numの値だけ一致すれば同値であると判断するように、equalsメソッドをオーバーライドしています。

**例** 設問のSampleクラスのequalsメソッド

```
public boolean equals(Object obj) {
    if (obj == null) {
        return false;
    }
    if (obj instanceof Sample) {
        Sample s = (Sample) obj;
        return s.num == this.num;        ← numだけを比較している
    }
    return false;
}
```

設問のMainクラスでは、Sampleクラスのインスタンスを2つ作っています。コンストラクタの引数を見てみると、nameの値は異なるものの、numの値は同じです。そのため、この2つのインスタンスをequalsメソッドで比較すると「同値である」ことになり、その結果、コンソールには「true」と表示されます。以上のことから、選択肢**A**が正解です。

※次ページに続く

試験対策 異なるインスタンス同士が同じ値を持っているか（同値であるか）を確認するには、equalsメソッドを使います。

参考 equalsメソッドはオーバーライドを前提としているメソッドです。

## 10. D　→ P59

インスタンスの同値性に関する問題です。
インスタンスの同値性を確認するには、equalsメソッドを使うことを解答9で学びました。equalsメソッドはObjectクラスに定義されているメソッドで、すべてのクラスが持っています。しかし、同値性の確認方法は各クラスによって異なるため（解答9を参照）、equalsメソッドは**オーバーライド**して使うことを前提としています。
Objectクラスのequalsメソッドの定義は、次のとおりです。

```
public boolean equals(Object obj) {
    return (this == obj);
}
```

このメソッドをオーバーライドする場合は、メソッドのシグニチャを変更してはいけません。しかし、設問のSampleクラスに定義されているequalsメソッドは、引数にObject型ではなく、Sample型を受け取ります。これはメソッドの**オーバーロード**です。

そのため、mainメソッドでObject型の引数を渡してequalsメソッドを呼び出したときは、Objectクラスに定義されたequalsメソッドが実行されます。Objectクラスに定義されているequalsメソッドは、前述の定義からもわかるとおり、**同一性**の判定をします。変数aとbは異なる参照を持っており、同一ではありません。よって、コンソールには「false」と表示されます。以上のことから、選択肢**D**が正解です。

なお、ここでは同値性についての解説だけしています。同一性については、解答8を参照してください。

試験対策 Objectクラスのequalsメソッドは、Object型を引数に受け取り、boolean型の戻り値を戻します。

## 11. B ➡ P60

同値性とequalsメソッドのオーバーライドに関する問題です。

**equalsメソッド**は、同値性を確認するためのメソッドです。このメソッドはObjectクラスに定義されているため、すべてのクラスが引き継いでいるメソッドです。しかし、同値性の確認方法は各クラスによって異なるため、equalsメソッドは**オーバーライド**して使うことを前提としています。このメソッドをオーバーライドするときには、次のような条件を満たさなければいけません。

・ null以外の参照値xがあったとき、x.equals(x)はtrueを返すこと
・ null以外の参照値xとyがあったとき、y.equals(x)がtrueを返す場合は、x.equals(y)はtrueを返すこと
・ null以外の参照値xとy、zがあったとき、x.equals(y)がtrueを返し、y.equals(z)がtrueを返す場合、x.equals(z)はtrueを返すこと
・ null以外の参照値xとyがあったとき、x.equals(y)を複数回呼び出しても、比較で使われた情報が変更されていなければ、一貫してtrueを返すか、一貫してfalseを返すこと
・ null以外の参照値xについて、x.equals(null)はfalseを返すこと

これらの条件は、APIドキュメントに掲載されており、オーバーライドするときには条件を満たすよう実装しなければいけません。試験対策として覚えておくべきなのは、最後の条件です。

この条件に従えば、equalsメソッドは、nullが渡されたときには、常にfalseを戻さなければいけません。そのため、引数にnullを渡している設問のコードもfalseを表示しなければいけません。実際にObjectクラスに定義されたequalsメソッドを確認すると、次のような定義になっています。

```
public boolean equals(Object obj) {
    return (this == obj);
}
```

このようにObjectクラスのequalsメソッドでは、＝＝演算子を使って、自分自身への参照を表すthisと、引数で渡された参照を比較しています。そのため、引数にnullを渡せば、falseが戻されます。以上のことから、選択肢**B**が正解です。

## 12. D ➡ P60

文字列リテラルの同一性を確認する問題です。
解答8、9で学習したように、Javaにおける「同じ」という言葉には、同一と同

第 3 章

演算子と判定構造の使用（解答）

81

値という2つの意味があります。同一を確認するには==演算子を使い、もう一方の同値を確認するにはequalsメソッドを使います。

**String**のインスタンスは、**文字列リテラル**（ダブルクォーテーションで括られた文字列）を記述するだけで作られます。設問のコードの3行目と4行目では、2つの文字列インスタンスを作り、変数aとbにそれぞれの参照を代入しています。そのため、変数aとbには、異なる参照が代入されており、==演算子で比較すれば参照が異なるためにfalseが戻されるはずです。しかし、設問の次のコードは、「true」とコンソールに出力します。

**例** 設問のコード3～5行目

```
String a = "sample";
String b = "sample";
System.out.print(a == b);
```

これは「**コンスタントプール**」という仕組みがあるためです。文字列リテラルは、プログラム中に頻繁に現れます。ところが、そのたびにStringのインスタンスを生成していては、処理の負荷が高くなるばかりでなく、メモリも大量に消費することになります。そこで、文字列リテラルは、定数値としてインスタンスとは異なる定数用のメモリ空間に作られ、そこへの参照がString型変数に代入されます。

もし、同じ文字列リテラルがプログラム内に再び登場すれば、定数用のメモリ空間にある文字列インスタンスへの参照が「使い回し」されます。こうすることで、新しいインスタンスを作るような負荷もかからず、メモリ消費を抑制してプログラムを実行できるのです。このような仕組みのことを「コンスタントプール」と呼びます。

設問のコードでは、"sample" という同じ文字列リテラルを使っています。そのため、変数aとbには同じ参照値が代入され、==演算子で同一性を確認すると「true」と表示されます。よって、選択肢AとBは誤りです。

また、同じ参照をequalsメソッドで比較しているため、7行目のコードは「true」と表示します。以上のことから、選択肢Cは誤りで、選択肢**D**が正解です。

コード中に同じ文字列リテラルが登場した場合、同じStringインスタンスへの参照が使い回されます。そのため、==演算子を使って同一性を判定するとtrueとなります。

## 13. A

→ P61

同一性・同値性とequalsメソッドに関する問題です。

解答12では、コンスタントプールという仕組みがあるため、コード中で複数回使われる同じ文字列リテラルには、同じインスタンスへの参照が使い回されることを学びました。

このコンスタントプールは、文字列リテラルを使ったときだけ有効です。そのため、設問のコードのように**new演算子**を使ってプログラマーが明示的に「新しいインスタンスを作る」ことを記述した場合には、その都度、インスタンスが作られ、それぞれの変数が異なる参照を持ちます。

そのため、変数aにはインスタンス用のメモリ空間に作られたStringインスタンスへの参照、変数bにはコンスタントプールによって定数用のメモリ空間に作られたStringインスタンスへの参照が代入されます。よって、＝＝演算子の結果はfalseを戻します。以上のことから、選択肢CとDは誤りです。

7行目では、equalsメソッドを使って「同値」であることを確認しています。**Stringクラスのequalsメソッド**は次のような定義になっており、内部に持っている文字列から1文字ずつ取り出して、同じ文字かどうかを確認します。

```
public boolean equals(Object anObject) {
    // 省略
    if (anObject instanceof String) {
        // 省略
        if (n == anotherString.value.length) {
            char v1[] = value;                // 内部に持っている文字列
            char v2[] = anotherString.value;  // 引数で渡された文字列
            int i = 0;
            while (n-- != 0) {
                if (v1[i] != v2[i])           // 1文字ずつ確認
                        return false;
                i++;
            }
            return true;
        }
    }
    return false;
}
```

第3章

演算子と判定構造の使用（解答）

83

設問のコードでは、変数aとbのどちらの参照先にあるStringインスタンスも"sample"という同じ文字列を持っています。そのため、equalsメソッドはtrueを戻します。よって、選択肢**A**が正解です。

## 14.　A　　　　　　　　　　　　　　　　　　　　　　　→ P61

if文の構文に関する問題です。

プログラムは、コードの上から下に向かって実行されます。これを「**順次処理**」と呼びます。この流れの途中で、条件を設けて処理をするか、しないかを分ける制御のことを「**分岐処理**」と呼びます。プログラムの流れの制御にはもう1つ、同じ処理を繰り返す「**反復処理**」があります。プログラムの処理の流れは、この順次、分岐、反復の3つの構文を使って組み立てます。

【順次・分岐・反復】

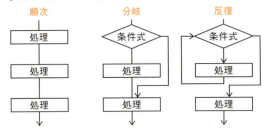

Javaでは、分岐処理をするための構文として**if文**と**switch文**の2つが用意されています。設問で出題されているif文には、次の3つの種類があります。

- **if**
- **if-else**
- **if-else if-else**

if文の書式は次のとおりです。

**構文**
```
if ( 条件式 ) {
    // 条件に一致したときに実行する処理
}
```

以上のことから、選択肢**A**が正解です。なお、if文の書式のうち、中カッコ「{}」は省略可能です。省略したときの注意点については、解答15を参照してください。

選択肢Bは、条件式を指定するためのカッコ「()」がありません。また、選択肢CやDのようにthenというキーワードはJavaにはありません。よって、これらは誤りです。

**試験対策** Javaのif文では「then」は使えません。同様に、if文の終わりに「end if」なども不要です。こうした構文で記述するプログラミング言語を学んだ人は注意してください。

## 15. B　　　　　　　　　　　　　　　　　　　　　　　➡ P62

if文の構文に関する問題です。
if文の中カッコ「{ }」内には、条件式に合致したときの処理を記述します。**中カッコは省略可能**で、省略した場合は次の1文だけがif文の条件に合致したときの処理として実行されます。しかし、中カッコの省略はコードの可読性を落とす可能性が高いため、おすすめできません。

設問のコードは、if文の条件式（3行目）のあとに、2行の処理（4行目と5行目）が記述されています。前述のとおり、中カッコを省略した場合は次の1文だけ実行されるため、4行目は「if文の条件に合致したときの処理」であると判断されます。一方、5行目は、条件式から2行目に記述されているため、if文とは無関係であると判断されます。

試験では、中カッコなしのif文が出題された場合、迷わないためにもまず中カッコを記述しましょう。設問のコードを中カッコを使うよう変更すると次のようになります。

**例** 中カッコを省略しなかった場合のコード

```java
public class Main {
    public static void main(String[] args) {
        if (false) {
            System.out.println("A");
        }
        System.out.println("B");
    }
}
```

このように中カッコを使えば範囲がわかり、間違えることもなくなるでしょう。このif文の条件は「false」と真偽リテラルが記述されているため、条件式に合致したときの処理は実行されません。よって、コンソールには「B」だ

けが表示されます。以上のことから、選択肢**B**が正解です。

中カッコが省略されているコードは、中カッコありのコードに書き直して考えましょう。

中カッコを使わなかった場合、どこまでが条件に合致したときの処理なのかがわかりにくくなってしまいます。このような混乱を避けるためにも、実際の開発では中カッコを使って範囲を明示することが推奨されます。

## 16. C　　→ P62

if-else文の構文に関する問題です。
**if-else文**は、条件に合致したときと、合致しなかったときの処理の両方を記述するための文です。if-else文の書式は、次のとおりです。

### 構文
```
if ( 条件式 ) {
    // 条件に合致したときの処理
} else {
    // 条件に合致しなかったときの処理
}
```

if文と同様、中カッコ「{ }」は省略可能です。設問のコードに中カッコを付けると、次のようになります。

### 例 中カッコを省略しなかった場合のコード

```java
public class Main {
    public static void main(String[] args) {
        int num = 10;
        if (num < 10) {
            System.out.println("A");
        } else {
            System.out.println("B");
        }
        if (num == 10) {
            System.out.println("C");
        }
    }
}
```

設問のコードでは、numの値を比較し、その結果によって処理を分岐しています。numは10で初期化されているため、最初のif文の条件「numの値が10よりも小さい」は満たしません。よって、else文が実行され、コンソールには「B」が表示されます。その後、2つ目のif文が実行され、条件「numの値が10と等しい」を満たすため、コンソールには「C」が表示されます。以上のことから、選択肢**C**が正解です。

## 17. A →P63

if-else if-else文の構文に関する問題です。
**if-else if-else文**は、複数の分岐条件を一度に記述できる文です。if-else if-else文の書式は次のとおりです。

**構文**
```
if ( 条件式A ) {
    // 条件式Aに合致したときの処理
} else if ( 条件式B ) {
    // 条件式Bに合致したときの処理
} else if ( 条件式C ) {
    // 条件式Cに合致したときの処理
} else {
    // すべての条件に合致しなかったときの処理
}
```

else ifを使った条件式は、いくつでも記述できます。また、if文やif-else文同様、中カッコ「{ }」は省略できます。省略した場合は次の1文だけが条件に合致したときの処理として実行されます。

注意しなければいけないのは、else if文は「else」と「if」の間で改行することはできないことです。もし中カッコを使わずに、次のようにelseとifの間で改行した場合、elseブロック内に新しいif文が記述されているものと解釈されます。

**例** ifとelseの間で改行した場合

```
if ( 条件式A )
    // 条件式Aに合致したときの処理
else
if ( 条件式B )
    // 条件式Bに合致したときの処理
else
    // 条件式Bに合致しなかったときの処理
```

第3章

演算子と判定構造の使用（解答）

87

このコードに中カッコを付けると、次のようになります。

**例** 上記のコードに中カッコを付けた場合

```
if ( 条件式A ) {
    // 条件式Aに合致したときの処理
} else {
    if ( 条件式B )
        // 条件式Bに合致したときの処理
    else
        // 条件式Bに合致しなかったときの処理
}
```

設問のコードも中カッコが省略されており、いわゆる「引っかけ問題」になっています。このように中カッコが省略された設問が出題された場合には、まず中カッコを記述しましょう。中カッコを付けた設問のコードは、次のとおりです。

**例** 中カッコを省略しなかった場合のコード

```
if (num == 100) {
    System.out.println("A");
} else if (10 < num) {
    System.out.println("B");
} else {
    if (num == 10) {
        System.out.println("C");
    } else {
        if (num == 10) {
            System.out.println("D");
        }
    }
}
```

elseのあとに改行が入っていた場合、中カッコを入れる点に注意してください。このコードで設問を解くと、numの値は10であるため、「numが100と等しい」とした1つ目のif文はfalse、次の「numは10よりも大きい」としたelse if文もfalseとなるため、else文に制御が移ります。else文の中では、さらにif文が始まっており、1つ目の条件「numが10と等しい」に合致するためコンソールには「C」が表示されます。ここで条件に合致したため、その後に出てくるelse文は実行されません。よって、コンソールに「D」が表示されることはありません。以上のことから、選択肢**A**が正解です。

> 試験対策: if-else if文は、elseとifの間で改行することはできません。改行すると、if-else if文はif-else文として扱われ、2つ目のif文はelse文の中にある分岐として解釈されます。

## 18. A、B、C、D、F、G　　　　　　　　　　→ P64

switch文に関する問題です。
条件によって分岐をするif文に対し、**switch文**の特徴は、値によって処理を分岐する点です。switch文の書式は、次のとおりです。

**構文**
```
switch ( 条件式 ) {
    case 値 : 処理
        break;
    case 値 : 処理
        break;
    default : 処理
        break;
}
```

switch文は、条件式が戻す値と一致する**case式**を実行します。条件式が戻せる値の型には制限があり、条件式は次の型の値を戻す式でなくてはいけません。

- char
- byte
- short
- int
- Character
- Byte
- Short
- Integer
- String
- enum

たくさんの種類がありますが、次のように覚えましょう。

- **int型以下の整数型とそのラッパークラス**
- **文字と文字列**
- **列挙型**

※次ページに続く

したがって、選択肢A、B、C、D、F、Gが正解です。
間違えやすいのはlong型が含まれていない点です。ほかにもdoubleやfloatといった浮動小数点数を扱う型や、booleanも含まれません。したがって、選択肢EとHは誤りです。

Java SE 7からはString型を扱えるようになっています。重要なポイントなので、覚えておきましょう。

## 19. A、B　　　　　　　　　　　　　　　　　　　　➡ P64

switch文のcase値として使用できる値に関する問題です。
**switch文**は、条件式が戻す値によって処理を分岐します。分岐するために使う値のことを「**case値**」と呼びます。case値として使用できる値は、次の条件を満たす必要があります。

・条件式が戻す値と同じ型か互換性がある型であること
・定数であるか、コンパイル時に値を決めることができること
・nullでないこと

試験対策として、特に注意すべきは2番目の「定数であること」です。これは**final宣言された変数**か、もしくは**リテラル**を表します。変数はcase値として使えません。変数は、プログラムの実行中に値を変更できるため、2つのcase値が同じになってしまうなど、分岐が成り立たない可能性があるからです。

設問のコードは、6行目にある1つ目のcase値に文字列を指定しています。しかし、条件式に記述されている変数の型はint型です。このように互換性のない型を使って分岐処理はできません。よって、6行目はコンパイルエラーが発生します。

8行目にある2つ目のcase値には、変数を指定しています。前述のとおりcase値には、定数やリテラルなど、あとから変更できない値しか記述できません。よって、8行目もコンパイルエラーが発生します。

10行目にある3つ目のcase値には、リテラル同士の式が記述されています。この式は、コンパイル時に結果を決定することができるため、「10」というリテラルを直接記述したものと同じ意味を持ちます。よって、10行目ではコンパイルエラーは発生しません。

12行目にある4つ目のcase値には、定数を指定しています。この定数はfinalで修飾されており、あとから値を変更できません。よって、12行目でコンパイ

ルエラーは発生しません。

以上のことから、選択肢**A**と**B**が正解です。

試験対策　変数は、case値として使用できません。

## 20. C　　　　　　　　　　　　　　　　　　　　　　　　→ P65

switch文のbreakに関する問題です。
switch文では、case値にマッチする処理が実行されます。処理が終われば、**break**を使ってswitch文を抜けるようにします。breakを記述しなかった場合は、以降に現れるすべてのcase式の処理が、breakが現れるまで実行されます。

たとえば、次のコードではnumの値は10であるため、1つ目のcase式に合致します。そのため、コンソールには「A」が表示されます。しかし、breakが記述されていないため、その後のすべてのcase式の処理が実行され、コンソールには「B」「C」「D」「E」と順に表示されることになります。このとき、**default式**も対象になることに注意しましょう。

### 例 switch文

```
int num = 10;
switch (num) {
    case 10: System.out.println("A");
    case 11: System.out.println("B");
    case 12: System.out.println("C");
    case 13: System.out.println("D");
    default : System.out.println("E");
}
```

設問のコードのように、case式に何の処理も記述しないこともできます。これは「何も処理しない」という処理を意味するため、コンパイルエラーにはなりません。よって、選択肢Eは誤りです。

設問の変数numの値は1であるため、1つ目のcase式がマッチします。前述のとおり、「何も処理しない」という処理を実行したあとにbreakが現れないため、続けて2つ目、3つ目、4つ目、最後にdefaultのcase式と、次々に実行していきます。以上のことから、選択肢**C**が正解です。

※次ページに続く

**試験対策** switch文のcase式では、breakが現れるまで次のcase式の処理を実行します。試験でswitch文が出題された場合には、まずbreakの有無を確認するようにしましょう。

## 21. B  ➡ P66

三項演算子に関する問題です。
**三項演算子**は、条件に合致するかどうかで、戻す値を変更する演算子です。この演算子の書式は次のとおりです。

### 構文

　真偽値式 ? trueの場合に評価する式 : falseの場合に評価する式

たとえば、次のような文があったとき、Aが条件式で、AがtrueだったときにはBを、falseだったときにはCを戻して、変数valに代入します。BとCが値ではなく、式であった場合は、その結果が変数valに代入されます。

### 例 三項演算子の例

```
val = A ? B : C
```

設問のコードは、変数aとbを比較して一致しないときに「yes」を戻さなければいけません。そのため、条件式である「a.equals(b)」の結果がfalseのときに「yes」を戻すとした選択肢**B**が正解です。選択肢Aでは、「no」が戻されてしまいます。
選択肢CとDは、構文が誤っています。

## 22. D  ➡ P66

ネストした三項演算子に関する問題です。
三項演算子は便利な演算子ですが、設問のように**ネスト**した場合には可読性を下げる要因になるため、その利用を禁止している開発プロジェクトもあります。1行でネストした三項演算子を書くより、次のように改行とインデントを入れるだけで格段に可読性が上がります。ネストした三項演算子を使う場合には、可読性を下げないように配慮しましょう。

**構文**

変数 = 式A ? 式Aがtrueの場合の式
　　　: 式B ? 式Bがtrueの場合の式
　　　: 式C ? 式Cがtrueの場合の式
　　　: すべてfalseだった場合の式

上記の構文からわかることは、「?」と「:」が交互に現れ、最後だけ「:」で終わるという法則です。この法則を理解していれば、たとえ出題された三項演算子の可読性が低くても、構文の誤りに気付きやすくなるでしょう。
選択肢のうち、「?」と「:」が交互に表れているのは選択肢Dだけです。実際にコードに入れて改行とインデントを入れると下記のとおりとなります。

**例** 選択肢Dのコードの可読性を上げた記述例

```
public class Main {
    public static void main(String[] args) {
        int point = 80;
        String val = point < 40 ? "D"
                : point < 60 ? "C"
                : point < 80 ? "B"
                : "A";
        System.out.println(val);
    }
}
```

以上のことから、選択肢**D**が正解です。その他の選択肢はコンパイルエラーとなります。

ネストした三項演算子は「?」と「:」が交互に現れ、最後だけ「:」で終わります。

第3章 演算子と判定構造の使用（解答）

# 第4章

## 配列の作成と使用

- 配列の宣言、初期化、インスタンスの生成
- 多次元配列
- 配列のコピー

**1.** 次のプログラムをコンパイル、実行したときの結果として、正しいものを選びなさい。（1つ選択）

```
1. public class Main {
2.     public static void main(String[] args) {
3.         int[] array = new int[0];
4.         System.out.println(array);
5.     }
6. }
```

A. 0が表示される
B. nullが表示される
C. 何も表示されない
D. { }が表示される
E. ハッシュコードが表示される
F. コンパイルエラーが発生する
G. 実行時に例外がスローされる

➡ P102

**2.** 次のプログラムの説明として、正しいものを選びなさい。（1つ選択）

```
 1. public class Main {
 2.     public static void main(String[] args) {
 3.         int[] a;
 4.         int b[];
 5.         int[][] c;
 6.         int d[][];
 7.         int[] e[];
 8.         int[][] f[];
 9.     }
10. }
```

A. 3行目でコンパイルエラーが発生する
B. 4行目でコンパイルエラーが発生する
C. 5行目でコンパイルエラーが発生する
D. 6行目でコンパイルエラーが発生する
E. 4行目と6行目でコンパイルエラーが発生する
F. 7行目と8行目でコンパイルエラーが発生する
G. コンパイルエラーは発生しない

➡ P104

**3.** 配列型変数の宣言として、正しいものを選びなさい。（1つ選択）

    A.    `int[3] a;`

    B.    `int b[2];`

    C.    `int[2] c[];`

    D.    `int d[3][];`

    E.    選択肢A〜Dまで、すべて誤りである

    F.    選択肢A〜Dまで、すべて正しい

➡ P107

**4.** 次の中から、コンパイルエラーになるコードを選びなさい。（3つ選択）

    A.    `int a[] = new int[2][3];`

    B.    `int[] b = new int[2.3];`

    C.    `int c[] = new int[2 * 3];`

    D.    `int x = 2, y = 3;`
            `int[] d = new int[x * y];`

    E.    `int[][] e = new int[2][];`

    F.    `int f[][] = new int[][3];`

➡ P108

**5.** 次のプログラムをコンパイル、実行したときの結果として、正しいものを選びなさい。（1つ選択）

```
1.  public class Item {
2.      String name;
3.      int price = 100;
4.  }
```

```
1.  public class Main {
2.      public static void main(String[] args) {
3.          Item[] items = new Item[3];
4.          int total = 0;
5.          for (int i = 0; i < items.length; i++) {
6.              total += items[i].price;
7.          }
8.          System.out.println(total);
9.      }
10. }
```

第4章

配列の作成と使用（問題）

97

A.　0が表示される

B.　200が表示される

C.　300が表示される

D.　コンパイルエラーが発生する

E.　実行時に例外がスローされる

→ P110

**6**.　次のプログラムをコンパイル、実行したときの結果として、正しいものを選びなさい。（1つ選択）

```
1.  public class Main {
2.      public static void main(String[] args) {
3.          String[] array = {"A","B","C","D"};
4.          array[0] = null;
5.          for (String str : array) {
6.              System.out.print(str);
7.          }
8.      }
9.  }
```

A.　「ABCD」と表示される

B.　「BCD」と表示される

C.　「nullBCD」と表示される

D.　「null」と表示される

E.　コンパイルエラーが発生する

F.　実行時に例外がスローされる

→ P111

**7**.　次の中から、コンパイルエラーにならないコードを選びなさい。（3つ選択）

A.　`int[] a = new int[2]{ 2, 3 };`

B.　`int b[][] = {};`

C.　`int[][] c = new int[][]{};`

D.　`int[] d;`
　　`d = new int[]{2, 3};`

E.　`int e[];`
　　`e = {2,3};`

→ P112

**8.** 次のプログラムをコンパイル、実行したときの結果として、正しいものを選びなさい。（1つ選択）

```
 1. public class Main {
 2.     public static void main(String[] args) {
 3.         String[][] array = { { "A", "B" }, null, { "C", "D", "E" } };
 4.         int total = 0;
 5.         for (String[] tmp : array) {
 6.             total += tmp.length;
 7.         }
 8.         System.out.println(total);
 9.     }
10. }
```

    A.    0が表示される
    B.    5が表示される
    C.    9が表示される
    D.    コンパイルエラーが発生する
    E.    実行時に例外がスローされる

➡ P115

**9.** 次のプログラムをコンパイル、実行したときの結果として、正しいものを選びなさい。（1つ選択）

```
 1.    public interface A {}
```

```
 1.    public abstract class B implements A {}
```

```
 1.    public class C extends B {}
```

```
 1.    public class D extends C {}
```

```
 1.    public class Main {
 2.        public static void main(String[] args) {
 3.            A[] array = {new C(), null, new D()};
 4.            Object[] objArray = array;
 5.        }
 6.    }
```

A. Mainクラスの3行目でコンパイルエラーが発生する

B. Mainクラスの4行目でコンパイルエラーが発生する

C. 実行時に例外がスローされる

D. コンパイルも実行もできる

➡ P117

**10.** 次のプログラムをコンパイル、実行したときの結果として、正しいもの
を選びなさい。（1つ選択）

```
1.  public class Main {
2.      public static void main(String[] args) {
3.          int[][] arrayA = { { 1, 2 }, { 1, 2 }, { 1, 2, 3 } };
4.          int[][] arrayB = arrayA.clone();
5.          int total = 0;
6.          for (int[] tmp : arrayB) {
7.              for (int val : tmp) {
8.                  total += val;
9.              }
10.         }
11.         System.out.println(total);
12.     }
13. }
```

A. 0が表示される

B. 12が表示される

C. コンパイルエラーが発生する

D. 実行時に例外がスローされる

➡ P119

**11.** 次のプログラムをコンパイル、実行したときの結果として、正しいもの
を選びなさい。（1つ選択）

```
 1. public class Main {
 2.     public static void main(String[] args) {
 3.         char[] arrayA = { 'a', 'b', 'c', 'd', 'e' };
 4.         char[] arrayB = new char[arrayA.length];
 5.         System.arraycopy(arrayA, 1, arrayB, 0, 4);
 6.         for (char c : arrayB) {
 7.             System.out.print(c);
 8.         }
 9.     }
10. }
```

A.    「abcd」と表示される
B.    「abcde」と表示される
C.    「bcde」と表示される
D.    コンパイルエラーが発生する
E.    実行時に例外がスローされる

➡ P120

第 4 章

配列の作成と使用（問題）

101

# 第4章　配列の作成と使用

# 解　答

## 1.　E

➡ P96

配列の特徴に関する問題です。

**配列**は、複数の値の集合を1つにまとめて扱うための「インスタンス」です。たとえばC言語などのように、同じ型の変数をまとめたものを「配列」と呼ぶプログラミング言語もあります。しかし、Javaの配列は「配列クラス」から作られた「インスタンス」であり、値の集合を扱うことを目的としています。**値の集合**と、**値の集合を扱うインスタンス**は異なるものであることに注意してください。なお、配列が扱う値のことを「**要素**」と呼びます。

【配列】

配列クラス

**new**による
インスタンス化

インスタンス化する段階で
いくつまでの値を扱うか、
要素数を指定する

言語仕様に
組み込まれているため
見ることはできない

扱う

この1つ1つが要素

配列
インスタンス

値の集合

配列には、次のような2つの特徴があります。

・ 同じ型、もしくは互換性のある型の値しか扱えない
・ 扱える要素数はインスタンス生成時に決める。あとで要素数を変えることはできない

なお、配列には**プリミティブ型**の配列と、**オブジェクト型**の配列の2種類がありますが、要素で扱うものが、値そのものなのか、参照（リンク情報）なのかの違いであって、どちらも値をひとまとめにして扱う点に違いはありません。

配列を使うには、ほかのオブジェクトと同様に**newキーワード**を使って、配列のインスタンスを生成しなければいけません。また、配列インスタンスの生成時には、要素数を指定します。たとえば、次のように記述すると、「3つのint型の値しか扱えない配列インスタンス」を生成します。

**例** 配列インスタンスの生成

```
new int[3];
```

配列は、ほかのオブジェクトのように、変数に格納した**参照**を経由して扱います。配列型変数は、次のように大カッコ「**[ ]**」を使って配列型変数であることを表します。

**例** 配列型変数の宣言

```
int[] array;
```

配列型変数には、配列インスタンスへの参照を代入します。変数に値が直接入るわけではないことに注意してください。特にJava入門者は、1つの変数内に複数の値が入ると思い違いしてしまうことがあるので注意しましょう。次のコードは、これまでのコード例をつなげ、3つのint型要素を扱う配列インスタンスを生成し、その参照を配列型変数arrayに代入している例です。

**例** 配列インスタンスの生成、配列型変数への代入

```
int[] array = new int[3];
```

設問のコードは、次のように配列インスタンスの生成時に指定する要素数を0にしています。

**例** 設問のコード3行目

```
int[] array = new int[0];
```

これは、「要素を1つも扱わない配列インスタンス」を生成しているだけです。複数の要素をひとまとめにして扱うのが配列の役割であることを考えれば、このインスタンスは何の役目も果たしませんが、文法的に間違っているわけではありません。そのため、選択肢Fのようにコンパイルエラーが発生することはありません。

4行目のprintlnメソッドは、引数に渡された値をコンソールに表示するメソッドです。このメソッドの引数にオブジェクトへの参照を渡すと、参照先にあるインスタンスのtoStringメソッドを呼び出し、その結果を表示します。配列も同様で、引数に配列（への参照）を渡すと、参照先にある配列インスタンスのtoStringメソッドを呼び出します。

※次ページに続く

**第4章**

**配列の作成と使用（解答）**

**103**

配列クラスは、ほかのクラス同様にObjectクラスを継承して作られており、toStringメソッドもObjectクラスから引き継いでいます。ObjectクラスのtoStringメソッドは、次のような定義になっており、クラス名とインスタンスを一意に見分けるためのハッシュコードを組み合わせた値を戻します。

```
public String toString() {
    return getClass().getName() + "@" + Integer.toHexString(hashCode());
}
```

printlnメソッドに配列を渡すと、このコードが実行され、その戻り値がコンソールに表示されます。以上のことから、選択肢**E**が正解です。

配列がクラスから作られたインスタンスであることは、次のようなコードで確かめることができます。

### 例 配列インスタンスの生成元情報を取得

```
int[] array = new int[3];
Class clazz = array.getClass();
System.out.println(clazz.getCanonicalName());
```

すべてのインスタンスは、どのクラスから作られたのかという「生成元の情報」を持っています。その情報を扱うのがClassクラスです。このコードは、配列インスタンスの生成元情報を取り出し、正式名称をコンソールに表示するものです。なお、コードの実行結果は「int[]」です。

このようなコードが実行できることからも、配列がクラスから作られたインスタンスであることがわかります。

## 2. G  ➡ P96

配列型変数の宣言方法に関する問題です。
配列型変数は、次のように大カッコ「**[ ]**」を使って宣言します。

### 例 配列型変数の宣言①

```
int[] array;
```

この大カッコは、**データ型の後ろ**に記述するだけでなく、**変数名の後ろ**に記述することもできます。このような柔軟性は、ほかのプログラミング言語から移行してくる技術者のために用意されているものです。

**例** 配列型変数の宣言②

```
int array[];
```

上記のように、設問の3行目と4行目のコードは正しい配列型変数の宣言であるため、選択肢AとBは誤りです。

配列は複数の要素をひとまとめにして扱います。要素は大きく分けて、プリミティブ型の値とオブジェクト型の値の2種類があります。解答1では、配列はクラスから作られたインスタンスであること、ほかのクラスのインスタンスと同じように参照を使って扱うことを学びました。このことから、次の2点がわかります。

・配列は複数の参照をひとまとめにして扱うことができる
・配列そのものもインスタンスであり、参照を通して扱える

これらを組み合わせると、配列の要素として、ほかの配列への参照を扱えることがわかります。このように、さらにほかの配列への参照を持っている配列のことを「**多次元配列**」と呼びます。次の図は、多次元配列の例です。この図では、配列が配列を持っており、2層の配列で成り立っています。このような2層で成り立つ多次元配列のことを「**2次元配列**」と呼びます。

【2次元配列】

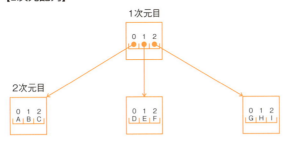

2次元配列の2次元目の配列が、次の図のようにさらに配列への参照を持つこともできます。このように3層で成り立つ多次元配列のことを、「**3次元配列**」と呼びます。

※次ページに続く

【3次元配列】

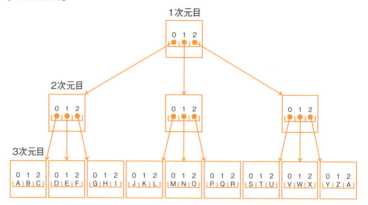

このような多次元配列のインスタンスを扱う変数は、配列であることを表す大カッコを、次元数の分だけ記述します。たとえば、次のコードは2次元と3次元の配列型変数の宣言です。

**例** 2次元配列、3次元配列の配列型変数の宣言①

```
int[][] arrayA;      ←2次元配列型変数の宣言
int arrayB[][][];    ←3次元配列型変数の宣言
```

1次元配列のときと同様に、大カッコはデータ型の後ろだけでなく、変数名の後ろに記述できます。よって、設問のコード5行目と6行目は正しい変数宣言であるため、選択肢CとDは誤りです。また、前述のとおり4行目のコードは正しく記述されているため、選択肢Eも誤りです。

多次元配列の場合には、複数記述する大カッコを一度にまとめて記述する必要はありません。次のようにデータ型と変数名の後ろに分けて記述することもできます。次のコードは2次元と3次元の配列型変数の宣言をしている例です。

**例** 2次元配列、3次元配列の配列型変数の宣言②

```
int[] arrayA[];      ←2次元配列型変数の宣言
int[][] arrayB[];    ←3次元配列型変数の宣言
```

上記のとおり、7行目と8行目でもコンパイルエラーは発生しないので、選択肢Fは誤りです。以上のことから、設問のプログラムでコンパイルエラーは発生しません。よって、選択肢**G**が正解です。

配列型変数の宣言に使う大カッコ「[ ]」を、データ型の後ろだけでなく、変数名の後ろに記述してもコンパイルエラーは発生しません。

## 3. E

→ P97

配列型変数の宣言方法に関する問題です。
設問のような配列型変数についての問題を正しく解くためには、配列型変数と配列インスタンス、要素の違いを明確に理解しておく必要があります。これらの概念は次の図のように、まったく異なるものです。

【配列型変数、配列】

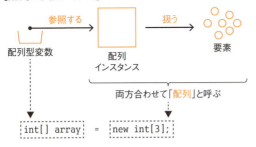

配列型変数には、配列インスタンスへの参照を入れるだけで、参照先の配列がいくつの要素を扱えるかは関係ありません。そのため、配列型変数を宣言するときは、次のように要素数を指定することはできません。

例 配列型変数の宣言（コンパイルエラー）

`int[2] array;`

以上のことから、要素数を指定している選択肢A～Dはすべて間違った配列型変数の宣言です。よって、選択肢Eが正解です。

配列型変数の宣言時に、要素数は指定できません。配列に関する問題では、変数宣言とインスタンス生成のどちらで要素数が指定されているかをチェックしましょう。

## 4. A、B、F ➡ P97

配列インスタンスの生成方法に関する問題です。

配列インスタンスの生成には、必ず扱える**要素数を指定**しなければいけません。たとえば、次のようなコードはコンパイルエラーになります。

**例** 要素数を指定しなかった場合（コンパイルエラー）

```
int[] array = new int[];  ← 要素数を指定していない
```

要素数の指定は、**整数値**で記述しなくてはいけません。次のように浮動小数点数は記述できません。よって、選択肢**B**はコンパイルエラーになります。

**例** 要素数に浮動小数点数を記述した場合（コンパイルエラー）

```
int[] array = new int[2.3];
```

なお、要素数の指定には**int型**の値を使います。同じ整数値でもlong型は使えないことに注意してください。

また、要素数の指定は、選択肢CやDのようにint型の値を戻す式を使って指定することもできます。よって、選択肢CとDはコンパイルエラーにはなりません。

解答2で、多次元配列は配列の要素として配列への参照を扱うということを学びました。たとえば、2次元配列のインスタンスを生成するには、次のように1次元目と2次元目の要素数を指定します。

**例** 2次元配列のインスタンスを生成①

```
int[][] array = new int[3][3];
```

このように記述すると、1次元目と2次元目の配列インスタンスが同時に生成されます。このコードは、次のような順序で動作します。

・ 3つの要素を持った1次元目の配列インスタンスが作られる
・ 3つの要素を持った2次元目の配列インスタンスが3つ作られる
・ 1次元目の要素として、3つの2次元目の配列インスタンスへの参照が代入される

1次元目と2次元目の配列インスタンスを同時に生成するのではなく、まず1次元目の配列インスタンスを生成し、2次元目の配列インスタンスはあとから

生成することもできます。その場合には、次のように1次元目だけ要素数を記述します。次のコードは、1次元目の配列インスタンスだけを生成し、2次元目はあとから生成して、1次元目の配列の要素として参照を代入している例です。

**例** 2次元配列のインスタンスを生成②

```
int[][] array = new int[3][];
array[0] = new int[3];
array[1] = new int[3];
array[2] = new int[3];
```

このように、1次元目と2次元目を別々のタイミングで生成することができます。このとき、**1次元目の要素数は省略できない**ことに注意してください。選択肢Fのように1次元目の要素数を指定せずに、2次元目の要素数を指定することはできません。以上のことから、選択肢Fはコンパイルエラーになります。

なお、選択肢Aは1次元配列の変数を宣言しているにもかかわらず、2次元配列のインスタンスを生成して参照を代入しようとしています。多次元配列を使う場合には、変数とインスタンスの間で**次元数を一致**させなくてはいけません。よって、選択肢Aはコンパイルエラーになります。

多次元配列では、2次元目以降の配列の要素数を揃える必要がありません。たとえば、次の図のように3つの要素を持つ1次元目の配列が、2つ、3つ、4つとそれぞれ異なる要素数を持つ配列への参照を持つことも可能です。

【多次元配列と配列の要素数】

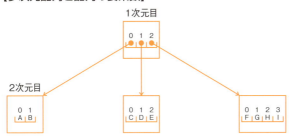

解答3で説明したとおり、配列型変数は参照先の配列インスタンスがいくつ要素を扱っていても関係ありません。それと同じように、配列内の要素を管理するための変数も参照先の配列インスタンスの要素数と関係がありません。そのため、1次元目の配列の要素は、参照先にある（2次元目の）配列がいくつ要素を管理する配列であっても問題ありません。

## 5.  E

配列インスタンスと要素の値に関する問題です。
初心者が陥りやすい間違いとして、オブジェクト型配列を生成したときに、オブジェクトそのものを同時に作っていると錯覚しがちな点が挙げられます。これまで解説してきたとおり、配列型変数や配列インスタンスと、要素は異なるものであることを思い出してください。

**【配列インスタンスと配列の要素】**

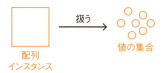

この図からもわかるとおり、配列インスタンスと要素は異なるものであるため、配列インスタンスを生成しただけでは要素の中身が作られることはありません。配列インスタンスを生成するとき、要素の値は次のように代入しなければいけません。

**例 配列インスタンスの生成と配列の要素への値の代入**

```
int[] array = new int[3];
array[0] = 10;
array[1] = 20;
array[2] = 30;
```

要素のデフォルト値は次の表のように決まっており、配列インスタンスを生成した直後は、これらの値で要素は初期化されています。

**【配列の要素のデフォルト値】**

| 型 | デフォルト値 |
| --- | --- |
| 整数型 | 0 |
| 浮動小数点数型 | 0.0 |
| 真偽型 | false |
| 文字型 | ¥u0000 |
| オブジェクト型 | null |

そのため、次のコードはコンソールに0を表示します。

**例** 配列の要素がデフォルト値で初期化

```
int[] array = new int[3];        ← 配列インスタンスを作っただけ
System.out.println(array[0]);
```

もし、配列インスタンスの生成と同時に要素の値を初期化したい場合には、次のように**初期化演算子**「{ }」を使います。

**例** 初期化演算子を使用して要素の値を初期化

```
int[] array = {10, 20, 30};
```

初期化演算子は、配列のインスタンス生成と要素の初期化を同時に行えるため便利です。

設問のコードは、Mainクラスの3行目で「3つのItemしか扱わない配列インスタンス」を生成しています。このとき、生成しているのは「配列インスタンス」であって、Itemのインスタンスを生成しているわけではないことに注意してください。この配列インスタンスの要素は、前述のとおりオブジェクト型配列のデフォルト値である「null」で初期化されています。そのため、6行目でpriceフィールドにアクセスする段階で、変数の参照先がないという意味のNullPointerExceptionが発生します。以上のことから、選択肢**E**が正解です。

---

## 6. C　　　　　　　　　　　　　　　　　　　　　　→ P98

配列の要素に関する問題です。
配列インスタンスの生成時に、いくつの要素を持てるかを指定します。配列インスタンスは、指定された要素数分の変数を内部に持っており、各変数には**添字**を使ってアクセスします。配列インスタンスの生成時に要素数を指定すると、配列の要素はその数で固定され、あとから変更することはできません。もちろん、値の代入によって要素数が変わることもありません。

設問のコード3行目では、初期化演算子「{ }」を使って配列インスタンスの生成と要素の初期化を同時に行っています。そのため、この配列インスタンスは4つの要素を持ち、各要素にはStringへの参照が代入されていることになります。

※次ページに続く

第4章

配列の作成と使用（解答）

【設問の配列インスタンス（3行目）】

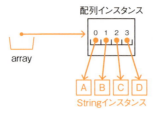

設問では、4行目で最初の要素の値を変更しています。これは「要素の値」を変更しただけであり、配列自身が変わったわけではありません。要素にnullを代入しても、順番が繰り上がるわけではないことに注意しましょう。

「null」はどこも参照していないことを表す「リテラル」です（第2章の解答6を参照）。そのため、4行目が実行されると、配列インスタンスは次の図のようになります。

【設問の配列インスタンス（4行目）】

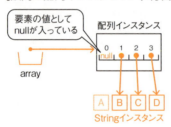

5行目からは拡張for文を使って、1つずつ要素の値を取り出し、コンソールに出力しています。前述の図からわかるとおり、配列インスタンスの4つの要素は「null」と「B、C、DのStringインスタンスへの参照」です。そのため、コンソールには「nullBCD」と表示されます。よって、選択肢**C**が正解です。

配列インスタンスと要素の値は異なるものです。混同しないように気を付けましょう。要素の値が変わっても、配列そのものが影響を受けることがないことを覚えておきましょう。

## 7. B、C、D　　　　　　　　　　　　　　　　　　　　→ P98

配列インスタンスの生成と初期化、配列型変数の宣言と参照の代入の書式を問う問題です。
配列インスタンスの生成、初期化、そして配列型変数の宣言と参照の代入と

いった4つのステップを一度に行うことができます。これらを一度に行うには、次のように**初期化演算子**「**{ }**」を使う方法が一番簡単です。

`例` 配列インスタンスの生成・初期化と配列型変数の宣言と参照の代入①

```
int[] array = { 2, 3 };
```

このコードは、次のようなコードでも表せます。

`例` 配列インスタンスの生成・初期化と配列型変数の宣言と参照の代入②

```
int[] array = new int[]{ 2, 3 };
```

どちらのコードも同じ意味を持ちますが、後者の方法には1つ注意点があります。**new**だけを使って配列のインスタンスを生成するときには、大カッコ「**[ ]**」の中に要素数を指定します（解答1を参照）。しかし、newと初期化演算子の両方を使った場合、大カッコの中に要素数を指定してはいけません。大カッコに続く初期化演算子の中に記述した値の数によって、自動的に配列の要素数が決まります。もし、次のように要素数を記述するとコンパイルエラーになります。

`例` 配列の要素数を指定した場合（コンパイルエラー）

```
int[] array = new int[2]{ 2, 3 };
```

初期化演算子が出てきたときには、要素数は自動計算されると覚えておきましょう。以上のことから、要素数を指定している選択肢Aは誤りです。

なお、次のように初期化演算子だけを記述した場合、要素数ゼロの配列インスタンスが生成されます。複数の要素をひとまとめにして扱うのが配列の役割であることを考えれば、このインスタンスは何の役目も果たしませんが、文法的に間違っているわけではありません。

`例` 要素数ゼロの配列インスタンスの生成①

```
int[] array = {};
```

このコードは、次のコードと同じです。

`例` 要素数ゼロの配列インスタンスの生成②

```
int[] array = new int[0];
```

また、多次元配列の場合は、次のように初期化演算子の中に、さらに初期化演算子をカンマ区切りで列挙します。

**例 多次元配列の生成・宣言・初期化①**

```
int[][] array = { { 2, 3 }, { 4, 5 } };
```

多次元配列は、次の図のように配列の要素として配列の参照を持つ配列のことです。そのため、多次元配列型変数には1次元目の配列インスタンスへの参照が代入されます。

【多次元配列】

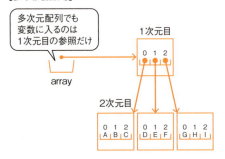

どれだけ次元数が多い配列型変数であっても、変数には1次元目の参照が入ります。問題は、変数の次元数と参照先の次元数が一致するかどうかです。たとえば、次のコードは、変数は2次元、参照先の配列インスタンスは1次元であるため、コンパイルエラーになります。

**例 多次元配列の生成・宣言・初期化②（コンパイルエラー）**

```
int[][] array = new int[]{};
```

このコードは、次のように修正すれば変数と配列インスタンスの次元数が一致するため、コンパイルエラーは発生しません。よって、選択肢**C**は正解です。

**例 多次元配列の生成・宣言・初期化③**

```
int[][] array = new int[][]{};
```

このほかにも、newを使わずに初期化演算子だけで記述するとコンパイルエラーは発生しません。

例 多次元配列の生成・宣言・初期化④

```
int[][] array = {};
```

これは、初期化演算子が自動的に必要な次元数を算出して、必要な初期化を行うためです。よって、選択肢Bは正解です。

このように初期化演算子はとても便利なものですが、利用するときには「変数宣言と同時にしか使えない」というルールがあることを覚えておきましょう。このルールは、前述の多次元配列の場合を想定すると理解しやすいでしょう。多次元配列であっても、初期化演算子は必要な次元数を自動的に算出します。この算出に使われるのが、変数の次元数です。初期化演算子は、変数の次元数と同じ次元数で配列を作るようにしているため、変数宣言と同時にしか使えないのです。よって、変数宣言と配列のインスタンス生成を分けて2行に記述している選択肢Eは誤りです。
次のように配列インスタンスを作るときに大カッコを使ってプログラマーが明示的に次元数を記述すれば、問題ありません。

例 大カッコを使い、明示的に次元数を記述した場合

```
int[][] array;
array = new int[][]{};   ←次元数を明示している
```

以上のことから、選択肢Dは正解です。

newと初期化演算子の両方を使って配列のインスタンス生成と初期化を同時に行う場合、要素数は自動算出されるため、大カッコの中に要素数は指定できません。

初期化演算子を使って、配列のインスタンス生成と初期化を同時に行う場合、変数の宣言と参照の代入も同時に行います。セミコロン「;」を使って変数宣言と配列のインスタンス生成のタイミングを分けることはできません。

## 8. E　　　　　　　　　　　　　　　　　　　　　　　➡ P99

多次元配列に関する問題です。
解答4で解説したとおり、多次元配列では、2次元目以降の配列の要素数を揃える必要がありません。たとえば、次の図のように3つの要素を持つ1次元目

の配列が、2つ、3つ、4つとバラバラの要素数を持つ配列への参照を持つことも可能です。

【多次元配列】

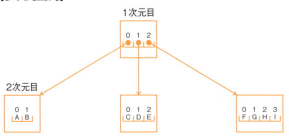

このような配列のことを「**非対称な多次元配列**」と呼びます。設問のコードでは、この非対称な多次元配列を使っています。このコードは、次の図のように表すことができます。

【nullが含まれている多次元配列】

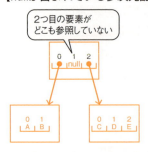

1次元目の2つ目の要素はnullで初期化されており、どこも参照していません。設問のコードでは、arrayで参照できる1次元目の配列から要素を取り出し、lengthを使って要素数を数えようとしています。しかし、前述のとおり2つ目の要素の値はnullであり、nullにlengthは存在しません。そのため、NullPointerExceptionが発生します。以上のことから、選択肢**E**が正解です。

多次元配列は、非対称な配列を保持できます。

配列のlengthはフィールドではありません。コンパイル時に配列の要素数を数える命令に置き換えられるため、メソッドに近い働きをします。

## 9. D　　　　　　　　　　　　　　　　　　➡ P99

継承・実現関係にあるクラスやインタフェースのインスタンスの動作に関する問題です。

あるクラスが**継承関係**にあるとき、スーパークラス型の配列型変数で、サブクラスのインスタンスの集合を扱えます。たとえば、次のコード例では、Objectしか扱わない配列型変数を宣言し、その変数にString型インスタンスの参照を持つ配列インスタンスを作って、変数に参照を代入しています。

> **例** スーパークラス型の配列型変数にサブクラスのインスタンスへの参照を代入

```
Object[] obj = {"A", "B", "C"};
```

Object型しか扱わない配列型変数と、Stringしか扱わない配列インスタンスは、扱う型が異なりますが、StringクラスはObjectクラスを継承しているため、このコードは問題なくコンパイル、実行できます。このように継承関係にある型同士であれば、配列として扱うことができます。

この関係は、インタフェースと実現クラス、抽象クラスとそれを継承した具象クラスの間にも適用できます。たとえば、AというインタフェースがあI、それをimplementsしたBというクラスがあったとします。

> **例** AインタフェースとAをimplementsしたBクラス

```
public interface A {}
public class B implements A {}
```

このような関係にある場合、次のようにBしか扱わない配列インスタンスの参照を、Aしか扱わない配列型変数に代入できます。

> **例** A型の配列型変数にB型の配列インスタンスの参照を代入

```
A[] array = new B[]{ new B(), new B() };
```

このような型変換ができるのは、実現や継承の関係にあるときだけです。そのため、複数のクラスやインタフェースが関係する問題が出題されたときは、まずUMLのクラス図を描いてみて、関係を確認するようにしましょう。次の図は、設問のコードをクラス図で表したものです。

※次ページに続く

**第4章**

**配列の作成と使用（解答）**

**117**

**【設問のコードのクラス図】**

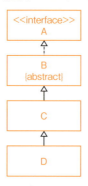

この図からわかるとおり、CやDはAの実現クラスであるBを継承しています。そのため、CとDのどちらもA型として扱うことができます。設問のコードでは、Mainクラスの3行目で初期化演算子「{ }」を使って配列インスタンスを生成し、Cのインスタンスへの参照、null、Dのインスタンスへの参照で初期化しています。前述のとおり、CとDのどちらもA型として扱うことができるため、この行でコンパイルエラーは発生しません。よって、選択肢Aは誤りです。

また、すべての配列型変数は、Object配列型変数に暗黙的に型変換できます。これは、すべてのクラスはObject型を暗黙的に継承しているためです。そのため、次のコードは問題なくコンパイル、実行できます。

**例** 配列インスタンスをObject配列型変数に代入

```
A[] array = new B[]{ new B(), new B() };
Object[] objArray = arrray;
```

設問のMainクラスの4行目も、Aしか扱わない配列型変数を、Objectしか扱わない配列型変数に代入しています。このコードは、暗黙的に型変換が行われるため、4行目でコンパイルエラーは発生しません。よって、選択肢Bも誤りです。

実行時に例外が発生する可能性があるのは、キャスト演算子を使って明示的に型変換をしたものの、実行してみると型に互換性がなかった場合が考えられます。たとえば、設問のMainクラスの3行目を次のように書き換えた場合は、プログラマーが明示的にキャスト式を記述しているためコンパイルエラーは起きません。しかし、実行してみるとCクラスはDに変換できないため、ClassCastExceptionがスローされます。

**例** 明示的な型変換

```
A[] array = new D[]{ (D) new C(), null, new D() };
```

設問のコードは、このように明示的なキャストを行っていません。もう1点考えられるのが配列の要素にnullを渡しているため、NullPointerExceptionが発生する可能性があることです。しかし、設問のコードでは変数arrayやobjArrayを使っている箇所がないため、発生する可能性がありません。よって、選択肢Cも誤りです。

以上のことから、選択肢**D**が正解です。

> インタフェースや抽象クラス、スーパークラスを使って配列型変数を宣言した場合、配列インスタンスは、インタフェースの実現クラスであったり、抽象クラスや具象クラスのサブクラスのインスタンスの集合を扱えることを理解しておきましょう。

## 10. B　　　　　　　　　　　　　　　　　　　　　　　➡ P100

cloneメソッドを使用した配列のコピーに関する問題です。
配列をコピーする方法はいくつかありますが、**cloneメソッド**もそのうちの1つです。cloneメソッドを使うと、同じ値を持った配列インスタンスが複製されます。たとえば、次のコードでは、cloneメソッドを使って、arrayAで参照する配列を次の行でコピーしています。

**例** cloneメソッドを使った配列のコピー

```
int[] arrayA = { 1, 2, 3, 4 };
int[] arrayB = arrayA.clone();
System.out.println(arrayA == arrayB);
for (int i : arrayB) {
    System.out.println(i);
}
```

変数arrayBには、arrayAの参照先にある配列インスタンスを複製したインスタンスへの参照が代入されています。3行目のように変数arrayAとarrayBの値を==演算子で比較すると、その結果は「false」となるため、変数arrayAとarrayBの参照先が異なることがわかります。

arrayBの参照先にある配列インスタンスの要素には、何も値を入れていませ

ん。しかし、このインスタンスはarrayAで参照できる配列インスタンスの複製であるため、上記のコードを実行すればコンソールに1～4の数字が表示されます。

設問のコードは、2次元配列に対してcloneメソッドを使っています。これを図示すると次のようになります。

**【cloneメソッドによる配列のコピー】**

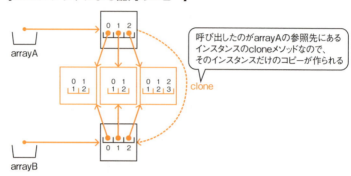

cloneメソッドは、変数の参照先にあるインスタンスをそのままコピーします。変数arrayAの参照先にあるインスタンスは1次元目のインスタンスなので、1次元目のインスタンスとそのインスタンスが持つ参照もそのまま複製されます。変数arrayAとarrayBの先にある1次元目のインスタンスは異なりますが、その1次元目のインスタンスが持つ2次元目のインスタンスは図のように共有されている点に注意してください。

設問のコードは、6行目以降の二重ループで、2次元目の配列から1つずつ値を取り出し、合計しています。そのため、1+2+1+2+1+2+3=12となるため、コンソールには12が表示されます。以上のことから、選択肢**B**が正解です。

 cloneメソッドは、配列の内容をそのままコピーします。

## 11. C  → P101

解答10ではcloneメソッドを使った配列のコピーを学びました。本設問は、もう1つの配列コピーの方法であるarraycopyメソッドに関する問題です。

cloneメソッドは簡単に配列を複製できますが、問題点は一部だけをコピーしたいときなどには使えないことです。このように配列の任意の範囲だけを

切り出してコピーするには、Systemクラスの**arraycopyメソッド**を使います。このメソッドは、5つの引数を受け取る少し複雑なメソッドです。

### 【arraycopyメソッドの引数】

| 引数 | 説明 |
|---|---|
| 第1引数 | コピー元となる配列 |
| 第2引数 | コピー元のどの位置からコピーを開始するか（0始まり） |
| 第3引数 | コピー先の配列 |
| 第4引数 | コピー先配列のどの位置からコピーを開始するか（0始まり） |
| 第5引数 | 第2引数の位置からいくつの要素をコピーするか |

たとえば、次のようなコードであれば、「srcの0番目から3つの要素を、destの0番目からコピーする」という意味になります。

**例** arraycopyメソッドで配列をコピー

```
System.arraycopy( src, 0, dest, 0, 3 );
```

設問のコードは、次のようにコピー元の開始位置が0ではなく1になっていることに着目してください。

**例** 設問のコード

```
System.arraycopy(arrayA, 1, arrayB, 0, 4);
```

そのため、このコードは、「arrayAの1番目から4つの要素を、arrayBの0番目からコピーする」となります。arraycopyメソッドで使う添字は0始まりであるため、1番目の要素とは2つ目の要素「b」を指します。そのため、「b」から始まって「e」までの合計4つがコピーされます。以上のことから、選択肢**C**が正解です。

実際の試験では、第2引数の開始位置だけでなく、第4引数の開始位置も0ではない可能性があります。注意しましょう。

Systemクラスのarraycopyメソッドは、配列の一部をコピーしたいときに使います。

arraycopyメソッドの第2引数と第4引数は「どこからコピーを始めるかを指定する番号」、最後の引数は「コピーする数」と覚えておきましょう。

# 第 5 章

## ループ構造の使用

- ■ while文
- ■ do-while文
- ■ for文
- ■ 二重ループを使った繰り返し処理
- ■ 無限ループ
- ■ 拡張for文
- ■ break、continue、ラベル

**1.** コンソールに0〜4までの数字を順に表示したい。プログラムの5行目の空欄に入るコードとして、正しいものを選びなさい。（1つ選択）

```
1.  public class Main {
2.      public static void main(String[] args) {
3.          int a = 11;
4.          int b = 0;
5.          while (                    ) {
6.              if ( 5 < a ) {
7.                  System.out.println(b);
8.              }
9.              a--;
10.             b++;
11.         }
12.     }
13. }
```

A.　b < 5
B.　5 < b
C.　5 < a
D.　a < 5
E.　true
F.　false

➡ P133

**2.** コンソールに0〜4までの数字を表示したい。プログラムの空欄①と②に入るコードとして、正しい組み合わせを選びなさい。（1つ選択）

```
1.  public class Main {
2.      public static void main(String[] args) {
3.          int a = 0;
4.              ①        {
5.              System.out.println(a++);
6.          }   ②
7.      }
8.  }
```

124

A. ① do ( a < 5 )　　② while;
B. ① do ( 5 < a )　　② while;
C. ① do　　　　　　　② while ( a < 5 );
D. ① do　　　　　　　② while ( 5 < a );

➡ P134

**3.** 次のプログラムをコンパイル、実行したときの結果として、正しいものを選びなさい。（1つ選択）

```
1.  public class Main {
2.      public static void main(String[] args) {
3.          int a = 0;
4.          while (a < 5)
5.              do
6.                  a++;
7.                  System.out.print(a);
8.              while (true);
9.      }
10. }
```

A. 012が表示される
B. 012が5回表示される
C. 何も表示されない
D. 無限ループになる
E. コンパイルエラーが発生する
F. 実行時に例外がスローされる

➡ P135

**4.** 次のプログラムをコンパイル、実行したときの結果として、正しいものを選びなさい。（1つ選択）

```
1.  public class Main {
2.      public static void main(String[] args) {
3.          for (int i = 1, long j = 2; i < 5; i++) {
4.              System.out.print(i * j);
5.          }
6.      }
7.  }
```

A. 「2468」と表示される

B. 「246810」と表示される

C. コンパイルエラーが発生する

D. 実行時に例外がスローされる

➡ P137

**5.** 次のプログラムをコンパイル、実行したときの結果として、正しいものを選びなさい。（1つ選択）

```
1.  public class Main {
2.      public static void main(String[] args) {
3.          int a = 1;
4.          for (int b = 2, total = 0; b <= 5; b++) {
5.              total = a * b;
6.          }
7.          System.out.println(total);
8.      }
9.  }
```

A. 「2」「3」「4」と表示される

B. 「2」「3」「4」「5」と表示される

C. 「0」と表示される

D. 何も表示されない

E. コンパイルエラーが発生する

F. 実行時に例外がスローされる

➡ P138

**6.** コンソールに「0」と表示したい。プログラムの3行目の空欄に入るコードとして、正しいものを選びなさい。（1つ選択）

```
1.  public class Main {
2.      public static void main(String[] args) {
3.          for (int i = 0; [          ]; i++) {
4.              System.out.println(i);
5.          }
6.      }
7.  }
```

A.　i < 0
B.　i == 0
C.　0 < i
D.　1 < 2

→ P138

**7.** 次のプログラムをコンパイル、実行したときの結果として、正しいものを選びなさい。（1つ選択）

```
1.  public class Main {
2.      public static void main(String[] args) {
3.          for (int i = 0, j = 0; i < 3, j < 5; i++) {
4.              System.out.println(i++);
5.              j += i;
6.          }
7.      }
8.  }
```

A.　「0」「1」「2」と表示される
B.　「0」「2」「4」と表示される
C.　「1」「2」「3」と表示される
D.　コンパイルエラーが発生する
E.　実行時に例外がスローされる

→ P139

**8.** 次のプログラムをコンパイル、実行したときの結果として、正しいものを選びなさい。（1つ選択）

```
1.  public class Main {
2.      public static void main(String[] args) {
3.          for (int i = 0; i < 3; i++, period()) {
4.              System.out.print(i);
5.          }
6.      }
7.      private static void period() {
8.          System.out.print(",");
9.      }
10. }
```

A. 「0,1,2,」と表示される

B. 「,0,1,2」と表示される

C. 「0,1,2」と表示される

D. 「,0,1,2,」と表示される

E. コンパイルエラーが発生する

F. 実行時に例外がスローされる

**➡ P140**

**9.** コンソールに「10」と表示したい。プログラムの6行目の空欄に入るコードとして、正しいものを選びなさい。（1つ選択）

```
1.  public class Main {
2.      public static void main(String[] args) {
3.          int array[][] = new int[][] { { 1, 2 }, { 2, 3, 4 } };
4.          int total = 0;
5.          for (int i = 0; i < array.length; i++) {
6.              for (                                ) {
7.                  total += array[i][j];
8.              }
9.          }
10.         System.out.println(total);
11.     }
12. }
```

A. int j = 0; j < array[i].length; j++

B. int j = 0; j < array[j].length; j++

C. int j = i; j < array[i].length; j++

D. int j = i; j < array[j].length; j++

**➡ P141**

**10.** 次のプログラムの3行目の空欄に記述すると無限ループになるコードを選びなさい。（3つ選択）

```
1.  public class Main {
2.      public static void main(String[] args) {
3.          for (                    ) {
4.              System.out.println(i);
5.          }
6.      }
7.  }
```

```
A.    int i = 0; true; i++
B.    int i = 0; false; i++
C.    int i = 0; ; i++
D.    int i = 0; i < 5;
```

**➡ P143**

**11.** 次のプログラムの4行目の空欄に記述するコードとして、正しいものを選びなさい。（1つ選択）

```
1.  public class Main {
2.      public static void main(String[] args) {
3.          String[][] array = { { "A", "B", "C" } };
4.          for (                       ) {
5.              System.out.print(obj);
6.          }
7.      }
8.  }
```

```
A.    Object obj : array
B.    String str : array
C.    String[] array : array
D.    array : Object obj
E.    array : String str
F.    array : String[] array
```

**➡ P144**

**12.** 次のプログラムをコンパイル、実行したときの結果として、正しいものを選びなさい。（1つ選択）

```
1.  public class Main {
2.      public static void main(String[] args) {
3.          String[] array = {"A", "B", "C"};
4.          for (String str : array) {
5.              str = "D";
6.          }
7.          for (String str : array) {
8.              System.out.print(str);
9.          }
10.     }
11. }
```

第 5 章

ループ構造の使用（問題）

129

A. 「DDD」と表示される

B. 「ABC」と表示される

C. コンパイルエラーが発生する

D. 実行時に例外がスローされる

➡ P146

**13.** 次のコードと同じ結果を出力するコードを選びなさい。（1つ選択）

```
1. int num = 10;
2. do {
3.     num++;
4. } while (++num < 10);
5. System.out.println(num);
```

A. 
```
int num = 10;
while (++num < 10) {
    num++;
}
System.out.println(num);
```

B. 
```
int num = 10;
while (++num <= 10) {
    num++;
}
System.out.println(num);
```

C. 
```
int num = 10;
while (num++ < 10) {
    num++;
}
System.out.println(num);
```

D. 
```
int num = 10;
while (num++ <= 10) {
    num++;
}
System.out.println(num);
```

E. 選択肢A～Dはすべて誤りである

➡ P147

**14.** 次のプログラムをコンパイル、実行したときの結果として、正しいものを選びなさい。（1つ選択）

```
 1.  public class Main {
 2.      public static void main(String[] args) {
 3.          String[] array = { "A", "B" };
 4.          for (String a : array) {
 5.              for (String b : array) {
 6.                  if ("B".equals(b))
 7.                      break;
 8.                  System.out.print(b);
 9.              }
10.          }
11.      }
12.  }
```

A. 「AA」と表示される
B. 「ABAB」と表示される
C. 「A」と表示される
D. 「AB」と表示される
E. 「BB」と表示される

**➡ P148**

**15.** 次のプログラムをコンパイル、実行したときの結果として、正しいものを選びなさい。（1つ選択）

```
 1.  public class Main {
 2.      public static void main(String[] args) {
 3.          int[] array = { 1, 2, 3, 4, 5 };
 4.          int total = 0;
 5.          for (int i : array) {
 6.              if (i % 2 == 0)
 7.                  continue;
 8.              total += i;
 9.          }
10.          System.out.println(total);
11.      }
12.  }
```

A. 1が表示される

B. 9が表示される

C. 15が表示される

D. コンパイルエラーが発生する

E. 実行時に例外がスローされる

➡ P149

**16.** 次の中から、ラベルが記述できるものを選びなさい。（1つ選択）

A. if文やswitch文

B. 式

C. 代入

D. return文

E. tryブロック

F. 選択肢A〜Eすべて

➡ P149

**17.** 次のプログラムをコンパイル、実行したときの結果として、正しいものを選びなさい。（1つ選択）

```java
1.  public class Main {
2.      public static void main(String[] args) {
3.          int total = 0;
4.          a: for (int i = 0; i < 5; i++) {
5.              b : for (int j = 0; j < 5; j++) {
6.                  if (i % 2 == 0) continue a;
7.                  if (3 < j) break b;
8.                  total += j;
9.              }
10.         }
11.         System.out.println(total);
12.     }
13. }
```

A. 6が表示される

B. 12が表示される

C. 20が表示される

D. コンパイルエラーが発生する

E. 実行時に例外がスローされる

➡ P151

132

## 第 5 章　ループ構造の使用
# 解　答

### 1.　A
➡ P124

while文に関する問題です。

同じ処理を何度も繰り返して行うときに使うのが繰り返し構文です。Javaは、次のような4つの繰り返し構文を備えています。

・ while文
・ do-while文
・ for文
・ 拡張for文

本設問は、**while文**についての問題です。while文は、条件式がtrueを戻す間、処理を繰り返すための構文です。条件式は、必ず**真偽値**を戻さなければいけません。また、while文の繰り返し条件として記述できる式は1つだけです。

設問ではコンソールに0〜4までの値を表示しなければいけません。表示に使っているのは変数bの値であるため、条件には「変数bの値が0〜4の間、繰り返す」ことを指定すればよいことになります。この条件に合致するのは、選択肢Aの「b < 5」です。よって、選択肢**A**が正解です。

選択肢Bの条件では、「変数bの値が5よりも大きい間、繰り返す」ことになります。しかし、変数bの値は0から始まるため、一度も繰り返すことなく処理が終了します。よって、誤りです。

選択肢CとDは変数aを条件に使っています。変数aは11から始まり、繰り返し処理の中でデクリメントによって1ずつ値が減ります。選択肢Cの条件は「5 < a」であるため、変数aの値が11、10、9、8、7、6と1ずつ減っていく間、コンソールに0から始まる変数bの値が1つずつ増えながら表示されます。そのため、11から6までの計6回、変数bはインクリメントされることになり、コンソールには0〜5までの数字が表示されることになります。よって、選択肢Cは誤りです。

また、選択肢Dは、「変数aの値が5よりも小さい間、繰り返す」ことを条件に指定していますが、変数aの値は11から始まるため、一度もこの条件に合致することはありません。よって、選択肢Dも誤りです。

133

選択肢Eのようにリテラル「true」を条件式に記述すると、無限ループに陥り、プログラムが終了せずにコンソールに値が表示され続けます。よって、誤りです。一方、選択肢Fは「false」と記述しているので、一度も繰り返し処理が実行されることはありません。よって、選択肢Fも誤りです。

while文の条件式は、必ず真偽値を戻さなければいけないことを覚えておきましょう。
このような問題では、繰り返し処理に使う変数と繰り返す回数に着目して条件式を考えましょう。この設問では、問題文の「コンソールに0～4までの値を表示する」と、コード内で表示に使っているのは変数bの値であることに着目しています。

## 2. C　　　→ P124

do-while文に関する問題です。
**do-while文**は、while文と同様、条件に合致している間繰り返す構文です。while文との違いは、条件判定のタイミングです。while文が繰り返し処理をする前に条件に合致するかどうかの判定を行うのに対し、do-while文は繰り返し処理を実行してから判定をします。そのため、条件に合致するかどうかにかかわらず、1回は処理を実行したい場合には、do-while文を使います。
do-while文の構文は、次のとおりです。

### 構文
```
do {
    // 繰り返し処理
} while ( 条件式 );
```

do-while文の構文のポイントは、次の3つです。

- doの後ろにはカッコ「()」が付かない
- whileの後ろに条件式を記述する
- セミコロン「;」で終了する

選択肢AとBは、doの後ろに条件式を記述している不正な構文なので、誤りです。

設問の変数aの値は0から始まっており、コンソールに表示が終わった段階でインクリメントされて、値が1つずつ増えていきます。そのため、選択肢Dの「変数aの値が5よりも大きい間、繰り返す」という条件は、一度も合致しません。よって、選択肢Dは誤りです。

以上のことから、選択肢Cが正解です。

do-while文では、条件に合致するかどうかに関係なく、最低1回は繰り返し処理が実行されることを覚えておきましょう。

do-while文の条件式の後ろにはセミコロンが必要です。

## 3. E       ➡ P125

while文やdo-while文で中カッコを省略した場合の繰り返し処理に関する問題です。
if文やif-else文と同じように、**while文**や**do-while文**でも中カッコ「{ }」を省略できます。**中カッコを省略**した場合、1つの文だけが繰り返し処理として扱われます。たとえば、次のコードではコンソールに「A」が5回、「B」が1回だけ表示されます。

**例** 中カッコを省略した記述

```
int cnt = 0;
while (cnt++ < 5)
    System.out.println("A");    ← 繰り返しの対象となる文
    System.out.println("B");    ← 繰り返しの対象にならない文
```

このコードを、中カッコ付きで記述し直すと次のようになります。

**例** 中カッコを記述したコード

```
int cnt = 0;
while (cnt++ < 5) {
    System.out.println("A");
}
System.out.println("B");
```

なお、繰り返しの対象になるのは、構文が開始された**次の1文だけ**です。次の1行ではありませんので、注意してください。たとえば、先ほどのコードを次のように改行をなくしても、繰り返されるのは「A」を表示する命令だけです。

**例** 2つの文を1行に記述したコード

```
int cnt = 0;
while ( cnt++ < 5 )
    System.out.println("A"); System.out.println("B");
```

do-while文で中カッコを省略した場合は、doの後ろには1つしか文を記述できません。中カッコを省略しているにもかかわらず、文を複数記述するとコンパイルエラーが発生します。次のコード例では、コンパイルエラーが発生します。

**例** 中カッコを省略し、2つの文を記述したコード（コンパイルエラー）

```
int cnt = 0;
do
    System.out.println("A");
    System.out.println("B");
while (cnt++ < 5);
```

設問のコードは、while文の中にdo-while文を記述する二重ループを使っています。Javaの文は、セミコロンが現れるまでが1つの文であるため、ネストしたdo-while文の部分は、次のように1行に直せます。

```
while ( 条件式 )
    do 処理 while ( 条件式 );    ← 最後のセミコロンが現れるまでが1文
```

そのため、中カッコを使わないwhile文の中に、複数行にわたるdo-while文を記述することは問題ありません。一方、設問のdo-while文は、中カッコを使っていないにもかかわらず、複数の文を記述しています。そのため、このコードは前述のとおり、コンパイルエラーが発生します。以上のことから、選択肢**E**が正解です。

while文やdo-while文では、中カッコを省略した場合、次の1文だけが繰り返しの対象となります。

do-while文で中カッコを省略した場合には、doとwhileの間には1文のみを記述できます。2文以上記述した場合には、コンパイルエラーが発生します。

## 4. C

➡ P125

for文の構文について問う問題です。

for文は、次のように3つの式で成り立っています。それぞれの文は、**セミコロン**「**;**」で区切られている点に注意してください。

**構文**

```
for ( 初期化文; 条件文; 更新文 ) {
    // 繰り返し処理
}
```

**初期化文**では、繰り返し処理内で使用する**一時変数**の宣言と、その初期化を行います。**条件文**では、繰り返し処理を実行するか、それともfor文そのものを抜けるかの判定をし、**真偽値を戻す式**を記述します。式がtrueを戻すと繰り返し処理が実行され、falseを戻すとfor文を抜けます。最後の**更新文**は、繰り返し処理が終わってから一時変数の値を変更するために記述します。

次のコード例では、コンソールに「hello」を3回表示します。

**例** for文

```
for ( int i = 0; i < 3; i++ ) {
    System.out.println("hello");
}
```

初期化文は、同時に**複数の変数を宣言、初期化**できます。複数の変数を宣言、初期化するには**カンマ**「**,**」で区切って列挙します。次の例では、初期化文で変数iとjを宣言し、それぞれ0で初期化しています。

**例** 複数の一時変数を使用したfor文

```
for (int i = 0, j = 0; i < 3; i++) {
    // 繰り返し処理
}
```

初期化文で複数の変数を宣言する場合、**変数は同じ型**でなければいけません。異なる型の複数の変数を宣言すると、コンパイルエラーが発生します。設問のコードは、初期化文としてint型とlong型の異なる型の変数を同時に宣言しています。そのため、コンパイルエラーが発生します。よって、選択肢**C**が正解です。

※次ページに続く

第5章

ループ構造の使用（解答）

137

for文の初期化文では、同じ型の変数を複数宣言できます。異なる型の変数を同時に宣言することはできません。コンパイルエラーになります。

## 5. E　　　　　　　　　　　　　　　　　　　　　　　　　→ P126

変数のスコープに関する問題です。
Javaの変数は宣言した**ブロック内（中カッコの範囲）でのみ有効**です。これはfor文についても同じことで、for文内で宣言した変数は、for文の外では使えません。

設問のコードは、for文の初期化文でint型の変数bとtotalの2つを宣言しています。この2つの変数は、for文のブロック内で宣言されているため、前述のとおり、for文の外では使えません。しかし、設問のコードでは、7行目で変数totalの値を出力しようとしています。そのため、このコードは、「変数が見つからない」という意味のコンパイルエラーが発生します。
以上のことから、選択肢**E**が正解です。

for文の初期化文で宣言した変数は、for文のブロック外では使うことはできません。コンパイルエラーになります。

## 6. B　　　　　　　　　　　　　　　　　　　　　　　　　→ P126

for文の条件文のタイミングについての問題です。
for文は初期化文、条件文、更新文の3つと繰り返し実行したい処理で構成されています。これらが使われるタイミングは、次の図のようになっています。繰り返し処理よりも条件文が先に実行される点に注意してください。

【for文】

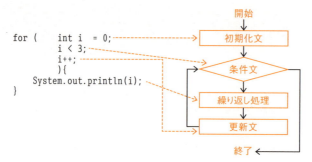

設問のコードでは、初期化文で変数iを宣言し、0で初期化しています。そのため、選択肢Aの条件「i < 0」には合致しません。また、選択肢Cも成り立ちません。したがって、これらの選択肢では、繰り返し処理が実行されることは一度もありません。よって、選択肢AとCは誤りです。

選択肢Bは、条件が成り立ちます。そのため、1回目の繰り返し処理が実行され、コンソールには0が表示されます。その後、更新文が実行されて変数iの値は0から1に増え、もう一度条件文が判定されますが、変数iの値は0ではないため、この式はfalseを戻してfor文を抜けます。よって、コンソールには設問の条件のとおり0が1回だけ表示されます。以上のことから、選択肢**B**が正解です。

選択肢Dは、固定値であるリテラルの比較を条件文に指定しています。この式の結果は、常にtrueです。そのため、この式を条件文に記述すると無限ループが発生します。よって、選択肢Dも誤りです。

条件文は、繰り返し処理を実行する前に判定されます。
条件文の結果がtrueであれば繰り返し処理を実行、falseであればfor文を抜けます。
このタイミングを覚えておきましょう。

## 7. D　　　　　　　　　　　　　　　　　　　　　　→ P127

for文に関する問題です。
for文は、初期化文、条件文、更新文の3つと繰り返し処理で構成されています。3つの文のうち、**複数記述できるのは初期化文と更新文**の2つです。初期化文は、一度に同じ型の変数を複数宣言し、初期化できます。更新文は、初期化文で宣言された複数の変数の値を同時に更新できます。

しかし、**条件文**は初期化文や更新文のようにカンマ「,」で区切って複数記述することはできません。**複数の条件**を記述したい場合には、**論理演算子**を使って複合条件の文にしなければいけません。設問のコードは、条件文として「変数iの値が3よりも小さい」という条件と、「変数jの値が5よりも小さい」という2つの条件を、論理演算子を使わずに記述しています。そのため、このコードはコンパイルエラーになります。よって、選択肢**D**が正解です。

次のコードは、設問のコードを論理演算子を使って複数の条件で判定するようにした例です。

※次ページに続く

**例** 論理演算子を使って複数の条件を記述したコード

```
public class Main {
    public static void main(String[] args) {
        for (int i = 0, j = 0; i < 3 && j < 5; i++) {
            System.out.println(i++);
            j += i;
        }
    }
}
```

**試験対策** for文の条件文を複数記述する場合は論理演算子を使います。初期化文や更新文のようにカンマ「,」で区切って複数記述した場合にはコンパイルエラーになります。

## 8. A　　　　　　　　　　　　　　　　　　　　　　⇒ P127

for文の更新文に関する問題です。
for文の**更新文**は、繰り返し処理が終わったあとに実行される処理です。一般的にこの処理は、初期化文で宣言した一時変数の値を変更するのに使いますが、設問のコードのようにメソッドを呼び出すことも可能です。また、カンマ「,」で区切って複数の処理を列挙することもできます。そのため、設問のコードに文法的な間違いはありません。よって、選択肢Eは誤りです。

for文の動作順は、次のとおりです。

① 変数iが宣言され、0で初期化される
② 条件文（0 < 3）が判定される
③ コンソールに変数iの値が表示される
④ 変数iがインクリメントされる
⑤ periodメソッドが呼び出される
⑥ ②に戻る

繰り返し処理が終わってから、更新文が実行されます。そのため、数字が表示されてから、periodメソッドによってカンマが表示されます。よって、カンマが先に表示されている選択肢BとDは誤りです。

選択肢AとCの違いは、最後にカンマがあるかないかという点です。更新文が実行されたあと、条件文によって処理を続行するかどうかを判定するという順番を考えると、カンマが表示されたあとに、条件を判定することになりま

す。そのため、このコードでは、必ず最後にカンマは表示されます。よって、選択肢Aが正解です。

更新文は、繰り返し処理が終わってから実行されます。初期化文 → 条件文 → 繰り返し処理 → 更新文（→ 条件文へ）という、実行の順番を正確に覚えておきましょう。

## 9. C　　　　　　　　　　　　　　　　　　　　　　　→ P128

二重ループを使った問題です。
**二重ループ**の場合、外側のループがまわる間に、内側のループがまわります。たとえば、内側のループが3回まわるという条件を持っていた場合、外側のループ1回につき、内側のループは3回まわります。そのため、外側のループが3回という条件だった場合は、外側3回×内側3回の合計9回まわることになります。たとえば、次のコードであれば、「hello」は合計9回表示されます。

### 例　二重ループ

```
for (int i = 0; i < 3; i++) {
    for (int j = 0; j < 3; j++) {
        System.out.println("hello");
    }
}
```

設問のコードでは、「コンソールに10と表示したい」という条件を満たすために、2次元配列の要素のいくつかを合計する必要（7行目）があることがわかります。このような出題の場合、あせらず1つずつ選択肢を当てはめながら考えたほうがよいでしょう。

選択肢Aは、変数jを0で初期化しています。条件文では、1次元目の配列のi番目の要素を取り出して、その要素数を数えています。そのため、0番目の要素である｛1，2｝で初期化された配列が取り出され、要素数である2を使って「変数jの値が2よりも小さければ」という条件になります。また、外側のループの更新文が実行され、変数iの値が1に変わると取り出す要素も変わり、｛2，3，4｝で初期化された配列が取り出され、条件も「変数jの値が3よりも小さければ」に変わります。そのため、この条件に合うような組み合わせを考えると次の表のようになります。

※次ページに続く

**【選択肢Aを当てはめた場合】**

| 変数iの値 | 変数jの値 | 要素の値 | 条件式 | 変数totalの値 |
|---|---|---|---|---|
| 0 | 0 | 1 | j < 2 | 1 |
| 0 | 1 | 2 | j < 2 | 3 |
| 1 | 0 | 2 | j < 3 | 5 |
| 1 | 1 | 3 | j < 3 | 8 |
| 1 | 2 | 4 | j < 3 | 12 |

totalの値を見るとわかるとおり、結果は12となるため選択肢Aは誤りです。二重ループの問題が出題された場合、このような表を作りながら考えると間違いを減らすことができます。

選択肢Bは、選択肢Aと条件文が異なります。条件文で取り出す添字に変数jを使っているため、内側のループが一度まわる度に条件文が変わります。この選択肢も表を作りながら考えましょう。

**【選択肢Bを当てはめた場合】**

| 変数iの値 | 変数jの値 | 要素の値 | 条件式 | 変数totalの値 |
|---|---|---|---|---|
| 0 | 0 | 1 | j < 2 | 1 |
| 0 | 1 | 2 | j < 3 | 3 |
| 0 | 2 | なし | j < ??? | |

表を作ってみるとわかりますが、変数jの値が増えたときに、それに対応する2次元目の配列の要素がありません。そのため、選択肢Bのコードを実行すると、java.lang.ArrayIndexOutOfBoundsExceptionという例外がスローされます。よって、誤りです。

選択肢CとDが選択肢A、Bと異なる点は、変数jの初期化に変数iの値を使っていることです。初期化文には固定値であるリテラルを使うことが多いのですが、これらの選択肢のように変数を使って、動的に初期値を変更することも可能です。

選択肢Dは、選択肢Bと同じように条件文で取り出す添字に変数jを使っています。そのため、選択肢Bのように実行時に例外がスローされることになります。よって、誤りです。

選択肢Cは、表を使って確認します。変数iの値で初期化される変数jの値に注意してください。

【選択肢Cを当てはめた場合】

| 変数iの値 | 変数jの値 | 要素の値 | 条件式 | 変数totalの値 |
|---|---|---|---|---|
| 0 | 0 | 1 | j < 2 | 1 |
| 0 | 1 | 2 | j < 2 | 3 |
| 1 | 1 | 3 | j < 3 | 6 |
| 1 | 2 | 4 | j < 3 | 10 |

この表からわかるとおり、選択肢Cを実行するとコンソールには10が表示されます。よって、正解です。

 二重ループの問題が出題されたときは、選択肢ごとに表を作って確認していくとよいでしょう。

## 10　A、C、D　　　→ P128

無限ループになる条件について問う問題です。
終わることなく、繰り返し処理を延々と実行するようなループを「**無限ループ**」と呼びます。もっとも簡単な無限ループの作り方は、次のようにwhile文を使う例です。

**例** 無限ループ（while文）

```
while (true) {
    // do something
}
```

while文は、「条件に合致している間、繰り返す」繰り返し構文です。この**while文**の条件に固定値であるリテラル「true」を記述すると、常に条件に合致していることになるため、無限ループになります。

**for文**で無限ループを作る場合にも、while文と同様にリテラルの「true」を記述します。

**例** 無限ループ（for文の条件にリテラルを記述）

```
for (int i = 0; true ; i++) {
    // do something
}
```

ほかにも、for文では**条件式を省略**することでも、無限ループになります。

> **例** 無限ループ（for文の条件式を省略）
>
> ```
> for (int i = 0; ; i++) {
>     // do something
> }
> ```

以上のことから、選択肢**A**と**C**が正解であることがわかります。また、選択肢Bはfalseを条件に使っているので、一度も条件に合致することなくfor文は終了します。よって、選択肢Bは誤りです。

選択肢Dは、更新文が省略されているため、変数iの値は0のままです。その結果、条件式は何回処理を繰り返しても「0 < 5」のままとなるため、無限ループになります。以上のことから、選択肢**D**も正解です。

for文の条件式と更新式は省略できます。

for文の条件式を省略した場合は、break（解答14を参照）を使わない限り、無限ループとなります。

## 11. A  ➡ P129

拡張for文に関する問題です。
for文は初期化文、条件文、更新文の3つを記述する必要があり、その煩わしさから、もっと簡単に記述できる構文が望まれていました。Java SE 5から導入された**拡張for文**はとてもシンプルな構文であるため、for文に比べると簡単に繰り返し処理を実現できます。拡張for文の構文は次のとおりです。

> **構文**
> ```
> for ( 型 変数名 : 集合 ) {
>     // 繰り返し処理
> }
> ```

for文と比べるとずいぶんとシンプルになったことがわかります。選択肢D～Fは、集合がコロンの左、変数がコロンの右になっており、この構文に違反しています。よって、これらの選択肢は誤りです。また、選択肢Cはすでに宣言済みの変数名arrayを使って一時変数を宣言しています。そのため、この選択肢もコンパイルエラーになります。よって、選択肢Cも誤りです。

拡張for文では、集合から1つずつ要素を取り出し、それを変数に代入してから繰り返し処理を実行します。拡張for文で扱える集合には、**配列**のほか**java.lang.Iterableを実装するクラス**が使えます。java.lang.Iterableを実装するクラスにはさまざまな種類がありますが、試験対策としては**java.util.ArrayList**を覚えておけばよいでしょう。

設問のコードでは、2次元配列型変数を宣言し、初期化演算子を使って配列インスタンスを作って初期化しています。拡張for文の集合には、配列を指定できます。2次元配列は、1次元目の配列の要素として、配列を扱っています。そのため、拡張for文では1次元目の配列が集合として扱われ、集合から取り出した要素も1次元の配列になります。

たとえば次のコード例では、int型の要素を持つ2次元配列を作り、拡張for文の集合に指定しています。2次元配列の1次元目から取り出した要素を受け取るために、一時変数が配列型変数になっている点に注意してください。

**例** 2次元配列を拡張for文で取り出す

```
int[][] array = { { 1, 2 }, { 3, 4 } };
for (int[] tmp : array) {
    // do something
}
```

選択肢Bは、2次元配列の集合から取り出した2次元目の配列を受け取る必要があるにもかかわらず、String型で変数を宣言しています。配列とStringには互換性がないため、コンパイルエラーが発生します。よって、選択肢Bも誤りです。

一方、選択肢Aは、Object型の一時変数で受け取ろうとしています。Javaの仕様では、すべてのクラスは暗黙的にjava.lang.Object型を継承していると見なされ、クラスの一種である配列も同様です。このように、配列はObject型と互換性があるため、コンパイルエラーが起きることはありません。よって、選択肢**A**が正解です。

拡張for文の構文は、「**一時変数の宣言 : コレクション／配列**」です。順番を間違えないように気を付けてください。

拡張for文の集合には、配列とjava.util.ArrayListが使えることを覚えておきましょう。

拡張for文で2次元配列を扱う場合、1次元目の配列から要素（2次元目の配列への参照）を取り出して、一時変数に代入します。

## 12.　B　　　　　　　　　　　　　　　　　　　　　　➡ P129

拡張for文に関する問題です。

拡張for文では、集合から取り出した要素を格納するために、一時的な変数を宣言します。集合から要素への参照をコピーして、この一時変数に代入します。

たとえば、設問のコードの初回の繰り返し処理では、次の図のように配列から要素がコピーされて、変数strに代入されます。そのため、array[0]とstrが参照するStringオブジェクトは同じものです。

【設問のコード、初回の繰り返し処理】

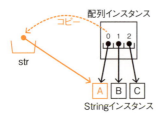

2回目の繰り返しではarray[1]の要素が、3回目ではarray[2]の要素がコピーされて、変数strに代入されます。このように一時変数は、繰り返し処理が実行される度にその内容が次の要素に書き換えられます。

設問のコードでは、一時変数strに新しい文字列「D」を代入しています。これによって変数strの参照先は変わりますが、集合の要素が変わるわけではありません。

【設問のコード5行目のイメージ】

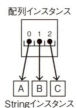

そのため、7行目から9行目までの繰り返しで表示されるのは、元のままの配列の要素です。以上のことから、選択肢**B**が正解です。

拡張for文では、繰り返し処理をするために一時的に変数を使っています。変数の参照を変更しても、集合には影響しません。変数の参照先のオブジェクトを変更した場合は影響します。

## 13.　E　　　　　　　　　　　　　　　　　　　　　　　→ P130

do-while文とwhile文の違いについての問題です。

設問のコードは、int型変数numを宣言し、10で初期化しています。その後、doブロック内でインクリメントされて、値は11になります。続いて条件式の判定をする際に、まず前置インクリメントによって12に変更されてから「10よりも小さいか」という判定をしています。この判定の結果はfalseであるため、これ以上繰り返すことなくdo-while文を抜けて、次の行でコンソールには12が表示されます。

選択肢AとBは、条件式の中でまず前置インクリメントによってnumの値が11に増え、その後、選択肢Aでは「10よりも小さいか」を、選択肢Bでは「10以下か」を判定しています。これらの判定結果はfalseであるため、一度も繰り返し処理をすることなくwhile文は終了します。そのため、どちらの選択肢もコンソールには11が表示されます。よって誤りです。

選択肢Cは、AやBとは異なり後置インクリメントを使っています。そのため、インクリメントされる前にwhile文の条件判定が行われます。変数numの値は10であるにもかかわらず、「10よりも小さいか」を判定しているため、後置インクリメントは実行されるものの、一度も繰り返し処理をすることなくwhile文は終了します。そのため、コンソールには11が表示されます。よって誤りです。

選択肢Dは、後置インクリメントを使い、さらに条件には「10以下か」という指定をしています。変数numの値は10以下であるため、条件式に記述した後置インクリメントを実行してnumの値を11に増やしたあと、繰り返し処理でさらに値が12に増えます。しかし、その後、もう一度条件式が評価されるタイミングで、変数numの値が「10以下ではない」という判定がされたあと、後置インクリメントが実行されて、while文が終了します。そのため、変数numの値は13に増えており、設問の結果とは異なります。

以上のことから、選択肢**E**が正解です。

## 14. A  → P131

breakを使った繰り返し処理の中断に関する問題です。

while文やfor文を使って、繰り返しを実行している最中に、その繰り返しを中断したいことがあります。**繰り返し処理を中断**するには、**break**を使います。たとえば次のコードは、無限ループを使ったコード例です。このコードでは、breakを使って変数numの値が3であれば無限ループを抜けます。そのため、コンソールには1、2の2つの数字だけが表示されます。

**例** breakの使用例

```
int num = 0;
while (true) {
    num++;
    if (num == 3) {
        break;
    }
    System.out.println(num);
}
```

設問のコードでは、二重ループの中でbreakを使って繰り返しを中断しています。このとき、中断されるのは直近のループだけです。このような二重ループの問題では、表を使って組み合わせを考えます。ここでは、変数aと変数bの組み合わせを使って結果を表で確認すると、次のようになります。

【設問のコードの変数】

| a | b | 結果 |
|---|---|---|
| A | A | Aが表示される |
| A | B | breakして外側のループへ |
| B | A | Aが表示される |
| B | B | breakして外側のループへ |

この表からわかるとおり、表示されるのはAが2回です。よって、選択肢**A**が正解です。表示に使っている変数bの文字列が「B」だった場合、breakによって繰り返しが中断してしまい、制御が外側のループに移るため、選択肢B、D、Eのように「B」が表示されることはありません。

二重ループの中で使われるbreakによって中断されるのは、直近にあるループだけです。複数のループを一度に中断するにはラベル（解答16を参照）を使います。

## 15.  B      ➡ P131

continueを使った繰り返し処理の制御に関する問題です。
本設問で出題されているcontinueは、breakと同様に繰り返し処理を制御するためのキーワードです。breakが繰り返しを中断し、ループから抜けてしまうのに対し、**continue**は残りの**繰り返し処理をスキップ**します。

たとえば次のコードでは、変数iの値が1のときだけ、それ以降の処理をスキップし、更新文に制御が移動します。そのため、コンソールには0と2の2つの数字だけが表示されます。

### 例 continueの使用例

```
for (int i = 0; i < 3; i++) {
    if (i == 1) {
        continue;
    }
    System.out.println(i);
}
```

設問では、2で割って余りが0の値、つまり偶数の値であった場合にcontinueを実行して処理をスキップします。一方、奇数の場合は、8行目でその値を合計します。よって、変数totalには、1、3、5の3つの数値の合計が代入されます。以上のことから、選択肢**B**が正解です。

continueは、以降の処理をスキップしてループの条件判定に戻ります。

## 16.  F      ➡ P132

ラベルの使用に関する問題です。
**ラベル**を使うことで、**break**や**continue**のときに制御を移す箇所を自由に指定できます。たとえば、二重ループの内側でbreakした場合には、元々の動作では内側のループだけを抜けます。しかし、次のようにラベルを使えば、外側のループも一度に抜けることが可能です。

※次ページに続く

**例** 二重ループでbreakを使用したコード

```
sample :                    ← 外側のループの外にラベルを入れる
for (int i = 0; i < 10; i++) {
    for (int j = 0; j < 10; j++) {
        if (3 < j) {
            break sample;   ← ラベルsampleへ移る
        }
    }
}
```

ラベルは、ループに付けられることが多くありますが、このほかにもさまざまな箇所に付けることができます。

・ コードブロック
・ すべてのループ文と分岐（if、switch）
・ 式
・ 代入
・ return文
・ tryブロック
・ throw文

**コードブロック**とは、コードの塊を表すために中カッコ「{ }」で括った範囲のことです。コードブロックにラベルを付けた例は次のとおりです。

**例** コードブロックにラベルを付けたコード

```
a: {
    int a = 10;
}
```

ループ文と分岐にもラベルを付けることができます。

**例** ループ文と分岐にラベルを付けたコード

```
b: for (int i = 0; i < 5; i++) {
    System.out.println(i);
}
c: if (true) {
    // do something
}
```

150

ほかにも、代入や式にもラベルを付けられます。

#### 例 代入と式にラベルを付けたコード

```
int x = 0;
d: x = 2;                   ←代入
e: System.out.println(x);   ←式
```

次のコードは、return文にラベルを付けた例です。

#### 例 return文にラベルを付けたコード

```
private static int sample() {
    f: return 0;
}
```

最後に、tryとthrow文にラベルを付けた例を示します。

#### 例 tryとthrow文にラベルを付けたコード

```
g: try {
    System.out.println("hello");
} finally {
    h: throw new RuntimeException();
}
```

このようにラベルはさまざまな箇所に付けることができます。以上のことから、選択肢Fが正解です。

> ラベルは便利な機能である反面、コードの制御があちこちに移るため、可読性を下げる要因になります。そのため、あまり多用すべきではありません。

## 17. B　　　　　　　　　　　　　　　　　　　　　　→ P132

breakとcontinue、ラベル、そして二重ループを組み合わた問題です。
まず、外側のループに「a」、内側のループに「b」というラベルが付けられていることを確認しましょう。次に、continueがラベル「a」へ、breakがラベル「b」に移動することも確認します。また、continueする条件式では変数iの値を、breakするときには変数jの値を使っている点も注意しましょう。

これらを確認できれば、表を書いて変数の状況に合わせた結果を確認します。6行目のif文によって、変数iの値が偶数の場合には、すぐにcontinueしていることや、7行目のif文によって、変数jの値が3よりも大きくなった場合には、breakしていることに注意してください。

| i | j | 結果 | total |
|---|---|---|---|
| 0 | 0 | continueでラベルaへ | 0 |
| 1 | 0 | totalに0を加算する | 0 |
| 1 | 1 | totalに1を加算する | 1 |
| 1 | 2 | totalに2を加算する | 3 |
| 1 | 3 | totalに3を加算する | 6 |
| 1 | 4 | breakでラベルbを抜ける | 6 |
| 2 | 0 | continueでラベルaへ | 6 |
| 3 | 0 | totalに0を加算する | 6 |
| 3 | 1 | totalに1を加算する | 7 |
| 3 | 2 | totalに2を加算する | 9 |
| 3 | 3 | totalに3を加算する | 12 |
| 3 | 4 | breakでラベルbを抜ける | 12 |
| 4 | 0 | continueでラベルaへ | 12 |

この表からわかるとおり、最終的なtotalの値は12です。以上のことから、選択肢**B**が正解です。

試験対策

breakとcontinue、ラベル、二重ループを組み合わたコードの問題では、ラベルが付けられている箇所、continueやbreakがどのラベルに移動するかを確認しましょう。

# 第6章

# メソッドとカプセル化の操作

- ■メソッドの呼び出しと定義
- ■staticなフィールドとメソッド
- ■メソッドのオーバーロード
- ■コンストラクタ
- ■アクセス修飾子
- ■カプセル化とデータ隠蔽
- ■値渡しと参照渡し

**1.** 次の中から、メソッド宣言の記述として正しいものを選びなさい。（1つ選択）

```
A.    Void sample() {   }
B.    void sample() { return "sample"; }
C.    sample() {   }
D.    int sample() { return "sample"; }
E.    void sample() {   }
```

➡ P170

**2.** 次のプログラムを確認してください。

```
1. public class Sample {
2.     private String value;
3.     public void setValue(String value) {
4.         this.value = value;
5.     }
6.     public String getValue() {
7.         return this.value;
8.     }
9. }
```

このクラスを利用する以下のプログラムの説明として、正しいものを選びなさい。（1つ選択）

```
1. public class Main {
2.     public static void main(String[] args) {
3.         Sample s = new Sample();
4.         String val = s.setValue("hello");
5.         s.getValue();
6.         System.out.println(val);
7.     }
8. }
```

A. Mainクラスの4行目でコンパイルエラーが発生する

B. Mainクラスの5行目でコンパイルエラーが発生する

C. Mainクラスの4行目と5行目でコンパイルエラーが発生する

D. 何も表示されない

154

E.　nullが表示される

F.　実行時に例外がスローされる

➡ P172

**3**.　次のプログラムを確認してください。

```
1. public class Sample {
2.     float divide(int a, int b) {
3.         return (float) a / (float) b;
4.     }
5. }
```

このクラスを利用する以下のプログラムの空欄に入るコードとして、正しいものを選びなさい。（2つ選択）

```
1. public class Main {
2.     public static void main(String[] args) {
3.         Sample s = new Sample();
4.         [          ] result = s.divide(10, 2);
5.         System.out.println(result);
6.     }
7. }
```

A.　int

B.　float

C.　double

D.　Integer

E.　String

F.　var

G.　dim

➡ P173

155

**4**. 次のプログラムを確認してください。

```
1.  public class Sample {
2.      public int method(int a, int b) {
3.          return a + b;
4.      }
5.  }
```

このクラスを利用する以下のプログラムを、コンパイル、実行したときの結果として、正しいものを選びなさい。(1つ選択)

```
1.  public class Main {
2.      public static void main(String[] args) {
3.          Sample s = new Sample();
4.          int result = s.method(2);
5.          System.out.println(result);
6.      }
7.  }
```

- A. 0が表示される
- B. 2が表示される
- C. コンパイルエラーが発生する
- D. 実行時に例外がスローされる

➡ P174

**5**. 次の中から、メソッドの宣言として正しいものを選びなさい。(1つ選択)

- A. void method(void){}
- B. void method(int values...) {}
- C. void method(int... values, String name) {}
- D. void method(int... a, int... b) {}
- E. 選択肢CとDの両方とも正しい
- F. 選択肢はすべて正しい
- G. 選択肢はすべて間違っている

➡ P175

**6.** 次のプログラムをコンパイル、実行したときの結果として、正しいものを選びなさい。（1つ選択）

```
1.  public class Sample {
2.      public void method(int num) {
3.          if (num < 0) return;
4.          System.out.println("A");
5.          return;
6.          System.out.println("B");
7.      }
8.  }
```

    A.    3行目でコンパイルエラーが発生する
    B.    5行目でコンパイルエラーが発生する
    C.    6行目でコンパイルエラーが発生する
    D.    Aだけが表示される
    E.    ABが表示される

➡ P178

**7.** 次のプログラムを確認してください。

```
1.  public class Sample {
2.      static int num = 0;
3.  }
```

このクラスを利用する以下のクラスを、コンパイル、実行したときの結果として正しいものを選びなさい。（1つ選択）

```
1.  public class Main {
2.      public static void main(String[] args) {
3.          Sample.num = 10;
4.          Sample s = new Sample();
5.          Sample s2 = new Sample();
6.          s.num += 10;
7.          s2.num = 30;
8.          System.out.println(Sample.num);
9.      }
10. }
```

A. 10が表示される

B. 20が表示される

C. 30が表示される

D. Mainクラスの3行目でコンパイルエラーが発生する

E. 実行時に例外がスローされる

**➡ P179**

**8.** 次の中から、正しい説明を選びなさい。（2つ選択）

A. staticなメソッドからは、staticなメソッドを呼び出せない

B. staticなメソッドからは、staticではないフィールドにアクセスできる

C. staticなメソッドからは、staticではないメソッドを呼び出せる

D. staticなメソッドからは、staticなフィールドにアクセスできる

E. staticではないメソッドからは、staticなフィールドにアクセスできる

F. staticではないメソッドからは、staticなメソッドを呼び出せない

**➡ P181**

**9.** 次のメソッドをオーバーロードしていないメソッド定義を選びなさい。（2つ選択）

```
1.  int calc(double a, int b) {
2.      return (int) a + b;
3.  }
```

A. int calc(int a) {}

B. double calc(double a, int b) {}

C. int calc(double a, double b) {}

D. int calc(double num1, int num2) {}

E. int calc() {}

F. int calc(int a, double b) {}

**➡ P182**

**10.** 次のプログラムをコンパイル、実行したときの結果として、正しいもの
を選びなさい。（1つ選択）

```
 1.  public class Main {
 2.      public static void main(String[] args) {
 3.          Main m = new Main();
 4.          System.out.println(m.calc(2, 3));
 5.      }
 6.      private double calc(double a, int b) {
 7.          return (a + b) / 2;
 8.      }
 9.      private double calc(int a, double b) {
10.          return (a + b) / 2;
11.      }
12.  }
```

- A. 4行目でコンパイルエラーが発生する
- B. 6行目でコンパイルエラーが発生する
- C. 9行目でコンパイルエラーが発生する
- D. 選択肢BとCの両方
- E. 2.5が表示される

➡ P184

**11.** 次のメソッドをオーバーロードするメソッド定義として、正しいものを
選びなさい。（1つ選択）

```
 1.  void method() {
 2.      // do something
 3.  }
```

- A. `public void method() {}`
- B. `protected void method() {}`
- C. `private void method() {}`
- D. 選択肢A～Cまで、すべて正しい
- E. 選択肢A～Cまで、すべて誤りである

➡ P184

第6章

メソッドとカプセル化の操作（問題）

159

**12.** Sampleというクラスを定義しようと考えている。このクラスに定義するコンストラクタを修飾できるアクセス修飾子についての説明として、正しいものを選びなさい。（1つ選択）

    A.　publicなコンストラクタのみ定義できる

    B.　publicかprotectedなコンストラクタのみ定義できる

    C.　private以外のコンストラクタが定義できる

    D.　コンストラクタを修飾するアクセス修飾子に制限はない

    E.　アクセス修飾子で修飾することはできない

➡ P185

**13.** 次のプログラムを確認してください。

```
1.  public class Sample {
2.      void Sample() {
3.          System.out.println("hello.");
4.      }
5.  }
```

このクラスを利用する以下のプログラムを、コンパイル、実行したときの結果として、正しいものを選びなさい。（1つ選択）

```
1.  public class Main {
2.      public static void main(String[] args) {
3.          Sample s = new Sample();
4.          s.Sample();
5.      }
6.  }
```

    A.　「hello.」と表示される

    B.　「hello.hello.」と表示される

    C.　Sampleクラスでコンパイルエラーが発生する

    D.　Mainクラスでコンパイルエラーが発生する

    E.　実行時に例外がスローされる

➡ P187

**14.** 次のプログラムを確認してください。

```
1.  public class Sample {
2.      Sample() {
3.          System.out.println("A");
4.      }
5.      {
6.          System.out.println("B");
7.      }
8.  }
```

このクラスを利用する以下のプログラムを、コンパイル、実行したとき
の結果として、正しいものを選びなさい。（1つ選択）

```
1.  public class Main {
2.      public static void main(String[] args) {
3.          Sample s = new Sample();
4.      }
5.  }
```

A. 「A」「B」と表示される
B. 「B」「A」と表示される
C. 「A」と表示される
D. 「B」と表示される
E. Sampleクラスでコンパイルエラーが発生する
F. Mainクラスでコンパイルエラーが発生する
G. 実行時に例外がスローされる

➡ P188

**15.** 次のプログラムを確認してください。

```
1. public class Sample {
2.     void Sample() {
3.         System.out.println("A");
4.     }
5.     Sample(String str) {
6.         System.out.println(str);
7.     }
8. }
```

このクラスを利用する以下のプログラムを、コンパイル、実行したときの結果として、正しいものを選びなさい。（1つ選択）

```
1. public class Main {
2.     public static void main(String[] args) {
3.         Sample s = new Sample();
4.     }
5. }
```

A. 「A」と表示される
B. 「null」と表示される
C. 何も表示されない
D. コンパイルエラーが発生する
E. 実行時に例外がスローされる

➡ P188

162

**16.** 次のプログラムの空欄に入るコードとして、正しいものを選びなさい。
（1つ選択）

```
1.  public class Sample {
2.      public Sample() {
3.          [                    ]
4.      }
5.      public Sample(String str, int num) {
6.          System.out.println("ok.");
7.      }
8.  }
```

なお、上記のプログラムは次のプログラムから利用され、コンソールに
「ok.」と表示されなければならない。

```
1.  public class Main {
2.      public static void main(String[] args) {
3.          Sample s = new Sample();
4.      }
5.  }
```

A.　Sample(null, 0);
B.　this(null, 0);
C.　super(null, 0);
D.　this.Sample(null, 0);

→ P190

163

**17.** 次のプログラムをコンパイル、実行したときの結果として、正しいもの
を選びなさい。（1つ選択）

```
1. public class Sample {
2.     public Sample() {
3.         System.out.println("A");
4.         this("B");
5.     }
6.     public Sample(String str) {
7.         System.out.println(str);
8.     }
9. }
```

```
1. public class Main {
2.     public static void main(String[] args) {
3.         Sample s = new Sample();
4.     }
5. }
```

A. 「A」「B」と表示される
B. 「B」「A」と表示される
C. 「A」だけが表示される
D. 「B」だけが表示される
E. コンパイルエラーが発生する
F. 実行時に例外がスローされる

➡ P191

164

**18.** 次のプログラムを確認してください。

```
1. package ex18;
2.
3. public class Parent {
4.     int num = 10;
5. }
```

このクラスを利用する以下のプログラムを、コンパイル、実行したとき
の結果として、正しいものを選びなさい。（1つ選択）

```
1. package other;
2. import ex18.Parent;
3.
4. public class Child extends Parent {
5.     public static void main(String[] args) {
6.         System.out.println(num);
7.     }
8. }
```

A.　0が表示される
B.　10が表示される
C.　Childクラスの4行目でコンパイルエラーが発生する
D.　Childクラスの6行目でコンパイルエラーが発生する
E.　実行時に例外がスローされる

➡ P191

**19.** 次のプログラムを確認してください。

```java
1.  package other;
2.
3.  public class Book {
4.      private String isbn;
5.      public void setIsbn(String isbn) {
6.          this.isbn = isbn;
7.      }
8.      protected void printInfo() {
9.          System.out.println(isbn);
10.     }
11. }
```

このクラスを利用する以下のプログラムを、コンパイル、実行したとき
の結果として、正しいものを選びなさい。（1つ選択）

```java
1.  package ex19;
2.  import other.Book;
3.  public class StoryBook extends Book {}
```

```java
1.  package ex19;
2.  public class Main {
3.      public static void main(String[] args) {
4.          StoryBook story = new StoryBook();
5.          story.setIsbn("xxxx-xxxx-xxxx");
6.          story.printInfo();
7.      }
8.  }
```

A. 「null」と表示される
B. 「xxxx-xxxx-xxxx」と表示される
C. コンパイルエラーが発生する
D. 実行時に例外がスローされる

➡ P192

**20.** 次のプログラムを確認してください。

```
1.  public class Sample {
2.      int num;
3.      int getNum() { return num; }
4.      void setNum(int num) { this.num = num; }
5.  }
```

このクラスにカプセル化を適用したい。次の中から正しいコードを選びなさい。（1つ選択）

```
A.    public class Sample {
          private int num;
          private int getNum() { return num; }
          private void setNum(int num) { this.num = num; }
      }
```

```
B.    public class Sample {
          public int num;
          public int getNum() { return num; }
          public void setNum(int num) { this.num = num; }
      }
```

```
C.    public class Sample {
          public int num;
          private int getNum() { return num; }
          private void setNum(int num) { this.num = num; }
      }
```

```
D.    public class Sample {
          private int num;
          public int getNum() { return num; }
          private void setNum(int num) { this.num = num; }
      }
```

➡ P195

第 6 章

メソッドとカプセル化の操作（問題）

167

**21.** 次のプログラムを確認してください。

```
1.  public class Sample {
2.      int num;
3.      public Sample(int num) {
4.          this.num = num;
5.      }
6.  }
```

このクラスを利用する以下のプログラムを、コンパイル、実行したときの結果として、正しいものを選びなさい。（1つ選択）

```
1.  public class Main {
2.      public static void main(String[] args) {
3.          Sample s = new Sample(10);
4.          modify(s.num);
5.          System.out.println(s.num);
6.      }
7.      private static void modify(int num) {
8.          num *= 2;
9.      }
10. }
```

- A. 10が表示される
- B. 20が表示される
- C. コンパイルエラーが発生する
- D. 実行時に例外がスローされる

➡ P196

**22.** 次のプログラムを確認してください。

```
1. public class Sample {
2.     int num;
3.     public Sample(int num) {
4.         this.num = num;
5.     }
6. }
```

このクラスを利用する以下のプログラムを、コンパイル、実行したときの結果として、正しいものを選びなさい。（1つ選択）

```
 1. public class Main {
 2.     public static void main(String[] args) {
 3.         Sample s = new Sample(10);
 4.         modify(s);
 5.         System.out.println(s.num);
 6.     }
 7.     private static void modify(Sample s) {
 8.         s.num *= 2;
 9.     }
10. }
```

A. 10が表示される
B. 20が表示される
C. コンパイルエラーが発生する
D. 実行時に例外がスローされる

➡ P197

# 第6章　メソッドとカプセル化の操作
# 解　答

## 1.　E
→ P154

メソッド定義における戻り値型についての問題です。
メソッドを定義するには、次のような構文で行います。

### 構文

アクセス修飾子　戻り値型　メソッド名（引数の型　引数名）｛
　　　　// メソッド内の処理
　　　｝

**戻り値型**は、このメソッドを実行した結果、どのような種類の結果データを戻すかを表したものです。メソッドを実行しない限り、具体的にどのようなデータが戻るかはわからないため、リテラルなどの固定値は記述できません。データの種類を表すために「型」を指定することに注意してください。次のコードは、int型の結果を戻すメソッドの宣言例です。

### 例　int型を戻すメソッド

```
int method(int num) {
    return num * 2;
}
```

この例でも使われているように、呼び出し元のメソッドに値を戻すには、**return文**を使います。return文で戻すデータの型と、メソッド宣言で宣言した戻り値型は一致しなければいけない点に注意してください。たとえば、次のように戻り値型にはint型を、return文ではdouble型を戻すように記述すると、コンパイルエラーが発生します。

### 例　戻り値とreturn文が戻す型が異なるメソッド（コンパイルエラー）

```
int method(int num) {
    return num * 2.0;   ← intとdoubleの演算結果はdouble
}
```

また、戻り値型を宣言しているにもかかわらず、return文を記述しない次のようなコードもコンパイルエラーになります。このコードでは、int型の値を

戻すと宣言しているにもかかわらず、何も戻しません。

**例** 戻り値型を宣言し、return文を戻さないメソッド（コンパイルエラー）

```
int method(int num) {
    System.out.println(num);
}
```

もし、戻り値を何も戻さない場合には、戻り値型には**void**を指定します。voidを使って先ほどのコード例を次のように修正すると、コンパイルエラーは発生しなくなります。

**例** 戻り値をvoidに変更したメソッド

```
void method(int num) {   ← 戻り値型をvoidに変更
    System.out.println(num);
}
```

選択肢Aは、「Void」と1文字目が大文字になっているため誤りです。
選択肢Bは、voidの綴りは合っていますが、戻り値を戻さないという宣言をしているにもかかわらず、return文で値を戻そうとしています。そのため、このコードはコンパイルエラーが発生します。よって、選択肢Bも誤りです。
選択肢Cは戻り値型を宣言していません。これはメソッド宣言の構文に反します。よって、選択肢Cも誤りです。
選択肢Dは、int型の戻り値を戻すと宣言していますが、String型の参照をreturnしようとしています。このように型が一致しない場合もコンパイルエラーが発生します。よって、選択肢Dも誤りです。

選択肢Eは戻り値を戻さないvoidで戻り値型を宣言し、return文も記述していません。よって、選択肢**E**が正解です。

試験対策　戻り値について、以下のことを覚えておきましょう。
・メソッド宣言で戻り値型の宣言は必須。戻り値を何も戻さない場合には、戻り値型にvoidを指定する
・戻り値型がvoidであるメソッドは、値を戻せない
・戻り値型と、実際に戻す値の型は同じでなければいけない

## 2. A　　　→ P154

メソッドの呼び出しと戻り値に関する問題です。

あるメソッド「A」が、ほかのメソッド「B」を呼び出したとき、Bが処理の結果として、何らかの値を戻すことがあります。戻された値を受け取るためには、Aに変数を宣言し、代入式を記述します。このとき、Bが戻す戻り値の型と、Aが受け取る変数の型は同じか、もしくは互換性のある型でなければいけません。次のコードは、int型を戻すsampleというメソッドを呼び出し、その結果を受け取るコード例です。

**例** sampleメソッドの戻り値をresultに代入

```
int result = sample();
```

もし、sampleメソッドが10という値を戻した場合、sampleメソッド終了後には、上のコードは次のようなコードと同じ意味を持ちます。

**例** メソッドの戻り値10をresultに代入

```
int result = 10;   ← メソッド呼び出し部分を「戻り値」に置き換えて考える
```

もし、戻り値型がvoidで戻り値を何も戻さない場合、戻り値を受け取るような代入式は記述できません。記述した場合には、「何も受け取れないのに代入しようとした」ことを意味するため、コンパイルエラーが発生します。

設問のコードでは、Mainクラスの4行目でSampleクラスのsetValueメソッドを呼び出し、その結果を変数valに代入しようとしています。しかし、setValueメソッドの定義を確認すると、戻り値型がvoidとなっているので、戻り値を戻しません。そのため、Mainクラスの4行目でコンパイルエラーが発生します。以上のことから、選択肢**A**が正解です。

なお、戻り値を戻すメソッドを呼び出しても、必ずしもその結果を受け取る必要はありません。次のように、前述のint型を戻すsampleというメソッドを呼び出し、その結果を受け取らないことも可能です。

**例** sampleメソッドの呼び出し

```
sample();   ← メソッドを呼び出すだけで何も受け取らない
```

設問のコードであれば、Mainクラスの5行目でString型の戻り値を戻すgetValueメソッドを呼び出していますが、受け取っていません。前述のとおり、戻さ

れた戻り値を使うか使わないかは、呼び出し元のメソッド側の自由です。よって、5行目でコンパイルエラーは発生しません。

戻り値を戻さない（戻り値型がvoidである）メソッドに対し、戻り値を受け取る変数を宣言して、受け取ることはできません。コンパイルエラーが発生します。呼び出しているメソッドの定義を確認するようにしましょう。

何らかの戻り値を戻すメソッドを呼び出しても、その戻り値を受け取る必要はありません。戻り値を受け取り、変数に代入しなければ、その戻り値は破棄されるだけです。

## 3. B、C  → P155

メソッドの戻り値型と、戻り値を受け取る変数の型の互換性についての問題です。
メソッドが戻す戻り値を受け取るためには、メソッドが定義する**戻り値型と同じ型、もしくは互換性のある型**の変数を宣言して、結果を代入しなければいけません。異なる型や互換性のない型の変数で、戻り値を受け取ることはできません。

設問のコードでは、int型の引数を2つ受け取るdivideメソッドを呼び出しています。このメソッドの戻り値型はfloat型であるため、floatもしくは、floatと互換性のある型で、結果を受け取る変数を宣言する必要があります。

選択肢Aのint型はfloat型のように小数点数を表すことができず、互換性がありません。よって、選択肢Aは誤りです。
選択肢Bは、divideメソッドの戻り値型と同じ型であるため、問題ありません。よって、選択肢**B**は正解です。
選択肢Cは戻り値型とは一致しませんが、64ビットの浮動小数点数を表せるdouble型は、32ビットの浮動小数点数を表すfloat型と互換性があります。よって、選択肢**C**は正解です。
選択肢DとEは、オブジェクト型であるため、互換性がありません（参考を参照）。選択肢FとGは、Javaのキーワードではありません。よって誤りです。

メソッドの戻り値の型と、戻り値を受け取るための変数の型は、同じ型か、互換性がなければいけません。呼び出しているメソッドの定義を確認するようにしましょう。

ラッパー型の場合は、ボクシングによって自動変換されます。本設問の場合では、Floatであればコンパイル、実行可能です。

## 4. C　　　　　　　　　　　　　　　　　　　　　　→ P156

呼び出し元メソッドの引数の数とメソッド宣言で定義している引数の数について問う問題です。
メソッドに宣言された**引数**は処理を実行するために必要なデータを意味します。そのため、宣言された引数はそのメソッドを呼び出す際に「渡さなければいけないデータ」だと考えてください。たとえば、次のようなメソッドの定義があったとします。

**例** sampleメソッドの定義

```
void sample(int num) {
    // do something
}
```

このメソッドは、int型の引数を1つ受け取ります。これは、int型のデータを1つ渡さなければ「処理ができない」ことを意味しています。そのため、次のように引数なしで、このメソッドを呼び出すことはできません。

**例** 引数なしでsampleメソッドを呼び出し

```
sample();
```

このコードは、引数なしのsampleメソッドを呼び出すという意味であるため、上記のint型を受け取るsampleメソッドを呼び出すことはできません。

メソッドの引数は、カンマ「,」で区切っていくつでも宣言できます。ただし、これは構文として誤りでないというだけの話であって、たくさんの引数を受け取るメソッドを宣言すること推奨しているわけではありません。ソフトウェアを設計する際には、引数が多ければ多いほど、そのメソッドは使いにくくなる点に注意してください（次ページの参考を参照）。

次のコード例では、2つの引数を受け取るメソッドを定義しています。

例 2つの引数を受け取るsampleメソッドの定義

```
void sample(int num1, int num2) {
    // do something
}
```

このメソッドは、int型のデータを2つ渡さなければ処理ができないことを宣言しています。そのため、次の2つのコードは、どちらもこのメソッドを呼び出すことはできません。

例 メソッド定義と引数の数が異なるsampleメソッドの呼び出し

```
sample();       ←引数なしのメソッドを呼び出している
sample(10);     ←int型の引数1つを受け取るメソッドを呼び出している
```

設問のコードでは、Mainクラスの4行目で引数を1つ渡してmethodメソッドを呼び出しています。しかし、Sampleクラスに定義されているmethodメソッドの定義では、int型の引数を2つ受け取るように宣言されており、呼び出し側と呼び出される側の定義が一致しません。そのため、Mainクラス側で引数を1つ受け取るmethodメソッドは存在しないという旨のコンパイルエラーが発生します。以上のことから、選択肢**C**が正解です。

呼び出し元メソッドの引数は、メソッドで宣言されている種類、数を一致させなければいけません。一致していない場合は、コンパイルエラーが発生します。

ソフトウェアを設計する際には、引数が多ければ多いほど、そのメソッドは使いにくくなってしまいます。たくさんの引数を受け取るメソッドを定義するのであれば、それらの引数をフィールドに持つオブジェクト1つを引数に受け取るようにしたほうが、より簡潔で、かつ変更にも強くなります。

## 5. G   ➡ P156

可変長引数に関する問題です。
メソッドの引数の個数は、宣言した数の分だけの固定数でした。引数を2つ宣言したメソッドでは2つだけ、3つ宣言したメソッドでは3つだけしか引数を受け取ることができません。しかし、Java SE 5からは**可変長引数**が導入され、より柔軟な宣言ができるようになりました。

可変長引数は、その名のとおり、その数を自由に変更できる引数のことです。可変長引数は、次のように**引数の型の直後**に**ピリオド3つ**「...」を付けて宣言します。

**例** 可変長引数を持つメソッドの宣言

```
void sample(int... num) {
    // do something
}
```

このように可変長引数を持つメソッドは、引数を2つでも、3つでも、理論上はいくつでも渡して呼び出すことができます。渡された複数の値は、JVMによって配列に置き換えられます。そのため、可変長引数の値を使うときには、配列と同じように**大カッコ**「**[ ]**」を使います。

**例** 可変長引数は配列として扱われている

```
void sample(int... num) {
    for (int i =0; i<num.length; i++) {
        System.out.println(num[i]);
    }
}
```

また、可変長引数を使うときは、次の2点に注意する必要があります。

・ 同じ型の数が可変な引数をまとめられるだけで、異なる型はまとめられない
・ 可変長引数以外の引数を受け取る必要がある場合、可変長引数は**最後**の引数にすること

1つ目の注意点は、可変長引数が配列に置き換えられる仕組みになっていることを考えれば当然のことです。2つ目の注意点は重要なポイントですが、間違えやすいので忘れないようにしましょう。可変長引数は、理論上、同じ型であればいくつでもデータを渡せます。たとえば、次のようなメソッド宣言では、どこまでが第1引数で、どこからが第2引数なのか、判断ができません。そのため、このようなコードはコンパイルエラーになります。

**例** 可変長引数を最初に記述したメソッド（コンパイルエラー）

```
void sample(int... num, int value) {
    // do something
}
```

次のように引数の順番を入れ替えると、第1引数と第2引数以降が区別できるため、コンパイルエラーは発生しません。

**例** 可変長引数を最後に記述したメソッド

```
void sample(int value, int... num) {
    // do something
}
```

選択肢Aは、引数宣言にvoidとしています。ほかのプログラミング言語では、引数を受け取らないことを明示するためにこのように記述するものがありますが、Javaでは中身なしのカッコ「()」を記述するだけです。そのため、このコードはコンパイルエラーになります。よって、選択肢Aは誤りです。

選択肢Bは、可変長引数を宣言していますが、「...」を変数名の後ろに記述しています。「...」はデータ型の後ろに記述しなければいけません。そのため、このコードもコンパイルエラーになります。よって、選択肢Bも誤りです。

選択肢CとDは、どちらも可変長引数の宣言の後ろにカンマ「,」で区切って引数を追加しています。前述のとおり、可変長引数は最後の引数でなければいけません。よって、選択肢CとDのどちらも誤りです。

以上のことから、選択肢**G**が正解です。

何も引数を受け取らないメソッドを宣言する場合は、カッコの中には何も記述しません。

可変長引数を含む複数の引数を受け取るメソッドを宣言するとき、可変長引数は最後の引数としてのみ使うことができます。重要なポイントですが、間違えやすいので忘れないようにしましょう。

可変長引数を表す「...」は、型の後ろに付けます。変数名の後ろに付けるとコンパイルエラーになります。

## 6. C                                                    → P157

return文に関する問題です。

**return文**は、値を呼び出し元のメソッドに戻すという意味以外にも、**呼び出し元に制御を戻す**という意味も持ちます。そのため、returnだけを記述することも可能です。なお、「制御を戻す」とは、そのメソッドでの処理を強制終了し、呼び出し元に戻るということです。たとえば、次のコードでは、引数の値が負数だった場合に、それ以上制御を進めないようにするためにreturn文を使っています。

**例** return文の使用例

```
void sample(int num) {
    if (num < 0) {
        return;          ← 負数だった場合には、制御を戻す
    }
    System.out.println(num);
}
```

return文は、それが現れた時点で強制的に制御を戻します。そのため、それ以降のメソッド内の処理を続行できません。上記のコードであれば、引数に負数を渡すとif文の条件に合致し、return文が実行されます。そのため、その後のコンソール表示は実行されません。

なお、このコードでは、引数が正数だった場合にはreturn文が実行されることはありません。このように、return文が実行されない可能性がある場合には問題ありませんが、次のコードのように必ずreturn文が実行される場合には、注意すべき点があります。

**例** 到達不可能なコード

```
void sample(int num) {
    return;
    System.out.println(num);
}
```

このコードでは、メソッド内のreturn文を処理したタイミングで制御が戻されます。そのため、次の行のコンソール表示は実行されることがありません。このように実行されないことが明白なコードがあった場合、コンパイラは「到達不可能なコードがある」としてコンパイルエラーを発生させます。

以上のことから、選択肢Cが正解です。

**試験対策** return文の後ろの処理は実行できません。もし、return文を実行したあとに何らかの処理をするようなコードを記述するとコンパイルエラーになります。

## 7. C　→ P157

staticなフィールドへのアクセスについて問う問題です。
Javaでは、プログラムの実行中に必要なクラスを読み込んで実行します。クラスファイルを読み込むことを「ロード」と呼びますが、ロード後、クラスファイルの内容はstaticなものと、そうでないものに分離され、それぞれ異なるメモリ空間に配置されます。

ロード後、**static**で修飾されたフィールドやメソッドは、「**static領域**」と呼ばれる領域に配置されます。それ以外の部分は、「**ヒープ領域**」と呼ばれる領域に配置されます。**インスタンスが生成**されるときには、ヒープ領域にあるクラス定義に従ってインスタンスが生成されます。

【static領域とヒープ領域】

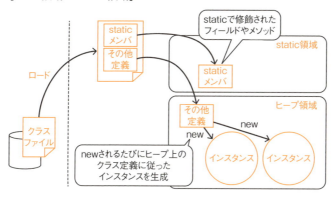

この図から、staticで修飾されたものはインスタンスを作るための定義とは別の領域に配置されていることがわかります。また、staticなメンバとそうでないメンバの分離は、ロード後すぐに行われます。この仕組みがあるために、**staticなフィールドはインスタンスを作らなくても使える**という性質を持ちます。

同じクラスから作られた異なるインスタンスは、フィールドに異なる値を持つことができます。しかし、staticなフィールドはインスタンスには存在しま

せん。図のとおり、staticなフィールドは、インスタンス生成前に分離され、別の領域に配置されているからです。staticなフィールドは、インスタンスとは別の領域にある変数だと考えてください。

staticなフィールドにアクセスするには、「**クラス名.フィールド名**」と記述します。たとえば、設問のコードであれば、次のように記述します。

### 例 staticなフィールドへのアクセス①

```
Sample.num = 10;
```

これで、static領域にある変数numの値は10に置き換わります。よって、設問のMainクラスの3行目でコンパイルエラーにはならないので、選択肢Dは誤りです。

**【staticなフィールドの値が10に置き換わった状態】**

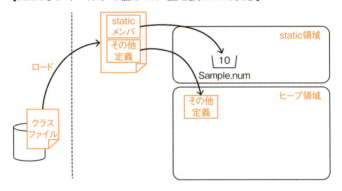

staticなフィールドにアクセスするには、このようにクラス名を使う方法以外に、次のようにインスタンスを生成し、その参照を使ってアクセスする方法もあります。

### 例 staticなフィールドへのアクセス②

```
Sample s = new Sample();
s.num = 20;
```

このコードは、コンパイル時に「**クラス名.フィールド名**」に置き換えられます。そのため、このコードは次のコードと同じ意味を表しています。

### 例 staticなフィールドへのアクセス③

```
Sample s = new Sample();
Sample.num = 20;        ← コンパイル時に置き換えられる
```

それでは、設問のMainクラスを、置き換えて考えてみましょう。

### 例 設問のMainクラスの例

```
 1. public class Main {
 2.     public static void main(String[] args) {
 3.         Sample.num = 10;
 4.         Sample s = new Sample();
 5.         Sample s2 = new Sample();
 6.         Sample.num += 10;
 7.         Sample.num = 30;
 8.         System.out.println(Sample.num);
 9.     }
10. }
```

このように置き換えてみると、このコードはstatic領域上にある1つの変数の値を変更し続けていることがわかります。まず、3行目で10を代入し、6行目で10を加算して20に変更、その後、7行目で30を代入して上書きしています。そのため、コンソールには30が表示されます。以上のことから、選択肢**C**が正解です。

試験対策　staticなフィールドは、「**クラス名.フィールド名**」、もしくはインスタンスの作成後であれば、「**変数名.フィールド名**」のどちらでもアクセスできます。

---

## 8. D、E　　　　　　　　　　　　　　　　　　　　　→ P158

staticなメンバのルールに関する問題です。
解答7では、staticなメンバ（staticで修飾されたフィールドやメソッド）はインスタンスが作られるメモリ領域とは異なる領域に配置されることを学びました。staticなメンバとその他の定義は、クラスのロード後すぐに行われます。そのため、staticなメンバはインスタンスの有無にかかわらず使えます。一方、staticではないメンバは、インスタンスがないと使えません。

※次ページに続く

このようなルールがあるため、インスタンスがなくても使えるstaticなメソッドから、staticではないメンバにはアクセスできません。staticではないメンバは、インスタンスがないと使えないからです。反対に、staticではないメソッドから、staticなメンバにアクセスすることは可能です。よって、選択肢Eは正解で、選択肢Fは誤りです。

【staticなメソッドから、staticではないメンバへのアクセス】

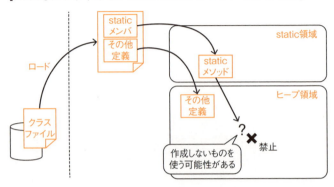

もし、staticなメソッドから、staticではないフィールドやメソッドにアクセスしようとすると、存在しないものを呼び出すことになるため、コンパイルエラーが発生します。以上のことから、選択肢BとCは誤りです。

staticなもの同士であれば、インスタンスの有無に関係なく使えます。そのため、staticなメソッドから、staticなフィールドやメソッドは自由にアクセスできます。よって、選択肢Aは誤りで、選択肢Dは正解です。

 staticなメソッドは、staticで修飾されたものにしかアクセスできません。

## 9. B、D　　　　　　　　　　　　　　→ P158

メソッドのオーバーロードに関する問題です。
**オーバーロード**は、「メソッドの多重定義」とも呼ばれ、同名のメソッドを複数宣言できる機能のことです。ただし、**名前が同じでも引数が異なること**という条件が付きます。たとえば、次のコードでは同名のメソッドを複数定義しています。

182

**例** 同名の複数のメソッドを定義

```
public class Sample {
    void hello() { // do something }
    void hello() { // do something }
}
```

これではhelloメソッドを実行するときに、どちらのメソッドを実行してよいか、JVMは判断できません。そのため、このコードはコンパイルエラーになります。

前述のとおり、オーバーロードの条件は「引数が異なること」です。引数が異なるとは、**引数の数や型、順番が異なること**で、これらが異なれば同名のメソッドを複数定義できます。

JVMは、実行するメソッドを読み込むとき、メソッド名だけで判断するのではなく、**メソッド名と引数のセット**で見分けています。このセットのことを「**シグニチャ**」と呼びます。オーバーロードは、この仕組みを利用して、同名のメソッドを複数宣言できるようにしているのです。

設問のコードは、2つの引数を受け取るcalcという名前のメソッドを定義しています。まず、引数の数が異なるものを選択肢から見つけます。選択肢Aは引数の数が1つで、選択肢Eは引数がありません。そのため、これらは正しくオーバーロードしています。

選択肢Bは、引数は同じで戻り値の型が異なります。引数が異なることがオーバーロードの条件ですので、戻り値型の違いはオーバーロードとは関係がありません。したがって、選択肢Bは正しくオーバーロードしていません。

選択肢Cは、第2引数の型が異なります。また、選択肢Fは、引数の順番が異なります。よって、これらは正しくオーバーロードしています。

選択肢Dは、引数の変数名が異なります。オーバーロードの条件は、数、型、順番のいずれかが異なることです。変数名が異なっていてもオーバーロードとはいえません。よって、選択肢Dも正しくオーバーロードしていません。

以上のことから、選択肢**B**と**D**が正解です。

※次ページに続く

**第6章**

**メソッドとカプセル化の操作（解答）**

試験対策 オーバーロードとは、引数の数、型、順番が異なる同名のメソッドを定義することです。

試験対策 戻り値型が異なるだけではオーバーロードと見なされず、同じメソッドが重複して存在するとして、コンパイルエラーになります。

## 10.　A　　　　　　　　　　　　　　　　　　　　　　→ P159

呼び出し元のメソッドが、オーバーロードしているどのメソッドを適用するかを問う問題です。
設問のコードでは、calcメソッドがオーバーロードされて2つ定義されています。2つのメソッドは、**引数の型が異なる**ため、**オーバーロード**の条件を満たしています。そのため、この2つのメソッド定義でコンパイルエラーが発生することはありません。よって、選択肢B、C、Dは誤りです。

設問のmainメソッドでは、引数に2と3の2つの数値を渡してcalcメソッドを呼び出しています。数値リテラルは、デフォルトでint型の値として解釈されることに注意してください。mainメソッドは、2つのint型を受け取るcalcメソッドを呼び出していますが、一致するオーバーロードはありません。

しかし、double型はint型よりも範囲が大きく、暗黙の型変換によって互換性が保たれているデータ型です。そのため、2つのint型を渡した呼び出しは、doubleとintを受け取るcalcメソッドにも、intとdoubleを受け取るcalcメソッドにも両方適用できてしまいます。このような場合、JVMはどちらのメソッドを呼び出すべきかを判断できません。そのため、コンパイラは「あいまいなメソッド呼び出し」としてエラーを発生させます。以上のことから、選択肢**A**が正解です。

## 11.　E　　　　　　　　　　　　　　　　　　　　　　→ P159

オーバーロードと、アクセス修飾子の関係についての問題です。
**オーバーロード**の条件は、**シグニチャが異なる**ことです。シグニチャは、メソッド名と引数のリストから成り、オーバーロードとして見なされるためには、メソッド名が同じで、引数の数、型、順番のいずれかが異なる必要があります。この条件に、**アクセス修飾子**は含まれません。そのため、アクセス修飾子が異なるだけではオーバーロードとして見なされません。選択肢A〜Cは、同じシグニチャのメソッドで、アクセス修飾子だけが異なります。そのため、これらのいずれもオーバーロードの条件を満たしません。よって、選択肢**E**が正解です。

**試験対策** アクセス修飾子を変えただけではオーバーロードと見なされません。メソッドのシグニチャの違いがオーバーロードの必須条件であることを忘れないようにしましょう。

## 12. D                                                               ➡ P160

コンストラクタのアクセス修飾子に関する問題です。
**コンストラクタ**は、生成されたインスタンスがほかのインスタンスから使われる前に、事前準備を整える「前処理」をするためのメソッドの一種です。コンストラクタは、自由に定義できます。また、普通のメソッドと同じようにオーバーロードして複数定義することも可能です。

コンストラクタには、次の3つのルールがあります。

- メソッド名を**クラス名**と同じにすること
- **戻り値型**は記述できない
- **new**と一緒にしか使えない（インスタンス生成時以外は呼び出しができない）

このようなルールに従っていれば、コンストラクタは自由に定義できます。設問で問われているアクセス修飾子についても同様で、どのようなアクセス修飾子であっても自由に修飾できます。以上のことから、選択肢**D**が正解です。

**public**は、どのクラスからでもこのクラスをインスタンス化できることを表します。**protected**や**デフォルト**は、継承関係にあるサブクラスやパッケージ内のクラスだけが、このクラスをインスタンス化できるように制限をかけるために使用します。**private**は、非公開なコンストラクタを定義するために使います。非公開なコンストラクタは、そのクラス以外がインスタンスを生成できないように制限したいときに使います。次のコードは、非公開なコンストラクタを使ったクラス定義の例です。

**例** 非公開なコンストラクタを使ったクラス定義

```
public class Sample {
    private Sample() {}
    public static Sample getInstance() {
        return new Sample();
    }
}
```

※次ページに続く

このクラスはコンストラクタが非公開になっているため、ほかのクラスがnewを使ってインスタンス化できないようにしています。もし、インスタンスを取得したければ、staticなgetInstanceメソッドを使うしか方法はありません。このコードを次のように変更すると、そのアプリケーション内でインスタンスが1つしかないことを保証できます。

**例** staticなgetInstanceメソッドを使ったインスタンス化

```java
public class Sample {
    private static Sample instance = null;
    private Sample() {}
    public static Sample getInstance() {
        if ( instance == null ) {
            instance = new Sample();
        }
        return instance;
    }
}
```

ほかにもprivateなコンストラクタは、コンストラクタをオーバーロードして複数定義し、公開するコンストラクタと非公開にするコンストラクタに分けるときにも使えます。外部のクラスがインスタンス化するときには、公開されているコンストラクタを使い、そのコンストラクタ内で非公開のコンストラクタを呼び出すというような使い方です。

**例** 非公開のコンストラクタの呼び出し

```java
public class Sample {
    public Sample() {
        this(val);
        // do something
    }
    private Sample(String val) {
        // do something
    }
}
```

これはコンストラクタだけに限ったことではありませんが、アクセス修飾子を活用すると設計に幅ができ、多様なソフトウェアを設計できるようになるでしょう。なお、このように公開すべきものと、非公開にすべきものを明確に分け、公開したものだけを使ったプログラミングを促すように設計する原

186

則を「**情報隠蔽**」と呼びます。

> コンストラクタはプログラマーが自由に定義できるメソッドの一種です。コンストラクタを定義する際、アクセス修飾子についての制限はなく、public、protected、デフォルト、privateの4つすべてのアクセス修飾子で、コンストラクタを修飾することができます。

## 13. A　　→ P160

解答12で学習したように、コンストラクタはメソッドの一種であるものの、いくつかのルールがありました。

- メソッド名をクラス名と同じにすること
- 戻り値型は記述できない
- newと一緒にしか使えない（インスタンス生成時以外は呼び出しができない）

本設問は、2番目のルール「戻り値型は記述できない」についての問題です。

設問のSampleクラスでは、コンストラクタを定義しているように見えますが、**戻り値型**を記述しています。そのため、この定義は**通常のメソッド**として解釈されます。コンストラクタではない通常のメソッドの名前が、クラス名と同じではいけないというルールはありません。よって、Sampleクラスでコンパイルエラーが発生することはありませんので、選択肢Cは誤りです。

Sampleクラスには、クラス名と同名のメソッドは存在するものの、コンストラクタが存在しません。そのため、コンパイラによって**デフォルトコンストラクタ**が自動的に追加されます（詳細は解答15を参照）。mainメソッドでは、このデフォルトコンストラクタを使ってインスタンスを生成し、その後、Sampleメソッドを呼び出しています。このコードに問題はないため、Mainクラスでコンパイルエラーは発生しません。よって、選択肢Dは誤りです。

デフォルトコンストラクタは、引数なし、処理なしのコンストラクタであるため、コンソールには、Sampleメソッドによって「hello.」が1回だけ表示されます。以上のことから、選択肢Bは誤りで、選択肢**A**が正解です。

> コンストラクタには、戻り値型を定義できません。戻り値型を定義すると、それはコンストラクタではなく、通常のメソッドとして扱われます。ただし、クラス名と同名のメソッドを定義してはいけないというルールはないため、コンパイルエラーにはなりません。

## 14. B

➡ P161

コンストラクタと初期化ブロックに関する問題です。
コンストラクタもメソッドの一種であるため、オーバーロードして複数定義することができます。このとき、すべてのコンストラクタで、一部だけ共通の処理をする必要があったとします。そうした場合に、すべてのコンストラクタに同じコードを記述するのは煩雑です。そこで使うのが**初期化ブロック**です。

初期化ブロックは、中カッコ「{ }」に囲まれたブロックで、クラスブロック直下にフィールドやメソッド、コンストラクタと並べて記述します。

**例** 初期化ブロックの記述

```
public class Sample {
    {
        // 初期化ブロックで行う共通の前処理
    }
}
```

初期化ブロックは、すべてのコンストラクタで共通する前処理を記述するために使用します。そのため、初期化ブロックは、**コンストラクタが実行される前**に実行されます。設問のSampleクラスであれば、初期化ブロックによってコンソールに「B」と表示されたあとに、コンストラクタが実行されてコンソールに「A」と表示されます。以上のことから、選択肢**B**が正解です。

初期化ブロックを使えば、オーバーロードされたすべてのコンストラクタで共通の前処理を宣言できます。

初期化ブロックは、コンストラクタよりも先に実行されます。初期化ブロックとコンストラクタの両方が使われている問題では、実行順を間違えないようにしましょう。

## 15. D

➡ P162

コンストラクタに関する問題です。
コンストラクタは、インスタンスの準備をするために必ず定義されなくてはいけません。しかし、すべてのクラスに何らかの準備が必要なわけではありません。そのため、コンストラクタの定義は省略することができます。もし、

プログラマーがコンストラクタ定義を省略した場合、引数なしのコンストラクタをコンパイラがコンパイル時に追加します。この自動的に追加されるコンストラクタのことを、「**デフォルトコンストラクタ**」と呼びます。

たとえば、次のような中身のないクラスを定義し、コンパイルします。

**例** Testクラスの定義

```
public class Test {}
```

コンパイル後に出力されたクラスファイルの内容を確認すると、何も中身がなかったはずのクラスに、コンストラクタが追加されていることがわかります。

**例** Testクラスの内容

```
Compiled from "Test.java"
public class Test {
  public Test();        ← コンストラクタの定義 (ここから下の4行が処理内容)
    Code:
       0: aload_0
       1: invokespecial #8      // Method java/lang/Object."<init>":()V
    4: return
}
```

デフォルトコンストラクタは、プログラマーがコンストラクタを1つも定義しなかった場合にのみ、追加されます。もし、プログラマーが1つでもコンストラクタを定義すれば、デフォルトコンストラクタは追加されません。

設問のSampleクラスには、String型の引数を受け取るコンストラクタが1つ定義されています。もう1つクラス名と同名のメソッドがありますが、戻り値型が記述されているため、コンストラクタではなく、通常のメソッドとして解釈されます。

Mainクラスの3行目に記述しているコードは、Sampleのインスタンスを生成する際に、「引数なしのコンストラクタを使って準備を行いなさい」という意味です。しかし、Sampleクラスに定義されているのはString型を1つ受け取るコンストラクタだけです。このコンストラクタが定義されているため、デフォルトコンストラクタは追加されません。したがって、「引数なしのコンストラクタは存在しない」という旨のコンパイルエラーが発生します。

以上のことから、選択肢**D**が正解です。

第6章

メソッドとカプセル化の操作（解答）

プログラマーが明示的にコンストラクタを定義した場合は、デフォルトコンストラクタは追加されません。

コンパイルされたクラスファイルの内容を確認するには、javapコマンドを使用します。詳細は、javap -helpコマンドを実行して表示されるヘルプを参照してください。

## 16. B　　　　　　　　　　　　　　　　　　　　　　→ P163

いくつかのルールがあるものの、コンストラクタはメソッドの一種です。そのため、**オーバーロードして複数定義する**ことも可能です。本設問は、オーバーロードされたコンストラクタから、ほかのコンストラクタを呼び出す方法についての問題です。

オーバーロードされたコンストラクタから、ほかのコンストラクタを呼び出すには**this**を使います。選択肢Aのようにコンストラクタ名を記述することはできません。これは、外部のクラスがインスタンスを生成するときに使用するコンストラクタを指定するための方法です。よって、選択肢Aは誤りで、選択肢**B**が正解です。

選択肢Cで使われている**super**は、**スーパークラスのコンストラクタ**を呼び出すときに使うキーワードです。Sampleクラスは何のクラスも継承していないため、自動的にjava.lang.Objectクラスを継承しているものと解釈されます。当然ながら、Objectクラスのコンストラクタに「ok.」と表示するものはありません。よって、選択肢Cも誤りです。

Javaのthisには、2つの用途があります。1つがオーバーロードされた別のコンストラクタを呼び出すときに使うthisです。もう1つはインスタンスそのものを表す参照を入れる特別な変数として使う場合です。選択肢Dは、後者に相当するもので、そのインスタンスが持つSampleというメソッドを呼び出そうとしています。よって、選択肢Dも誤りです。

コンストラクタ内から、オーバーロードされたほかのコンストラクタを呼び出すにはthisを使います。

## 17. E     ➡ P164

thisを使った別のコンストラクタの呼び出しに関する問題です。
解答16では、コンストラクタ内で、オーバーロードされた別のコンストラクタを呼び出すには、**this**を使うことを学びました。別のコンストラクタを呼び出すときには、注意すべきルールが1つあります。オーバーロードされた別のコンストラクタを呼び出すコードは、**最初に記述**しなければいけないというルールです。つまりこれは、thisを使って別のコンストラクタを呼び出す前に、何らかの処理を記述してはいけないということを意味します。

設問のSampleクラスに定義されている引数なしのコンストラクタでは、thisを使ってString型の引数を受け取る別のコンストラクタを呼び出しています。しかし、その前にコンソールに「A」を表示するコードを記述しているため、コンパイルエラーが発生します。以上のことから、選択肢**E**が正解です。

**試験対策** thisを使って、コンストラクタ内から、オーバーロードされたコンストラクタを呼び出す場合、コンストラクタ呼び出しのコードよりも前に処理は何も記述できません。記述するとコンパイルエラーになります。

## 18. D     ➡ P165

ほかのパッケージに属するクラスからフィールドへのアクセス制御に関する問題です。
Javaのプログラムには、ほかのクラスから、クラスやフィールド、メソッドなどへのアクセスを制御するための**アクセス修飾子**が用意されています。利用できるアクセス修飾子には、次の4種類があります。

【アクセス修飾子】

| 修飾子 | 説明 |
| --- | --- |
| public | すべてのクラスからアクセス可能 |
| protected | 同じパッケージに属するか、継承しているサブクラスからのみアクセス可能 |
| なし | 同じパッケージに属するクラスからのみアクセス可能 |
| private | クラス内からのみアクセス可能 |

4つのアクセス修飾子のうち、間違えやすいのはprotectedと指定なしの違いです。どちらも同じパッケージに属するクラスからのアクセスを受け付ける点は同じです。異なる点は、スーパークラスとは違うパッケージに属するサブクラスからのアクセスです。**protected**なフィールドやメソッドは、サブクラスからアクセスできます。一方、アクセス修飾子を指定しなかった場合

は、サブクラスであってもこれらにアクセスできません。

なお、クラス宣言に使えるアクセス修飾子は、**public**と**指定なし**の2種類です。**private**はインナークラスの宣言時に限って利用できます。フィールドやメソッドは、4種類とも利用可能です。

設問のParentとChildの2つのクラスは、それぞれ異なるパッケージに属しており、さらにChildはParentを継承しています。この2つのクラスの関係を図で表すと、次のとおりです。

【設問のクラスの関係】

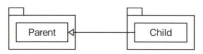

Parentのnumフィールドには、アクセス修飾子が付いていません。そのため、このフィールドは同じパッケージに属するクラスからしかアクセスできません。それにもかかわらず、Childクラスのmainメソッドではnumの値をコンソールに出力しようとしています。そのため、Childクラスの6行目でコンパイルエラーが発生します。以上のことから、選択肢**D**が正解です。

問題の2つのクラスの関係は、「ParentクラスとChildクラスは異なるパッケージに属している」かつ「ChildクラスはParentクラスを継承しており、Parentクラスのnumを使おうとしている」です。これにより、以下のことがいえます。
- Childクラスに「import ex18.Parent;」が記述されているので完全修飾クラス名での記述は不要
- numにはアクセス修飾子が指定されていないので、他パッケージからはアクセス不可

## 19. C　　　　　　　　　　　　　　　　　　　　→ P166

異なるパッケージに属するクラスからフィールドへのアクセス制御に関する問題です。
解答18で解説したとおり、Javaではクラスやフィールド、メソッドに対するアクセスを制御できます。設問のクラスをUMLのクラス図で表現すると、次の図のようになります。

【設問のクラスの関係】

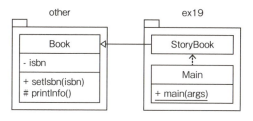

Bookクラスのフィールドやメソッドに付いている「-」や「+」といった記号は、UMLでは「**可視性**」と呼ばれ、アクセス修飾子の種類を表します。Javaのアクセス修飾子とUMLの可視性は次のように対応します。

【Javaのアクセス修飾子とUMLの可視性】

| アクセス修飾子 | 可視性 |
| --- | --- |
| public | + |
| protected | # |
| なし | ~ |
| private | - |

図からもわかるとおり、Bookクラスのisbnフィールドはprivateで修飾されており非公開なフィールドです。Bookクラスには2つのメソッドがあり、setIsbnメソッドはpublicですが、printInfoメソッドはprotectedである点に注意しましょう。

**protected**は、同じパッケージに属する、もしくは継承関係にあるクラスのみアクセスを許可する修飾子です。StoryBookクラスはBookクラスを継承しているため、StoryBookのインスタンスはBookの特徴を引き継ぎます。StoryBookのインスタンスは、BookとStoryBookの2つのクラスの特徴を併せ持っていますが、StoryBookクラスの定義にBookクラスの定義が含まれるわけではありません。インスタンスは1つのクラスから作られているのではなく、次の図のように複数のクラスの定義から作られていることを理解しましょう。

※次ページに続く

【BookとStoryBookの関係】

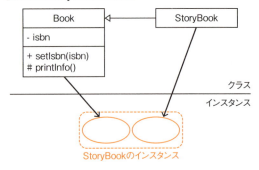

この図からわかるとおり、StoryBookのインスタンスが引き継いだ特徴は、Bookに定義されたものです。そのため、StoryBookのインスタンスだからといって、printInfoメソッドが持っているアクセス修飾子「protected」の意味が変わるわけではありません。

【Book、StoryBook、Mainの関係】

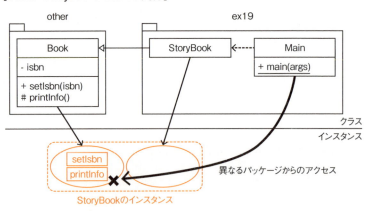

そのため、図のようにMainクラスのmainメソッドからprintInfoメソッドを呼び出すことはできません。以上のことから、選択肢**C**が正解です。

>
> 試験対策
> 
> インスタンスは1つのクラスから作られているのではなく、図【BookとStoryBookの関係】のように複数のクラスの定義から作られていることを理解しましょう。
> この問題のように継承関係にあるクラスのソースコードを見て解答する問題では、ソースコードで考えるだけでなく、UMLや上の図のようなイメージを描いて関係を考えるとよいでしょう。

## 20. D
➡ P167

カプセル化の概念とオブジェクト指向プログラミングに関する問題です。

ソフトウェア開発の歴史は、巨大化、複雑化する要件をいかに簡単にするかの歴史でもあります。ものごとを簡単にするには、さまざまな方法がありますが、ソフトウェア開発で採用されるもっとも基本的な方法が**分割**です。どれだけ巨大で複雑なものごとも、バラバラに分割してしまえば、そのひとつひとつは単純になります。この単純化された部品を組み立てて、大きくそして複雑なソフトウェアを開発するのです。

分割するときに重要なのが、「どのような単位で分割をするか？」という基準です。無軌道に分割してしまえば、余計に複雑化する可能性があります。オブジェクト指向による設計は、分割の基準としてオブジェクト（クラスとインスタンス）という単位を用いるのが特徴です。

**カプセル化**は、オブジェクト指向設計のもっとも基本的な原則の1つです。カプセル化は、ソフトウェアを分割する際に、関係するものを1つにまとめ、無関係なものや関係性の低いものをクラスから排除することで、「何のためのクラスなのか？」という**クラスの目的を明確化する**ために行うものです。カプセル化は、関係するものが1つのクラスにまとまっていて、ほかのクラスには分散して同じものがないという状態を目指すものです。

カプセル化で重要なことは、関係するフィールドとメソッドは1つにまとまっていることです。たとえば、AとBというクラスがあり、BのメソッドがAのフィールドに直接アクセスができるような設計は、関係するものが1つにまとまっていない状態を表します。BのメソッドがAのフィールドを使うのであれば、そのメソッドはAにあるべきだからです。

もう1つ、ソフトウェアを設計するにあたって重要なポイントが、「設計の劣化」を考慮しなければいけない点です。一度作ったソフトウェアは、長ければ10年～20年使われることも珍しくありません。その長い年月の間、ビジネスの環境や法律などが変われば、ソフトウェアも変化に合わせて改造していくのが一般的です。改造をする際に、当初とてもキレイだった設計が、不用意な改造によって徐々に崩れていくこともよくある失敗事例です。

設計が崩れていくと、単純化された部品の集合体だったソフトウェアが徐々に複雑な部品の集合体へと変化し、最悪の場合は改造したくても、どこから手を付けてよいかわからないほど、ひどい状態へと変化します。ソフトウェアを設計する際には、このような設計の劣化を考慮し、できるだけ劣化しにくい設計にすることが求められます。

---

第6章

メソッドとカプセル化の操作（解答）

カプセル化されたクラスも同様で、将来の劣化を考慮していなくてはいけません。カプセル化は本来、「関係するものをまとめる」だけですが、後々の改造で、ほかのクラスに定義されているメソッドが不用意にもフィールドの値を直接変更してしまうようなコードが記述される恐れもあります。そこで、ほかのクラスに定義されているメソッドからフィールドを守るために、アクセス修飾子を使って不用意な利用を禁じます。このような原則のことを、「**データ隠蔽**」と呼びます。実際には、カプセル化とデータ隠蔽は、セットで扱うべきものです。一般的に、カプセル化されたクラスは、データ隠蔽も同時に行われるべきだと考えてください。

Javaでカプセル化（主にはデータ隠蔽）を実現するには、フィールドの公開はできるだけ行わず、公開しているメソッドを通じてのみアクセスされるようにします。具体的には、**フィールド**はアクセス修飾子「**private**」で修飾し、フィールドの値を使った**メソッド**を公開（**public**）します。

設問のクラスは、numフィールドがデフォルトのアクセス修飾になっているため、このフィールドはprivateで修飾しなければいけません。そのため、選択肢BとCは誤りです。また、メソッドのうち、公開したいものをpublicで修飾します。選択肢Aは、すべてのメンバがprivateになっており、ほかのクラスからこのクラスのインスタンスを操作できません。よって、誤りです。一方、選択肢Dは公開しているメソッドと非公開にしているメソッドの両方を含んでいます。すべてのメソッドを公開しなければいけないわけではなく、必要なものだけを公開すればよいため、公開メソッドと非公開メソッドの両方が混在するのは問題ありません。以上のことから、選択肢**D**が正解です。

カプセル化はフィールドを非公開（private）にし、アクセスするためのメソッドを提供する（public）ことで完成します。

本書はオブジェクト指向設計の解説書ではないため、これ以上詳細な解説は行いませんが、Javaを使いこなすためにはオブジェクト指向による設計が不可欠です。ぜひ、専門書での学習をおすすめします。

## 21. A　→ P168

メソッドの引数が**プリミティブ型**であるときに、呼び出し先のメソッドの値がどのように渡されるかを問う問題です。

メソッドは、処理に必要なデータを引数として受け取ります。このとき、呼び出し元と呼び出し先のメソッドでやり取りされるデータは、**コピーされて渡されます**。2つのメソッドで同じデータを共有することはありません。

【値渡し】

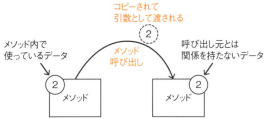

設問のコードでは、10という値を渡したコンストラクタを使って、Sampleクラスのインスタンスを生成しています。Sampleクラスのコンストラクタでは、引数の値でnumフィールドを初期化します。その後、modifyメソッドを呼び出していますが、numフィールドの値を引数に渡しています。前述のとおり、メソッド呼び出し時の引数は値をコピーして渡します。そのため、numフィールドそのものが渡されるのではなくnumフィールドの値がコピーされて、modifyメソッドに渡されます。

modifyメソッドでは、引数の値を2倍にして変数numに代入し直しています。この変数numは引数で宣言した変数であり、Sampleインスタンスのnumフィールドと同じ変数名ですが、まったく関係はありません。つまり、modifyメソッドは引数を変数numで受け取り、その値を2倍にして、変数numに再代入しているだけです。

そのため、Sampleのインスタンスが持つnumフィールドの値は変更されることなく、コンソールにはコンストラクタで設定した10という値が表示されます。以上のことから、選択肢**A**が正解です。

プリミティブ型の値をメソッドに渡すとき、その値はコピーされて渡されます。そのため、呼び出したメソッド内で値が変更されても、呼び出し元の値は変わりません。

## 22. B ➡ P169

解答21で、呼び出し関係にあるメソッドでやり取りされるデータはコピーされて渡されることを学びました。問題21はプリミティブ型の変数を使った出題でしたが、本設問は**オブジェクト型**の変数を使った出題です。

オブジェクト型の変数が持つことができるのはオブジェクトそのものではなく、**インスタンスへの参照**（リンク情報）です。そのため、メソッド呼び出

しの引数として、オブジェクト型変数を渡した場合には、変数が持っている**参照がコピーされて渡されます**。

【参照渡し】

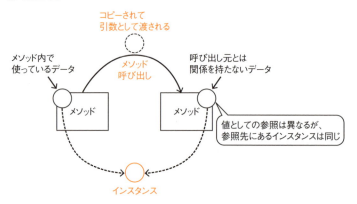

この図からわかるとおり、メソッド呼び出し時に参照はコピーされるため、呼び出し元と呼び出し先のメソッドが持っている参照は異なるものです。しかし、それぞれの参照が示す参照先にあるインスタンスは同じものであることに注意してください。

設問のコードでは、Sampleのインスタンスを生成し、そのインスタンスへの参照を引数にmodifyメソッドを呼び出しています。呼び出し時に参照はコピーされるため、mainメソッドとmodifyメソッドは、それぞれ異なる参照を保持しています。ただし、どちらの参照先にあるインスタンスも同じものです。そのため、modifyメソッドでインスタンスのnumフィールドの値を2倍にすると、mainメソッドでコンソールに表示するフィールド値は変更後のものになります。以上のことから、選択肢**B**が正解です。

 オブジェクト型の引数では、呼び出し元から呼び出し先のメソッドに参照値がコピーされて渡されます。そのため、2つのメソッドから参照するインスタンスは同じになります。メソッドの引数がプリミティブ型なのか、参照型なのかは重要なポイントなので、必ずチェックしましょう。

# 第 7 章

## 継承の操作

- ■ クラスの継承
- ■ インタフェース
- ■ 抽象クラスと具象クラス
- ■ 抽象メソッドの実装
- ■ メソッドのオーバーライド
- ■ ポリモーフィズム
- ■ 型の互換性、アップキャスト、ダウンキャスト
- ■ thisの使用
- ■ superの使用

**1.** 次のプログラムを確認してください。

```
1. public class Child extends Parent {
2.     Child() {
3.         name = "java";
4.     }
5.     void hello() {
6.         System.out.println("hello, " + name);
7.     }
8. }
```

このクラスが継承している**Parent**クラスの説明として、正しいものを
選びなさい。（1つ選択）

A.　Parentクラスは、helloメソッドの定義を持っていなければいけ
　　ない

B.　Parentクラスには、フィールドを初期化するためのコンストラ
　　クタを定義しなければいけない

C.　Parentクラスには、helloフィールドを定義しなければいけない

D.　Parentクラスには、nameフィールドを定義しなければいけない

**➡ P213**

**2.** 継承の説明として正しいものを選びなさい。（1つ選択）

A.　アクセス修飾子がデフォルトのままのフィールドは、すべての
　　サブクラスのメソッドからアクセスできる

B.　アクセス修飾子がprivateなメソッドであっても、サブクラスか
　　らは利用できる

C.　サブクラスであっても、コンストラクタは引き継がない

D.　アクセス修飾子がprotectedなメソッドには、同じパッケージに
　　属するサブクラスのみアクセスできる

**➡ P215**

**3.** インタフェースに関する説明として、正しいものを選びなさい。(2つ選択)

    A.    アクセス修飾子を省略しても、publicなメソッドとして扱われる

    B.    フィールドは一切定義できない

    C.    クラスは複数のインタフェースを同時に実現できない

    D.    インタフェースを継承することはできない

    E.    抽象クラスは、インタフェースに定義されているメソッドを実現しなくてもよい

➡ P216

**4.** 抽象クラスに関する説明として、正しいものを選びなさい。(3つ選択)

    A.    インスタンスを生成することはできない

    B.    抽象クラスのメソッドはオーバーライドできない

    C.    サブクラスから抽象クラスの公開フィールドに自由にアクセスできる

    D.    抽象クラスを継承した抽象クラスを定義できる

    E.    抽象メソッドは、すべてのサブクラスが実装しなければいけない

➡ P219

**5.** 次のプログラムを確認してください。

```
1.  abstract class AbstractSample {
2.      public void sample() {
3.          System.out.println("A");
4.          test();
5.          System.out.println("C");
6.      }
7.      protected abstract void test();
8.  }
```

```
1.  class ConcreteSample extends AbstractSample {
2.      protected void test() {
3.          System.out.println("B");
4.      }
5.  }
```

第7章

継承の操作(問題)

201

これらのクラスを利用する以下のプログラムを、コンパイル、実行した
ときの結果として正しいものを選びなさい。（1つ選択）

```
1.  public class Main {
2.      public static void main(String[] args) {
3.          AbstractSample s = new ConcreteSample();
4.          s.sample();
5.      }
6.  }
```

A. 「A」「B」「C」と表示される
B. 「A」「C」と表示される
C. AbstractSampleクラスでコンパイルエラーが発生する
D. ConcreteSampleクラスでコンパイルエラーが発生する
E. Mainクラスでコンパイルエラーが発生する
F. 実行時に例外がスローされる

➡ P221

**6.** オーバーライドに関する説明として、正しいものを選びなさい。（1つ
選択）

A. 引数リストの定義は、型、数、順番のすべてが同じでなければ
いけない
B. 戻り値型は同じでなければいけない
C. 抽象メソッドはオーバーライドできない
D. オーバーロードされたメソッドはオーバーライドできない

➡ P221

**7.** 以下のクラスを継承したサブクラスを定義するとき、**hello**メソッドを
オーバーライドしようとしている。サブクラスに定義する**hello**メソッ
ドに付けられるアクセス修飾子として、正しいものを選びなさい。（1
つ選択）

```
1.  public class Sample {
2.      protected void hello() {
3.          System.out.println("hello.");
4.      }
5.  }
```

A. デフォルト（アクセス修飾子なし）

B. private

C. public

D. アクセス修飾子は変えられない

➡ P223

**8.** 次のプログラムを確認してください。

```
1.  class A {
2.      String val = "A";
3.      void print() {
4.          System.out.print(val);
5.      }
6.  }
7.
8.  class B extends A {
9.      String val = "B";
10. }
```

これらのクラスを利用する以下のプログラムを、コンパイル、実行した
ときの結果として、正しいものを選びなさい。（1つ選択）

```
1.  public class Main {
2.      public static void main(String[] args) {
3.          A a = new A();
4.          A b = new B();
5.          System.out.print(a.val);
6.          System.out.print(b.val);
7.          a.print();
8.          b.print();
9.      }
10. }
```

A. 「ABAB」と表示される

B. 「AAAA」と表示される

C. 「AAAB」と表示される

D. Bクラスでコンパイルエラーが発生する

E. Mainクラスでコンパイルエラーが発生する

F. 実行時に例外がスローされる

➡ P225

203

**9.** 次のプログラムを確認してください。

```
1.  interface Worker {
2.      void work();
3.  }
4.
5.  class Employee {
6.      public void work() {
7.          System.out.println("work");
8.      }
9.  }
```

```
1.  class Engineer extends Employee implements Worker { }
```

これらのクラスやインタフェースを利用する以下のプログラムを、コンパイル、実行したときの結果として、正しいものを選びなさい。(1つ選択)

```
1.  public class Main {
2.      public static void main(String[] args) {
3.          Worker worker = new Engineer();
4.          worker.work();
5.      }
6.  }
```

A. Engineerクラスでコンパイルエラーが発生する
B. Mainクラスでコンパイルエラーが発生する
C. 「work」と表示される
D. 実行時に例外がスローされる

➡ P226

**10.** 次のプログラムを確認してください。

```
1.  public interface Worker {
2.      void work();
3.  }
```

```
1.  class Employee implements Worker {
2.      public void work() {
3.          System.out.println("work");
4.      }
5.      public void report() {
6.          System.out.println("report");
7.      }
8.  }
```

```
1.  class Engineer extends Employee {
2.      public void create() {
3.          System.out.println("create future");
4.      }
5.  }
```

これらのクラスを利用する以下のプログラムを、コンパイル、実行した
ときの結果として、正しいものを選びなさい。(1つ選択)

```
1.  public class Main {
2.      public static void main(String[] args) {
3.          Worker a = new Engineer();
4.          Employee b = new Engineer();
5.          Engineer c = new Engineer();
6.          a.create();
7.          b.work();
8.          c.report();
9.      }
10. }
```

A.    Mainクラスの6行目でコンパイルエラーが発生する

B.    Mainクラスの7行目でコンパイルエラーが発生する

C.    Mainクラスの8行目でコンパイルエラーが発生する

D.    選択肢AとBの両方

E.    選択肢BとCの両方

➡ P227

**11.** 次のプログラムを確認してください。

```
1.  public interface A { }
```

```
1.  public class B implements A { }
```

```
1.  public class C extends B { }
```

```
1.  public class D { }
```

これらのクラスを利用する以下のプログラムの説明として、正しいもの
を選びなさい。（1つ選択）

```
1.  public class Main {
2.      public static void main(String[] args) {
3.          A[] array = {
4.              new B(),
5.              new C(),
6.              new A(),
7.              new D()
8.          };
9.      }
10. }
```

- A. 4行目でコンパイルエラーが発生する
- B. 5行目でコンパイルエラーが発生する
- C. 6行目でコンパイルエラーが発生する
- D. 7行目でコンパイルエラーが発生する
- E. 選択肢AとBの両方
- F. 選択肢CとDの両方
- G. 選択肢BとCの両方
- H. 正常に動作する

➡ P230

**12.** 次のプログラムを確認してください。

```
1.  class A { }
```

```
1.  class B extends A {
2.      void hello() {
3.          System.out.println("hello.");
4.      }
5.  }
```

これらのクラスを利用する以下のプログラムを実行し、「hello」とコンソールに表示させたい。4行目の空欄に入るコードとして、正しいものを選びなさい。（1つ選択）

```
1.  public class Main {
2.      public static void main(String[] args) {
3.          A a = new B();
4.          
5.          b.hello();
6.      }
7.  }
```

- A. A b = a;
- B. A b = new B();
- C. A b = (A) a;
- D. B b = a;
- E. A b = (A) a;
- F. B b = (B) a;

→ P231

第7章

継承の操作（問題）

207

**13.** 次のプログラムを確認してください。

```
1. class A {
2.     void hello() {
3.         System.out.println("A");
4.     }
5. }
```

```
1. class B extends A {
2.     void hello() {
3.         System.out.println("B");
4.     }
5. }
```

これらのクラスを利用する以下のプログラムを、コンパイル、実行した
ときの結果として、正しいものを選びなさい。（1つ選択）

```
1. public class Main {
2.     public static void main(String[] args) {
3.         A a = new A();
4.         B b = (B) a;
5.         b.hello();
6.     }
7. }
```

A. Aが表示される
B. Bが表示される
C. Mainクラスでコンパイルエラーが発生する
D. 実行時に例外がスローされる

➡ P233

**14.** 次のプログラムを確認してください。

```
 1.  class Sample {
 2.      private int num;
 3.      public Sample(int num) {
 4.          [                    ]
 5.      }
 6.      public int getNum() {
 7.          return num;
 8.      }
 9.      public void setNum(int num) {
10.          this.num = num;
11.      }
12.  }
```

```
 1.  public class Main {
 2.      public static void main(String[] args) {
 3.          Sample s = new Sample(10);
 4.          System.out.println(s.getNum());
 5.      }
 6.  }
```

コンソールに「10」と表示したい。Sampleクラスの4行目の空欄に入るコードとして正しいものを選びなさい。(2つ選択)

A.    this.num = num;

B.    this->num = num;

C.    num = num;

D.    setNum(num);

E.    super.setNum(num);

➡ P234

**第7章**

継承の操作（問題）

**15.** 次のプログラムを確認してください。

```
1.  class Parent {
2.      String name;
3.      String getName() {
4.          return this.name;
5.      }
6.  }
```

```
1.  public class Child extends Parent {
2.      String name;
3.  }
```

これらのクラスを利用する以下のプログラムを、コンパイル、実行した
ときの結果として、正しいものを選びなさい。（1つ選択）

```
1.  public class Main {
2.      public static void main(String[] args) {
3.          Child child = new Child();
4.          child.name = "sample";
5.          System.out.println(child.getName());
6.      }
7.  }
```

A. 「sample」と表示される
B. 「null」と表示される
C. 何も表示されない
D. コンパイルエラーが発生する
E. 実行時に例外がスローされる

➡ P236

**16.** 次のプログラムを確認してください。

```
1. class A {
2.     public A() {
3.         System.out.println("A");
4.     }
5. }
```

```
1. class B extends A {
2.     public B() {
3.         System.out.println("B");
4.     }
5. }
```

これらのクラスを利用する以下のプログラムを、コンパイル、実行したときの結果として、正しいものを選びなさい。（1つ選択）

```
1. public class Main {
2.     public static void main(String[] args) {
3.         A a = new B();
4.     }
5. }
```

A. 「A」と表示される
B. 「B」と表示される
C. 「A」「B」と表示される
D. 「B」「A」と表示される
E. コンパイルエラーが発生する
F. 実行時に例外がスローされる

→ P238

**17.** 次のプログラムを確認してください。

```
1.  class Parent {
2.      public Parent() {
3.          System.out.println("A");
4.      }
5.      public Parent(String val) {
6.          this();
7.          System.out.println(val);
8.      }
9.  }
```

```
1.  class Child extends Parent {
2.      public Child() {
3.          super("B");
4.          System.out.println("C");
5.      }
6.      public Child(String val) {
7.          this();
8.          System.out.println(val);
9.      }
10. }
```

これらのクラスを利用する以下のプログラムを、コンパイル、実行した
ときの結果として、正しいものを選びなさい。（1つ選択）

```
1.  public class Main {
2.      public static void main(String[] args) {
3.          new Child("D");
4.      }
5.  }
```

A. 「A」「B」「C」「D」と表示される
B. 「A」「B」と表示される
C. 「B」「A」「D」「C」と表示される
D. 「A」「B」「D」「C」と表示される
E. コンパイルエラーが発生する
F. 実行時に例外がスローされる

➡ P239

# 第 7 章 継承の操作
# 解　答

## 1.　D　　　　　　　　　　　　　　　　　　　　　　➡ P200

クラスの継承に関する問題です。
**継承**は、あるクラスを機能拡張した新しいクラスを定義することです。拡張元になるクラスのことを**基底クラス**や**スーパークラス**、拡張したクラスのことを**派生クラス**や**サブクラス**と呼びます。

継承は、生産性を向上させる強力なプログラミング手法です。複数のプログラムがあり、それぞれのコードに共通部分があったとき、同じコードを何度も記述するのは効率的とはいえません。そこで、共通部分を別のプログラムとして分離し、それぞれのプログラムには差分だけを定義しておいてあとで結合すれば、何度も同じコードを書く手間を省き、変更時に修正するコード数も減らせます。このようなプログラミング手法のことを「**差分プログラミング**」と呼びます。

継承のイメージは、たとえばAを継承したBを定義したとき、次の図のようにAのインスタンスと差分のインスタンスの両方を合わせてBのインスタンスとするというものです。そのため、Bのインスタンスは、Aクラスに定義した特徴とBクラスに定義した特徴（差分）の両方を持っています。

【継承のイメージ】

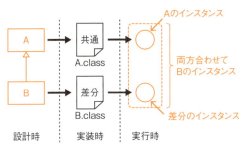

設問のChildクラスは、**extends**を使っていることからわかるとおり、Parentクラスを継承して定義されています。そのため、Parentクラスを元に、差分としてChildクラスを定義していることになります。これを逆に考えれば、Childクラスに定義されていないものは、Parentクラスになければいけないことになります。

選択肢Aは、helloメソッドがParentクラスに定義されていなくてはならないとしていますが、このメソッドをChildクラスの差分だと考えれば、Parentクラスに定義されている必要はありません。よって、選択肢Aは誤りです。

選択肢Bは、Parentクラスにコンストラクタを定義しなければいけないとしていますが、コンストラクタは引き継がないため（詳細は解答2を参照）、Parentクラスのコンストラクタの有無はChildクラスに影響を及ぼしません。よって、選択肢Bも誤りです。

選択肢Cは、Parentクラスにはhelloフィールドがなければいけないとしていますが、このようなフィールドはChildクラスで使われておらず無関係です。よって、選択肢Cも誤りです。

Childクラスのコンストラクタやhelloメソッドでは、nameという変数を使っています。しかし、この変数はChildクラスのどこにも定義されていません。そのため、Parentクラスがフィールドとして定義しなければ、Childクラスのコンパイル時に「宣言されていない変数を使っている」としてコンパイルエラーが発生します。以上のことから、選択肢**D**が正解です。

継承をすることで、サブクラスはスーパークラスの特徴を引き継ぎます。サブクラスのインスタンスは、スーパークラスのインスタンスと差分のインスタンスの両方で構成されていることを理解しましょう。

継承は、同じコードをあちこちに書かずに済むようになるため、生産性を伸ばす強力な機能です。特に開発時の生産性はかなり高くなるでしょう。しかし、最近では継承を使うことで、変更に弱くなる可能性が高まることが指摘されています。たとえば、次のAクラスのコードを見ても、「どのクラスがこのクラスを継承しているか」という情報はどこにもありません。

```
public class A {
    // any code
}
```

もし、Aクラスに変更が加わると、その影響がどこに及ぶかがわかりません。ソフトウェアの規模が大きくなれば、それを調べることもかなりの労力を要するでしょう。そのため、現代のオブジェクト指向設計では、差分プログラミングの実現のために継承を使わないことが主流になっています。継承を使う主な理由は、変更に強くするためのオブジェクト指向の代表的な機能であるポリモーフィズムの実現のためです。変更に弱くなる可能性を高める差分プログラミングはできるだけ避け、変更に強くするために継承を使うようにしましょう。

## 2. C

→ P200

継承では何を引き継ぐかについて問う問題です。

継承をすることでサブクラスはスーパークラスの特徴を引き継ぎますが、スーパークラスのすべてを引き継ぐわけではありません。次の2つは、継承していても引き継げません。

- コンストラクタ
- privateなフィールドやメソッド

コンストラクタは、そのコンストラクタが定義されているインスタンスの準備をするためのものです。解答1で学んだように、サブクラスのインスタンスとは、スーパークラスのインスタンスと差分のインスタンスの両方で構成されています。スーパークラスのインスタンスが持つコンストラクタは、スーパークラスのインスタンスの準備をするためのものであり、差分のコンストラクタとは分けて考えなくてはいけません。

そのため、たとえ次のようにスーパークラスに引数ありのコンストラクタが定義されていても、サブクラスのインスタンスを生成するときには使えません。

**例** スーパークラスのコンストラクタでサブクラスのインスタンスを生成（コンパイルエラー）

```
class A {
    A(String val) {
        // any code
    }
}

class B extends A {  }

public class Main {
    public static void main(String[] args) {
        B b = new B("hello.");   ← コンパイルエラー
    }
}
```

以上のことから、選択肢**C**が正解です。

privateなフィールドやメソッドは、アクセス修飾子**private**で修飾され、**同じクラスのインスタンス同士**でしか使えません。これは継承関係にあっても同

---

第7章

継承の操作（解答）

様です。繰り返しになりますが、サブクラスのインスタンスはスーパークラスのインスタンスと差分のインスタンスの両方で構成されています。差分のインスタンスから、スーパークラスのインスタンスのprivateなメンバにはアクセスできません。これらは異なるクラスから作られたインスタンスであることを忘れないでください。以上のことから、選択肢Bは誤りです。

privateよりも緩いアクセス修飾子である**デフォルト**は「**パッケージアクセス**」とも呼ばれ、**同じパッケージに属するクラスのインスタンスからのアクセスだけを許可する**ものです。たとえ継承関係にあっても、スーパークラスとサブクラスのそれぞれが属するパッケージが異なれば、アクセスできません。以上のことから、選択肢Aも誤りです。

一方、デフォルトよりもさらに緩いアクセス修飾子である**protected**は、**異なるパッケージであっても継承関係にあればアクセスを許可する**というものです。よって、選択肢Dも誤りです。

継承関係にあっても、スーパークラスのコンストラクタとprivateなフィールドやメソッドはサブクラスには引き継がれません。スーパークラスの何がサブクラスに引き継がれているのかを確認するようにしましょう。

### 3. A、E　　　→ P201

インタフェースの基礎知識を問う問題です。
**インタフェース**は、クラスから「型」だけを取り出したものです。型とは、そのものの「扱い方」を決めるための情報で、変数を宣言するときに型を指定するのは、その変数の扱い方を決めるためです。

注意すべきなのは、扱う対象そのものの種類と、型で指定する「扱うものの種類」は異なる概念であることです。たとえば「3」という数値（数値という種類のデータ）を、int型で整数として扱うのか、double型で浮動小数点数として扱うのかを変えられるように、種類と扱い方は異なる概念です。ほかにも、インスタンスの種類と変数の型を分けて考えられるため、ポリモーフィズムが成り立ちます。

インタフェースはほかのクラスからの「扱い方」を規定したものです。ほかのクラスから扱えるようにするために、規定するメソッドはすべてpublicであると解釈されます。protectedやデフォルトは継承関係にあったり、同じパッケージであったりしなければアクセスできないことを思い出しましょう。たとえアクセス修飾子を記述しなくても、インタフェースは次のようにコンパイラによって自動的にpublicで修飾されます。

**例 インタフェースの定義**

```
public interface Sample {
    void hello();
}
```

なお、インタフェースに定義するメソッドは、protectedやprivateで修飾することはできません。以上のことから、選択肢**A**は正解です。

インタフェースでクラスの扱い方だけを取り出して規定しても、中身がなければプログラムは動作しません。インタフェースは、「規定を実現するクラス」があって初めて動作します。Javaでは「規定を実現する」ことを、次のコード例のように**implements**というキーワードで表現します。

**例 インタフェースの実現**

```
public class ConcreteClass implements InterfaceA, InterfaceB {
    // any code
}
```

なお、Javaでは、**クラスの多重継承は禁止**されていますが、**インタフェースの多重実現**は認められています。複数のインタフェースを実現する場合は、上記コード例のように**カンマ区切りで列挙**します。以上のことから、選択肢Cは誤りです。

インタフェースには、実現クラスが持つべき抽象メソッドを宣言します。抽象メソッドの中身（実装）を持つことはできません。間違えやすいポイントとしては、中カッコ「{ }」だけを記述して処理を記述しないというものがありますが、これは「処理なし」という中身を持っているものと解釈されます。注意してください。

**例 メソッドの実装を持つインタフェースの定義（コンパイルエラー）**

```
public interface Sample {
    public void hello() {}  ← コンパイルエラー
}
```

インタフェースは扱い方だけを規定しており、実装を持てません。実装は、そのインタフェースを実現したクラスが提供するからです。そのため、インスタンスを生成して動的に動作しなければいけないものは記述できません。

※次ページに続く

第7章

継承の操作（解答）

**217**

したがって、インタフェースには、動的に値が変わるフィールドも記述できません。ただし、次の2つのルールを満たすフィールドであれば記述できます。

- **final**を使って、動的に値が変更されないこと（つまり**定数**）
- **static**を使って、インスタンスが生成できなくても使えること

以上のことから、選択肢Bは誤りです。

継承は「extends（拡張する）」というキーワードからわかるとおり、あるクラスの機能を拡張した新しいクラスを定義することです。インタフェースにおいても、あるインタフェースを拡張した新しいインタフェースを定義できます。つまり、インタフェースを継承したインタフェースを定義できるのです。**インタフェースの継承**は、クラスの継承と同じように**extends**を使って宣言します。よって、選択肢Dも誤りです。

**例 インタフェースの拡張**

```
public interface SubInterface extends SuperInterface {
    // any definition
}
```

インタフェースに宣言されているメソッドは、インタフェースや抽象クラス、具象クラスのヒエラルキーの中で、最初の具象クラスが実現しなければいけません。抽象クラスは、インタフェース同様に動作しないため、インタフェースのメソッドを実現する必要はありません。よって、選択肢**E**は正解です。

インタフェースに宣言する抽象メソッドには、処理内容をいっさい記述することはできません。

継承に関するルールを覚えておきましょう。
・クラス同士は単一継承のみ可能
・インタフェース同士は多重継承が可能

インタフェースは多重実現ができます（解説中の例「インタフェースの実現」を参照）。

Java SE 8からは、デフォルトの実装を持つデフォルトメソッドをインタフェースに定義できるようになりました。本試験では、範囲外のため、解説は割愛しています。

Java以外のオブジェクト指向言語には、多重継承を認めているものもあります。しかし、「パンドラの箱を開けた」と揶揄されるように、複数のクラスを一度に継承できることは便利な反面、スーパークラスの変更が及ぼす影響範囲がより複雑になるため変更に弱いソフトウェアになりやすいという側面を持ちます。Javaでは、ソフトウェアが長期間使われることを想定し、多重継承を禁止しています。継承は適切に使えば強力な機能である反面、使い方を間違えるとソフトウェアを複雑にして、保守しづらいものにしてしまう危険性を持っていることを覚えておきましょう。

## 4. A、C、D　　　　　　　　　　　　　　　　　　→ P201

抽象クラスの基礎知識を問う問題です。
**抽象クラス**は、インタフェースとクラスの両方の性質を持ったクラスです。つまり、抽象クラスは、実装を持つ具象メソッドと、実装を持たない抽象メソッドの両方を持つことができます。抽象クラスに定義した**具象メソッド**は、その抽象クラスを継承したサブクラスが引き継ぎます。また、**抽象メソッド**は、そのサブクラスで**オーバーライド**して実装し直さなければいけません。よって、選択肢Bは誤りです。

**例** 抽象クラス

```java
public abstract class AbstractSample {
    // 具象メソッド（サブクラスが引き継ぐ）
    public void methodA() {
        // any code
    }
    // 抽象メソッド（サブクラスで実装する）
    public abstract void methodB();
}
```

インタフェースはメソッドの実装を持たないため、インスタンス化できません。インタフェースの特性（抽象メソッド）を持った抽象クラスも、インタフェース同様に**インスタンス化できません**。よって、選択肢**A**は正解です。

抽象クラスは、インスタンス化できないことからわかるとおり、継承して利用されることが前提のクラスです。抽象クラスに定義した抽象メソッドは、それを継承した具象クラスが実装を提供します。**抽象クラスの継承**は具象クラスだけでなく**抽象クラス**でも可能です。抽象クラスを継承した抽象クラスは、元の抽象クラスを拡張し、新しい抽象メソッドを追加したり、既存の抽

象メソッドをオーバーライドして実装することができます。以上のことから、選択肢Dも正解です。

なお、抽象クラスに定義された抽象メソッドは、これを継承した具象クラスが実装を提供しなければいけません。しかし、抽象クラスを継承した抽象クラスは、このルールに従う必要はありません。抽象メソッドを実装するのは、具象クラスの役割だからです。よって、「すべてのサブクラス」とした選択肢Eは誤りです。

インタフェースには定数フィールドしか定義できませんが、抽象クラスにはフィールドが定義できます。解答1で学習したように、サブクラスのインスタンスとは、スーパークラスのインスタンスと差分のインスタンスの両方で構成されています。つまり、抽象クラスを継承したサブクラスのインスタンスには、抽象クラスのインスタンスが含まれます。そのため、型だけを提供するインタフェースと違って、抽象クラスには動的に値が変更できるフィールドを定義できます。

【スーパークラスと差分のインスタンス】

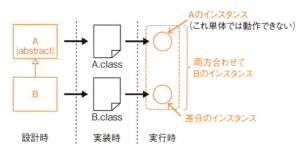

このようにサブクラスのインスタンスは、2つのインスタンスから成り立っているため、差分のインスタンスから、たとえそれが抽象クラスであっても、スーパークラスのインスタンスの公開フィールドにアクセスすることは可能です。以上のことから、選択肢Cは正解です。

 抽象クラスはインスタンス化できません。

 抽象メソッドは、具象クラスが実装しなければいけません。

## 5. A　→ P201

抽象クラスからのメソッド呼び出しに関する問題です。
設問のコードでは、AbstractSampleクラスを継承したConcreteSampleクラスを定義し、mainメソッドでは、そのインスタンスをAbstractSample型で扱っています。Mainクラスの4行目で呼び出しているsampleメソッドは、AbstractSampleに定義されている具象メソッドです。このメソッドでは、コンソールに「A」と表示したあと、testメソッドを呼び出しています。このときに実行されるのはAbstractSampleに定義されたtestメソッドではなく、ConcreteSampleに定義されたtestメソッドであることに注意してください。

**抽象メソッド**は実装を持ちません。その代わり、サブクラスがそのメソッドをオーバーライドして、実装を提供しなければいけません。そのため、AbstractSampleのsampleメソッドが呼び出しているのは、ConcreteSampleに定義されたtestメソッドです。

【設問のConcreteSampleとAbstractSampleのイメージ】

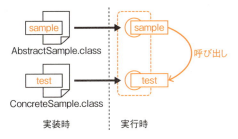

ConcreteSampleのtestメソッドでは、コンソールに「B」を表示し、処理を終了します。その後、sampleメソッドに制御が戻ってコンソールに「C」が表示されるため、コンソールには「A」「B」「C」の3つの文字が表示されることになります。以上のことから、選択肢**A**が正解です。

## 6. A　→ P202

メソッドのオーバーライドの基礎知識を問う問題です。
**オーバーライド**は、サブクラスでスーパークラスに定義されたメソッドを「**再定義**」することです。「**多重定義**」を表す**オーバーロード**と間違えやすいので注意しましょう。

メソッドを再定義するため、メソッドの**シグニチャ**（メソッド名、引数リストの型、数、順番）は同じでなければいけません。よって、選択肢**A**は正解です。戻り値は同じ型であることが基本ですが、Java SE 5から**共変戻り値**が導入さ

れ、同じ型かそのサブクラスであれば、オーバーライドしたメソッドの戻り値型に指定できるようになりました。たとえば、java.lang.Number型を戻す次のメソッドがあったとします。

**例 共変戻り値①**

```
public Number method() {
    // any code
}
```

共変戻り値によって、このメソッドをオーバーライドして、次のようにNumber型のサブクラスであるInteger型を戻すメソッドを定義できます。

**例 共変戻り値②**

```
public Integer method() {
    // any code
}
```

以上のことから、選択肢Bは誤りです。

オーバーライド（override）は、スーパークラスの定義を上書き（overwrite）するのではなく、スーパークラスの定義に加えて、サブクラスに新しい定義を追加（再定義）することです。そのため、サブクラスのインスタンスには、スーパークラスに定義されたメソッドと、サブクラスにオーバーライドされたメソッドの両方が同時に存在することになります。

**【オーバーライドのイメージ】**

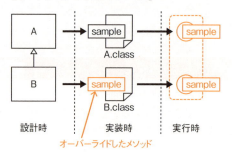

このように（論理的な）1つのインスタンス内に複数の同じメソッドがあった場合は、オーバーライドされたメソッドが使われます。

抽象クラスに定義する抽象メソッドは、実装を持ちません。実装は、その抽象クラスを継承した具象クラスが提供しなければいけません。具象クラスでは、スーパークラスに定義された抽象メソッドをオーバーライドする義務が課せられます。以上のことから、選択肢Cは誤りです。

オーバーロードは、メソッド名が同じで引数が異なる「新しいメソッド」を定義すること（多重定義）です。オーバーロードされたメソッドと、オーバーロードしたメソッドは、まったく異なるメソッドです。そのため、それぞれをサブクラスでオーバーライドすることは可能です。オーバーロードとオーバーライドは関係ありません。以上のことから、選択肢Dも誤りです。

オーバーライドしたメソッドの戻り値型には、同じ型か、もしくはサブクラスを使えます。これを共変戻り値といいます。

サブクラスでは、オーバーライドされたメソッドが使われます。

実行するメソッドを決定する方法として、「メソッド・ディスパッチ・テーブル」という仕組みが使われます。これは、インスタンスが持つメソッドが呼び出されたときに、実際にはどのメソッドを実行するかを定義した表です。
この表はインスタンス生成時に作られ、JVMが管理します。あるクラスのインスタンスを生成したとき、そのクラスでメソッドがオーバーライドしていた場合、JVMはメソッド・ディスパッチ・テーブルの「実行するメソッド」をオーバーライドしたメソッドにします。そうすることで、そのメソッドを呼び出すと、オーバーライドしたメソッドが実行される仕組みを実現しています。

## 7. C     ➡ P202

メソッドの**オーバーライド**には、次の3つのルールがあります。

- **シグニチャ**が同じであること
- **戻り値型**は同じか、サブクラスであること
- **アクセス修飾子**は同じか、より緩いものを指定すること

本設問は、3つ目のルールに関する問題です。オーバーライドしたメソッドは、元のメソッドよりも厳しいアクセス制御はできません。これは、ポリモーフィ

ズムを使ったときに、正しく動作させるためです。

ポリモーフィズムを使えば、実際に動作しているインスタンスの種類を知らなくても、公開されている「型」さえわかれば、そのインスタンスを利用できます（型と実装については、解答3を参照）。もし、インスタンスが持つメソッド定義が、オーバーライド元の定義よりも厳しいアクセス制御になっていると、型では使えることになっているにもかかわらず、実際には動作できないという状態になってしまいます。

次の図は、このような問題を表したもので、SubClassのインスタンスは、ポリモーフィズムによってSuperClassとして振る舞えるにもかかわらず、アクセス修飾子がprivateになっているためmethodメソッドは使えません。これでは、とても「SuperClassとして振る舞える」とはいえません。

【オーバーライドしたメソッドは厳しいアクセス制御に変更できない】

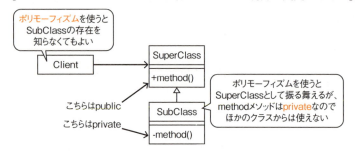

このようなことが起こらないように、オーバーライドしたメソッドのアクセス修飾子は同じか、緩いものしか指定できないようになっています。以上のことから、選択肢Cが正解です。

 オーバーライドしたメソッドでは、元の定義よりもアクセス制御を緩くすることはできますが、厳しくはできません。

 オブジェクト指向設計には、「サブクラスは、スーパークラスと置き換え可能でなければいけない」という原則があります。この原則を提唱者であるバーバラ・リスコフの名から取って「リスコフの置換原則（LSV:Liskov substitution principle）」と呼びます。オブジェクト指向には、このLSVのほかにもたくさんの原則があります。より良い設計をするためにも、ぜひこれらの原則をしっかりと学習することをお勧めします。

## 8. B   ➡ P203

継承関係にある2つのクラスで同名のフィールドが使われているとき、どちらが優先されるかを問う問題です。設問のように、サブクラスでスーパークラスに定義されているフィールドと同じ名前のフィールドを定義することは可能です。そのため、Bクラスでコンパイルエラーが発生することはありません。したがって、選択肢Dは誤りです。

解答1で解説したように、サブクラスのインスタンスは、スーパークラスのインスタンスと差分のインスタンスで構成されています。そのため、このように同じ名前のフィールドがあった場合、2つのインスタンスには同名の異なるフィールドが存在することになります。

【スーパークラスと差分のインスタンス】

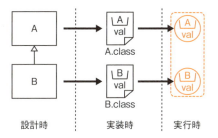

このような状態にあったとき、どちらのフィールドが使われるかは、次のようなルールが決まっています。

・ **フィールドを参照**した場合には、**変数の型**で宣言されたほうを使う
・ **メソッドを呼び出した**場合には、**メソッド**内の指示に従う

Mainクラスの3行目と4行目では、AクラスとBクラスのインスタンスを生成し、どちらもA型の変数で扱うよう指示しています。そのため、5行目と6行目でフィールドを参照したときには、A型に定義されたフィールドの値が使われます。よって、この2行を実行するとコンソールには「AA」とAが2回表示されます。

次に、7行目と8行目でprintメソッドを呼び出しています。このメソッドはAクラスに定義されているメソッドで、メソッド内ではフィールドvalの値をコンソールに出力するとだけ指示しています。Aクラスに定義されているメソッドは、Aクラスに定義されているフィールドを使います。そのため、コンソールには、「AA」とさらにAが2回表示されます。

なお、もし次のようにBクラスでこのメソッドをオーバーライドしていた場

合には、Bクラスに定義されているフィールドを使います。

**例** 設問のBクラスでメソッドをオーバーライド

```
class B extends A{
    String val = "B";
    void print() {
        System.out.print(val);
    }
}
```

以上のことから、選択肢**B**が正解です。

ポリモーフィズムを使った場合、スーパークラスとサブクラスに同じ名前のフィールドがあったとき、どちらのフィールドを利用するかは、宣言した変数の型によって決まります。

どの変数を使うかは、コンパイル時に決まります。コンパイル時には、どの型のインスタンスが動作するかをチェックできないため、変数の型だけが判断基準になります。そのため、「どちらのフィールドを使うか？」という問いは、変数の型によって判断することができます。一方、どのメソッドを使うかは実行時に決まります。そのため、ポリモーフィズムを使ったときには、「どのインスタンスが動作しているか？」「どのメソッドがオーバーライドされているか？」を確認しなければいけません。

## 9. C　　→ P204

インタフェースの実装に関する問題です。
解答3で解説したように、インタフェースは型だけを定義し、その実装はインタフェースを実現したクラスが提供します。そのため、インタフェースは**ポリモーフィズム**のために存在するといってもよいでしょう。

設問では、1つのインタフェースと3つのクラスが登場します。ポイントは、EngineerクラスはWorkerインタフェースを実現しているものの、そのスーパークラスであるEmployeeはWorkerインタフェースを実現していない点です。まず、この関係を図で確認します。

【設問のクラス、インタフェースの関係】

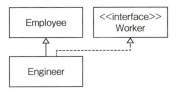

設問では、EngineerのインスタンスをWorkerとして扱おうとしています。図からわかるとおり、EngineerはWorkerを実現しているため、このポリモーフィズムは成り立ちます。

また、Engineerクラスには、差分としては何も定義されていませんが、Employeeクラスの特徴を引き継いでいるため、workメソッドを持っています。そのため、Workerインタフェースに規定されたメソッドの実装を提供していると解釈されます。したがって、選択肢AのようにEngineerクラスでコンパイルエラーが発生することはありません。なお、実際の試験では、オーバーライドのルールと同じように、シグニチャや戻り値が一致しているかどうかを確認してください。設問のコードであれば、Workerインタフェースに規定されているメソッド宣言と、Employeeクラスが提供する実装が一致することを確認してください。

Mainクラスの4行目では、Workerインタフェースに規定されたメソッドを呼び出しており、EngineerのスーパークラスであるEmployeeが提供するメソッドが実行されます。以上のことから、選択肢**C**が正解です。

 ポリモーフィズムは、継承関係にあるクラス同士だけでなく、インタフェースとの実現の関係でも成り立ちます。

## 10. A　　　　　　　　　　　　　　　　　　　　　➡ P204

ポリモーフィズムを使った問題です。
解答3で解説したように、型と実装は異なる概念です。**ポリモーフィズム**を使えば、さまざまな実装を同じ型で扱うことができます。そのため、インスタンスがどのようなメソッドやフィールドを持っていたとしても、扱っている型で定義されているもの以外は使えません。たとえば、次のような2つのクラスがあったとします。

※次ページに続く

**例** クラスA

```java
public class A {
    public void hello() {
        // any code
    }
}
```

**例** クラスAを継承するクラスB

```java
public class B extends A {
    public void sample() {
        // any code
    }
}
```

BはAを継承しているため、BのインスタンスをA型で扱うことができます。このとき、A型で扱っているインスタンスは、A型に定義されているものしか使えません。そのため、Bクラスには差分として新しいメソッドが追加されていますが、そのインスタンスをA型で扱っている間は、このメソッドを使うことはできません。次のようなコードはコンパイルエラーになります。

**例** Aに定義されていないメソッドをBのインスタンスで呼び出し（コンパイルエラー）

```java
public class Main {
    public static void main(String[] args) {
        A a = new B();
        a.sample();    ← Aには存在しないメソッド
    }
}
```

ポリモーフィズムを使った出題の場合、次の2点を確認してください。

・ 継承関係や実現関係があり、ポリモーフィズムが成り立つ条件を備えているかどうか
・ インスタンスを扱っている「型」に、呼び出しているメソッドが定義されているかどうか

設問のコードを理解するために図に表します。

【設問のクラス、インタフェースの関係】

この図からわかるように、コードに登場するインタフェースやクラスには、実現や継承の関係があります。mainメソッドでインスタンス化しているのは、3つともEngineerであるため、ポリモーフィズムを使えば、そのインスタンスをWorkerやEmployee型として扱うことができます。

mainメソッドでは、次にcreateメソッド、workメソッド、reportメソッドを呼び出しています。このとき、どの型で扱っているかがポイントです。6行目では、変数aを使ってcreateメソッドを呼び出しています。しかし、変数aはWorker型であり、このインタフェースにはcreateメソッドは定義されていません。したがって、この6行目でコンパイルエラーが発生します。

7行目では、変数bのworkメソッドを呼び出しています。この変数bは、Employee型で、workメソッドの定義を持っています。そのため、この行でコンパイルエラーが発生することはありません。

最後の8行目では、変数cのreportメソッドを呼び出しています。この変数cはEngineer型で、そのスーパークラスであるEmployeeクラスからreportメソッドを引き継いでいます。したがって、この行でコンパイルエラーが発生することはありません。

以上のことから、選択肢**A**が正解です。

フィールドやメソッドの呼び出しは、変数で定義されたものしか使えません。ポリモーフィズムを使った問題では、変数が何型かを確認するようにしてください。

## 11. F　　→P206

解答10では、ポリモーフィズムを使った出題で確認すべきポイントを2つ挙げました。本設問は、ポイントの1つである「ポリモーフィズムが成り立つかどうか？」についての問題です。

**ポリモーフィズム**は、実際に動作しているインスタンスを、インスタンスの元となった型とは「異なる型」で扱える仕組みです。このとき、互換性のない型にも変換できると、プログラムが動作しない可能性が出てしまいます。そこでJavaでは、無関係なものにはポリモーフィズムが使えないようにコンパイラがチェックしています。

反対に、関係があるものであれば、ポリモーフィズムは成り立ちます。「関係がある」とは、「**継承の関係**」にあるか、「**実現の関係**」にあるかのどちらかを指します。ポリモーフィズムを使った問題が出題された場合は、継承や実現の関係にあるかを必ず確認しましょう。

設問のコードを図で表すと次のようになります。

【設問のクラス、インタフェースの関係】

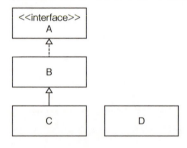

このように図で表すと、インタフェースやクラス同士の関係性が一目瞭然になります。設問のコードを追う前に、継承や実現の関係を図示する習慣を付けるとよいでしょう。

この図からわかるとおり、ポリモーフィズムを使えば、BのインスタンスをA型として、CのインスタンスをA型として扱うことはできます。しかし、Dクラスは何も関係を持っていないため、ポリモーフィズムを適用して、A型やB型として扱うことはできません。そのため、設問のMainクラスは7行目でコンパイルエラーが発生します。

もう1カ所、設問のコードにはコンパイルエラーが発生する箇所があります。Mainクラスの6行目でAをインスタンス化していますが、Aはインタフェース

であり、インスタンス化できません。そのため、この行でもコンパイルエラーが発生します。このように、インスタンス化できないものをインスタンス化して引っかけるような問題に注意して、しっかりコードを確認するようにしましょう。

以上のことから、選択肢Fが正解です。

ポリモーフィズムが成り立つには、実現か継承関係になければいけないことを理解しましょう。

ポリモーフィズムについての問題では、UMLのクラス図を書いて関係を確認しましょう。

インタフェースや抽象クラスはインスタンス化できません。出題されたコードでは、何をnewしているのかを確認するようにしましょう。

## 12. F　　　　　　　　　　　　　　　　　　　　　　　　→ P207

型変換に関する問題です。
継承関係にある場合、サブクラスのインスタンスをスーパークラス型の変数で扱うことができます。このように、サブクラスをスーパークラス型に変換することを「**アップキャスト**」と呼びます。一方、スーパークラス型で扱っていたインスタンスを、元の型に戻すことを「**ダウンキャスト**」と呼びます。

解答10で学習したように、たとえインスタンスがどのような差分を持っていようとも、扱っている型に定義されているものしか使えません。そこで、インスタンスをダウンキャストすることで、差分として定義したメソッドなどを使えるようにできます。

【アップキャスト、ダウンキャスト】

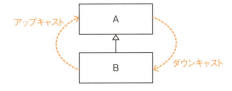

アップキャストの場合は、型の互換性チェックが簡単に行えます。Aを継承したBというクラスがあったとき、Bクラスの定義には「Aをextendsしている」

と宣言されており、コンパイラはこの宣言に基づいて互換性をチェックすればよいからです。そのため、コンパイラの互換性チェックをクリアしていれば、変数の型変換（キャスト）は、自動的に行われます。

一方、ダウンキャストは自動では行えません。先ほどのAを継承したBというクラスがあって、BのインスタンスをA型として扱っていたとします。コンパイラが確認できるのは変数の型だけで、実際にどの型のインスタンスが動作するかまではチェックできません。A型の変数で扱っている参照を、B型の変数に代入しようとしたとき、Aクラスの定義にはBと互換性があるという記述がどこにも見当たりません。そのため、コンパイラはA型の値がB型として扱えるかどうか判断できず、次のコードはコンパイルエラーとなります。

**例 互換性のない型（コンパイルエラー）**

```
A a = new B();
B b = a;          ← コンパイルエラー
```

これはコンパイル時に、どのインスタンスが動いているかを見ずに変数の型だけで互換性を確認するため、A型で扱っているBのインスタンスをB型で扱い直すことができないためです。しかし、上記のコードを見ればわかるとおり、実際に動作しているのはBのインスタンスです。したがって、これをB型として扱えるように変更しても何ら問題ないはずです。

このようなときに、コンパイラに「問題ない」と宣言するために**キャスト式**を記述します。先ほどのコードを次のように修正すると、コンパイルエラーは発生せず、A型で扱っていたBのインスタンスをB型に戻すことができ、B型にしかない差分を使うことができます。

**例 キャスト式でダウンキャスト**

```
A a = new B();
B b = (B) a;
```

設問のコードは、Aを継承したBクラスを定義しています。Bには差分としてhelloメソッドが定義されています。このメソッドは、Bクラスにしかない差分であるため、Bクラスのインスタンスをほかの型で扱っていると使うことができません。

Mainクラスの3行目では、BクラスのインスタンスをA型で扱っています。しかし、5行目にはB型でしか使えない差分のメソッドを呼び出しているため、このインスタンスの扱い方を、A型からB型に戻す必要があります。Bクラス

はAクラスを継承しているため、ここではダウンキャストをする必要があります。また、前述のとおりダウンキャストにはキャスト式が必要です。したがって、選択肢A、B、Dはキャスト式を記述していないため誤りです。

キャスト式は、変換したい型をカッコ「()」内に記述します。この問題ではB型に戻したいので、「(B)」と記述しなければいけません。以上のことから、選択肢**F**が正解です。

スーパークラス型をサブクラス型に、インタフェース型を実装クラス型に変換する際には、明示的にキャスト式を記述する必要があります。キャスト式は、コンパイラに対する「互換性の保証」と見なされます。

## 13. D　　　　　　　　　　　　　　　　　　　　　　　　→ P208

解答12では、ダウンキャスト時にはキャスト式を記述しなければいけないことを学びました。キャスト式は、プログラマーがコンパイラに対して、互換性を保証することを意味します。本設問は、この「保証」を使った問題です。

設問のコードは、Aクラスを継承したBクラスを用意し、mainメソッドではAのインスタンスをA型の変数aで扱っています（3行目）。ポイントは4行目で、この変数をキャストしてB型に変更しようとしています。AにはBとの互換性を示すものは何もないため、自動で型変換をすることはできません。そこで、設問ではキャスト式を記述して、プログラマーがコンパイラに対して、互換性の保証を行っています。そのため、コンパイルエラーが発生することはありません。よって選択肢Cは誤りです。

しかし、変数aの参照先にあるインスタンスは、Aのインスタンスです。Aのインスタンスには Bの差分が含まれていないため、Bでオーバーライドしたメソッドを実行できません。AのインスタンスをBのインスタンスに変換することはできません。そのため、コンパイルは問題なく通りますが、実行すると型の変換に失敗した旨の例外がスローされます。キャストは「扱い方」を変える、つまり変数の型を変えるだけで、参照先にあるインスタンスの種類を変更できるわけではないことに注意してください。

以上のことから、選択肢**D**が正解です。

キャスト式を記述して明示的に型変換をすると、コンパイルは成功します。ただし、型同士に互換性がない場合は、実行時に例外がスローされることを覚えておきましょう。

## 14. A、D　　　　　　　　　　　　　　　　　　　➡ P209

フィールドへのアクセス方法についての問題です。

同じ**スコープ**（**有効範囲**）内に同じ名前の変数は宣言できません。ただし、スコープが異なれば、同じ名前の変数を宣言することは可能です。次のコードを例に、スコープについて考えてみます。

**例** 同じ名前の変数を宣言

```java
public void sample() {
    int num = 10;
    if (num < 11) {
        int num = 20;          ← 同じ変数名なのでコンパイルエラー
        int value = 100;       ← 次の行までがスコープ
    }
    int value = 200;           ← こちらはコンパイルエラーにならない
}
```

このメソッドでは、まず変数numを宣言しています。この変数は、sampleの**メソッドブロック**（中カッコの範囲）が終わるまで有効な変数です。そのため、4行目で同じ名前の変数を宣言することはできません。5行目では、変数valueを宣言しています。この変数のスコープは、**ifブロック**が終わるまでです。つまり、次の行の閉じカッコが出てくるまでがスコープです。そのため、7行目を処理する段階で、5行目で宣言した変数はスコープから外れることになります。変数のスコープは、**その変数が属する直近のブロックが終わるまで**ということを覚えておきましょう。

このルールは、**ローカル変数**同士（引数含む）のときに適用されます。フィールド同士も同じ名前で宣言はできません。しかし、次のようにフィールドと同じ名前のローカル変数は宣言できます。

**例** フィールドと同じ名前のローカル変数を宣言

```java
public class Sample {
    int num = 10;
    void test() {
        int num = 20;
        System.out.println(num);
    }
}
```

このtestメソッドを呼び出すと、コンソールには20が表示されます。この結果からわかるのは、フィールドとローカル変数の名前が重複した場合には、**ローカル変数が優先される**ということです。もし、この優先順位に反してフィールドを使いたい場合には、**this**を使います。thisはJVMが用意してくれる変数の1つで、**インスタンス自身への参照**が入っています。そのため、この変数を使って「this.フィールド名」とすることで、ローカル変数ではなく、フィールドを明示的に使うことができます。

設問のコードでは、Sampleクラスのコンストラクタで値を受け取り、getNumメソッドで受け取った値を戻さなければコンソールに「10」と表示されません。ポイントとなるのは、コンストラクタの引数名とフィールド名が重複している点です。引数もローカル変数の一種であるため、「メソッド内ではローカル変数が優先される」というルールが適用されることを忘れないでください。

選択肢Aのようにthisを使えば、明示的にフィールドを使うことを指定できます。そのため、引数として受け取った値をフィールドに代入し、その後、getNumメソッドが呼ばれたときに、その値を戻すことができます。よって、選択肢**A**は正解です。

選択肢Bは、C++言語などで使われている記号「->」を使っています。Javaでは、この記号を使うことはできません。よって、誤りです。

選択肢Cは、thisを付けていません。そのため、前述の「メソッド内ではローカル変数が優先される」というルールが適用され、引数numに引数numの値を「再代入」するという意味になります。これではフィールドの値は変更されず、デフォルト値のままになります。よって、誤りです。

選択肢Dは、コンストラクタ内で別のメソッドを呼び出しています。コンストラクタは、インスタンスが生成されたあと、「ほかのインスタンス」から使われる前に実施すべき準備処理をするためのメソッドです。このようにインスタンスはすでに生成済みであるため、コンストラクタ内からほかのメソッドを呼び出すことは何の問題もありません。この選択肢では、setNumメソッドを使い、フィールドに値をセットしています。そのため、setNumメソッドの実行後、getNumメソッドを呼び出したときには正しい値を戻すことができます。以上のことから、選択肢**D**も正解です。

解答1で学習したように、継承関係にあるサブクラスのインスタンスは、スーパークラスのインスタンスと差分のインスタンスの2つで構成されています。thisは、差分のインスタンス内で使えば差分のインスタンスを指し、スーパークラスのインスタンス内で使えばスーパークラスのインスタンスを指します。

第7章

継承の操作（解答）

もし、差分のインスタンス内から、スーパークラスのインスタンスにアクセスしたい場合には、thisではなく**super**を使います。設問のSampleクラスは何も継承していないため、暗黙的にそのスーパークラスはjava.lang.Objectクラスになります。Objectクラスには、setNumというメソッドは存在しません。よって、選択肢Eはコンパイルエラーになります。

フィールドとローカル変数を同じ名前で宣言した場合、ローカル変数が優先されます。ローカル変数ではなく、フィールドを使いたい場合にはthisを使います。その場合の書式は「this.フィールド名」です。

## 15. B　　　　　　　　　　　　　　　　　　　　　　→ P210

解答14では、thisを使ってインスタンス自身にアクセスできることを学びました。また、継承関係にあるクラスの場合、thisは差分のインスタンス内で使えば差分のインスタンスを指し、スーパークラスのインスタンス内で使えばスーパークラスのインスタンスを指すことも学びました。本設問は、継承関係にあるクラスでthisが使われた場合についての問題です。

継承関係にあるクラスのインスタンスは、スーパークラスと差分のインスタンスで構成され、各インスタンスがそれぞれ「this」という変数を持っています（解答14を参照）。次の図で示すように、継承関係にあるクラスのインスタンスを構成しているインスタンスが持つthisと、ほかの構成インスタンスが持つthisの中身は異なります。

**【thisの中身はインスタンスごとに異なる】**

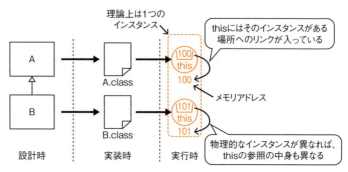

設問のポイントは、継承関係にあるParentとChildの2つのクラスで、同じ名前のフィールドを持っている点です。このように同じ名前のフィールドを持っていても、スーパークラスと差分のインスタンスでは、次の図のようにそれぞれ別のフィールドを持つため、名前が重複することはありません。

【設問のParentクラスとChildクラスのインスタンス①】

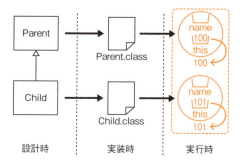

設問のmainメソッドでは、Childクラスのインスタンスを生成し、次の行でChild型に定義されたnameフィールドに「sample」という値を代入しています。解答8で学習した「フィールドへのアクセスはどの型の変数を使うかによって決まる」ということを思い出してください。

【設問のParentクラスとChildクラスのインスタンス②】

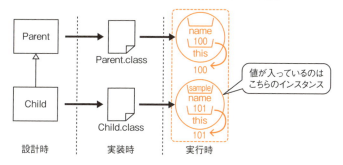

次に、設問のコードでは、getNameメソッドを呼び出し、その戻り値をコンソールに表示しています。getNameメソッドは、Parentクラスに定義されているため、このメソッドのthisが示す先にはParentのインスタンスがあります。しかし、図からわかるとおり、Parentのインスタンスのnameフィールドの値は空のまま、つまりnullのままです。そのため、戻り値としてnullが戻され、コンソールには「null」という文字列が表示されます。
以上のことから、選択肢**B**が正解です。

試験対策　thisは、インスタンス自身への参照を持っています。
サブクラスのインスタンスは、スーパークラスのインスタンスと差分のインスタンスの両方で構成されています。thisを使った場合、どちらのインスタンスを示すかに注意してください。

※次ページに続く

名前が重複するスーパークラスのメンバにアクセスしたいときには、superを使います。

## 16. C ➡ P211

継承関係にあるクラスのインスタンスを作ったときのコンストラクタがどのような動作をするのかについて問う問題です。**コンストラクタ**は、インスタンスの準備をするためのメソッドで、すべてのインスタンスが持たなければいけません。定義しなかった場合でも、**デフォルトコンストラクタ**が自動的に追加されます。

また、継承関係にあるクラスのインスタンスは、スーパークラスと差分のインスタンスで構成されています。そのため、コンストラクタもそれぞれのインスタンスが持っています。継承関係にある場合、スーパークラスのインスタンスも差分のインスタンスも、それぞれ必要な準備を整える必要があるからです。この点を間違えやすいので、注意してください。

サブクラスのインスタンスを作るとき、スーパークラスのインスタンスが持つコンストラクタと、差分のインスタンスが持つコンストラクタがあったとき、先に実行しなければいけないのは、スーパークラスのインスタンスが持つコンストラクタです。これは、スーパークラスはサブクラスの共通部分を抽出して定義したいわば「基盤」であり、先に基盤を作ってから差分を追加で載せる必要があると考えるためです。

しかし、実際のコードで、インスタンス生成をするときに指定しているコンストラクタは、差分に定義したものです。たとえば設問のコードであれば、Aを継承したBのインスタンスを作るとき、次のようにBクラスのコンストラクタを呼び出しています。

### 例 差分クラスのインスタンス化

```
A a = new B();    ← Bクラスのコンストラクタを指定
```

そのため、実際の動作は、Bに定義したコンストラクタから始まります。しかし、それでは基盤を作ってから差分を追加するという考えが実現できません。そこで、コンパイラはコンストラクタの1行目に、次のような**スーパークラスのコンストラクタ呼び出し**のコードを追加します。

> **例** スーパークラスのコンストラクタ呼び出し

```
public B() {
    super();    ← コンパイラによって自動追加されたコード
    System.out.println("B");
}
```

これで、サブクラスに定義したコンストラクタから処理が始まっても、実質上、スーパークラスのコンストラクタから処理を進めることができるようになります。

設問のコードでは、Aを継承したBのインスタンスを生成しています。そのため、Bのコンストラクタから処理が始まり、その1行目に追加された「**super();**」というスーパークラスのコンストラクタ呼び出しによって、Aのコンストラクタが実行されます。Aのコンストラクタの処理が終われば、Bのコンストラクタに制御が戻り、残りの処理を実行します。以上のことから、コンソールには「A」「B」と表示されます。よって、選択肢**C**が正解です。

継承関係にあるクラスのインスタンス生成時のコンストラクタの動作について理解しましょう。
・スーパークラスのインスタンスが持つコンストラクタが先に実行されなければいけない
・サブクラスのコンストラクタには、スーパークラスのコンストラクタを呼び出す「super();」が、コンパイラによって先頭行に追加される

## 17. A  ➡ P212

解答16では、サブクラスのインスタンスを生成するとき、スーパークラスのコンストラクタから処理されることや、そのためにコンパイラによってサブクラスのコンストラクタの先頭行にコードが追加されることを学びました。本設問は、自動的に追加されるコンストラクタではなく、明示的にコンストラクタを呼び出しながら、どのような順で処理が進むかを問うものです。

まず、押さえるべきキーワードは、**this**と**super**の2つです。コンストラクタ内から、**オーバーロードされた別のコンストラクタを呼び出す**ときに使うのが「this」です。一方、コンストラクタ内から**スーパークラスのコンストラクタを呼び出す**のが「super」です。

設問のコードでは、mainメソッドでChildクラスのインスタンスを作るときに、次々とコンストラクタがつながって処理されていきます。この流れを図にすると、次のようになります。

**【設問のコードのコンストラクタ呼び出し】**

```
class Parent {
    public Parent() {
        System.out.println("A");
    }
    public Parent(String val) {
        this();
        System.out.println(val);
    }
}

class Child extends Parent {
    public Child() {
        super("B");
        System.out.println("C");
    }
    public Child(String val) {
        this();
        System.out.println(val);
    }
}
```

- String型の引数を受け取るコンストラクタを呼び出す
- このコンストラクタでは、thisを使って引数なしの別のコンストラクタを呼び出す **(1)**
- 引数なしのコンストラクタは、superを使ってString型の引数を受け取るスーパークラスのコンストラクタを呼び出す **(2)**
- 引数ありのParentのコンストラクタは、thisを使って引数なしのコンストラクタを呼び出す **(3)**
- 引数なしのコンストラクタでは、コンソールに「A」と表示し、引数ありのコンストラクタに戻る **(4)**
- 引数ありのParentのコンストラクタは、コンソールに「B」を表示し、Childの引数ありのコンストラクタに戻る **(5)**
- 引数ありのChildのコンストラクタは、コンソールに「C」を表示し、引数なしのコンストラクタに戻る **(6)**
- 引数なしのChildのコンストラクタは、コンソールに「D」を表示する

以上のことから、コンソールには「A」「B」「C」「D」という文字列が表示されます。よって、選択肢**A**が正解です。

スーパークラスのインスタンスのコンストラクタを明示的に呼び出すには、superを使います。

# 第 8 章

## 例外の処理

- try-catch文、try-catch-finally文
- 検査例外と非検査例外
- エラーと例外
- 例外クラス

**1.** 次のプログラムをコンパイル、実行したときの結果として、正しいものを選びなさい。（1つ選択）

```
1.  public class Main {
2.      public static void main(String[] args) {
3.          try {
4.              int[] array = {};
5.              array[0] = 10;
6.              System.out.println("finish");
7.          } catch (ArrayIndexOutOfBoundsException e) {
8.              System.out.println("error");
9.          }
10.     }
11. }
```

A. 「finish」と表示される

B. 「error」と表示される

C. 「finish」「error」と表示される

D. 「error」「finish」と表示される

E. コンパイルエラーが発生する

F. 実行時に例外がスローされる

➡ P257

**2.** 次のプログラムをコンパイル、実行したときの結果として、正しいものを選びなさい。なお、実行時には起動パラメータを何も渡さないこととする。（1つ選択）

```java
1.  public class Main {
2.      public static void main(String[] args) {
3.          try {
4.              if (args.length == 0) {
5.                  System.out.println("A");
6.              }
7.          } catch (NullPointerException e) {
8.              System.out.println("B");
9.          } finally {
10.             System.out.println("C");
11.         }
12.     }
13. }
```

第 8 章

例外の処理（問題）

A.  「A」「B」「C」と表示される
B.  「A」「C」と表示される
C.  「B」「C」と表示される
D.  「A」「B」と表示される
E.  コンパイルエラーが発生する
F.  実行時に例外がスローされる

➡ P258

243

**3.** 次のプログラムをコンパイル、実行したときの結果として、正しいものを選びなさい。（1つ選択）

```
1.  public class SampleException extends Exception {}
```

```
1.  public class SubSampleException extends SampleException {}
```

```
1.  public class Main {
2.      public static void main(String[] args) {
3.          try {
4.              sample();
5.              sub();
6.          } catch (SampleException e) {
7.              System.out.println("A");
8.          } catch (SubSampleException e) {
9.              System.out.println("B");
10.         }
11.     }
12.
13.     private static void sample() throws SampleException {
14.         throw new SampleException();
15.     }
16.
17.     private static void sub() throws SubSampleException {
18.         throw new SubSampleException();
19.     }
20.
21. }
```

- A. 「A」と表示される
- B. 「B」と表示される
- C. 「B」「A」と表示される
- D. 何も表示されない
- E. コンパイルエラーが発生する
- F. 実行時に例外がスローされる

➡ P259

**4.** 次のプログラムをコンパイル、実行したときの結果として、正しいものを選びなさい。（1つ選択）

```java
 1.  public class Main {
 2.      public static void main(String[] args) {
 3.          try {
 4.              Object obj = null;
 5.              System.out.println(obj.toString());
 6.              System.out.println("A");
 7.          } finally {
 8.              System.out.println("B");
 9.          } catch (NullPointerException e) {
10.              System.out.println("C");
11.          }
12.      }
13.  }
```

A. 「B」「C」と表示される

B. 「C」「B」と表示される

C. 「A」「C」と表示される

D. コンパイルエラーが発生する

E. 実行時に例外がスローされる

➡ P260

第8章

例外の処理（問題）

**5.** 次のプログラムをコンパイル、実行したときの結果として、正しいもの
を選びなさい。（1つ選択）

```
 1.  public class Main {
 2.      public static void main(String[] args) {
 3.          System.out.println(test(null));
 4.      }
 5.      private static String test(Object obj) {
 6.          try {
 7.              System.out.println(obj.toString());
 8.          } catch (NullPointerException e) {
 9.              return "A";
10.          } finally {
11.              System.out.println("B");
12.          }
13.          return "C";
14.      }
15.  }
```

- A. 「A」と表示される
- B. 「A」「B」と表示される
- C. 「B」「A」と表示される
- D. 「C」と表示される
- E. コンパイルエラーが発生する
- F. 実行時に例外がスローされる

➡ P260

**6.** 次のプログラムをコンパイル、実行したときの結果として、正しいものを選びなさい。（1つ選択）

```
 1.  public class Main {
 2.      public static void main(String[] args) {
 3.          int result = sample();
 4.          System.out.println(result);
 5.      }
 6.      private static int sample() {
 7.          try {
 8.              throw new RuntimeException();
 9.          } catch (RuntimeException e) {
10.              return 10;
11.          } finally {
12.              return 20;
13.          }
14.      }
15.  }
```

A. 10が表示される
B. 20が表示される
C. 30が表示される
D. コンパイルエラーが発生する
E. 実行時に例外がスローされる

➡ P261

第 8 章

例外の処理（問題）

247

**7.** 次のプログラムをコンパイル、実行したときの結果として、正しいもの
を選びなさい。（1つ選択）

```
1.  public class Main {
2.      public static void main(String[] args) {
3.          int result = sample();
4.          System.out.println(result);
5.      }
6.      private static int sample() {
7.          int val = 0;
8.          try {
9.              String[] array = {"A","B","C"};
10.             System.out.println(array[3]);
11.         } catch (RuntimeException e) {
12.             val = 10;
13.             return val;
14.         } finally {
15.             val += 10;
16.         }
17.         return val;
18.     }
19. }
```

A. 0が表示される

B. 10が表示される

C. 20が表示される

D. コンパイルエラーが発生する

E. 実行時に例外がスローされる

➡ P261

**8.** 次のプログラムをコンパイル、実行したときの結果として、正しいもの
を選びなさい。（1つ選択）

```
 1.  public class Main {
 2.      public static void main(String[] args) {
 3.          try {
 4.              System.out.println("A");
 5.          } finally {
 6.              System.out.println("B");
 7.          } finally {
 8.              System.out.println("C");
 9.          }
10.      }
11.  }
```

A. 「A」「B」「C」と表示される
B. 「A」「B」と表示される
C. 「A」「C」と表示される
D. コンパイルエラーが発生する
E. 実行時に例外がスローされる

➡ P262

**9.** 次のプログラムをコンパイル、実行したときの結果として、正しいものを選びなさい。（1つ選択）

```
1.  public class Main {
2.      public static void main(String[] args) {
3.          try {
4.              try {
5.                  String[] array = {"A","B","C"};
6.                  System.out.println(array[3]);
7.              } catch (ArrayIndexOutOfBoundsException e) {
8.                  System.out.println("D");
9.              } finally {
10.                 System.out.println("E");
11.             }
12.         } catch (ArrayIndexOutOfBoundsException e) {
13.             System.out.println("F");
14.         } finally {
15.             System.out.println("G");
16.         }
17.     }
18. }
```

A. 「C」「E」「G」が表示される
B. 「D」「E」「G」が表示される
C. 「E」「F」「G」が表示される
D. 「D」「E」が表示される
E. 「F」「G」が表示される
F. コンパイルエラーが発生する
G. 実行時に例外がスローされる

➡ P263

**10.** 次のSampleクラスの2行目の空欄に入るコードとして、正しいものを選びなさい。（2つ選択）

```
1. public class SampleException extends Exception {}
```

```
1. public class TestException extends RuntimeException {}
```

```
1.  public class Sample {
2.      public void hello(String name) [            ] {
3.          if (name == null) {
4.              throw new SampleException();
5.          }
6.          if ("".equals(name)) {
7.              throw new TestException();
8.          }
9.          // do something
10.     }
11. }
```

第 8 章

例外の処理（問題）

A.   throws SampleException, TestException
B.   throws SampleException; TestException
C.   throws TestException
D.   throws SampleException
E.   何も記述しなくてもよい

➡ P264

**11.** エラーに関する説明として、誤っているものを選びなさい。（1つ選択）

A.   エラーは、プログラムの実行環境に例外が発生したときにスローされる
B.   エラーは、Errorクラスを継承しなければいけない
C.   エラーはthrows句に宣言する必要はない
D.   エラーは例外処理を記述できない

➡ P265

**251**

**12.** 次のプログラムを確認してください。

```
1.  public class Main {
2.      public static void main(String[] args) {
3.          System.out.println(args[0].length());
4.      }
5.  }
```

このプログラムを次のコマンドで実行したときの結果として、正しいものを選びなさい。（1つ選択）

```
> java Main
```

A. 「null」と表示される
B. 「0」と表示される
C. ArrayIndexOutOfBoundsExceptionが発生する
D. NullPointerExceptionが発生する

➡ P266

**13.** 次のプログラムをコンパイル、実行したときに発生する例外の種類として、正しいものを選びなさい。（1つ選択）

```
1.  import java.util.ArrayList;
2.  import java.util.List;
3.
4.  public class Main {
5.      public static void main(String[] args) {
6.          List<String> list = new ArrayList<>();
7.          list.get(0);
8.      }
9.  }
```

A. IndexOutOfBoundsException
B. ArrayIndexOutOfBoundsException
C. StringIndexOutOfBoundsException
D. ListIndexOutOfBoundsException

➡ P266

**14.** 次のプログラムを確認してください。

```
 1.  public class A {
 2.      private int num;
 3.      public A(int num) {
 4.          this.num = num;
 5.      }
 6.      public boolean equals(Object obj) {
 7.          A a = (A) obj;
 8.          return this.num == a.num;
 9.      }
10.  }
```

```
 1.  public class B {
 2.      private int num;
 3.      public B(int num) {
 4.          this.num = num;
 5.      }
 6.      public boolean equals(Object obj) {
 7.          B b = (B) obj;
 8.          return this.num == b.num;
 9.      }
10.  }
```

これらのクラスを利用する以下のプログラムを、コンパイル、実行したときの結果として、正しいものを選びなさい。（1つ選択）

```
 1.  public class Main {
 2.      public static void main(String[] args) {
 3.          A a = new A(10);
 4.          B b = new B(10);
 5.          System.out.println(a.equals(b));
 6.      }
 7.  }
```

- A. trueが表示される
- B. falseが表示される
- C. コンパイルエラーが発生する
- D. 実行時に例外がスローされる

→ P267

第 8 章

例外の処理（問題）

253

**15.** IllegalArgumentExceptionが発生する条件にあてはまるものを選びなさい。（1つ選択）

    A. 不正な引数を渡してメソッドを呼び出した
    B. メソッドの戻り値に不正な値を戻した
    C. 準備が不十分な状態でメソッドを呼び出した
    D. 対応すべき条件は特にない

➡ P267

**16.** IllegalStateExceptionが発生する条件にあてはまるものを選びなさい。（1つ選択）

    A. 不正な引数を渡してメソッドを呼び出した
    B. メソッドの戻り値に不正な値を戻した
    C. 準備が不十分な状態でメソッドを呼び出した
    D. 対応すべき条件は特にない

➡ P268

**17.** 次のプログラムをコンパイル、実行したときの結果として、正しいものを選びなさい。（1つ選択）

```
 1.  public class Main {
 2.      public static void main(String[] args) {
 3.          String str = null;
 4.          if (str.equals("")) {
 5.              System.out.println("blank");
 6.          } else {
 7.              System.out.println("null");
 8.          }
 9.      }
10.  }
```

    A. 「blank」が表示される
    B. 「null」が表示される
    C. IllegalArgumentExceptionが発生する
    D. NullPointerExceptionが発生する

➡ P268

**18.** 次のプログラムをコンパイル、実行したときの結果として、正しいもの
を選びなさい。（1つ選択）

```
1. public class Main {
2.     public static void main(String[] args) {
3.         char c = 123;
4.         String str = Character.toString(c);
5.         int i = Integer.parseInt(str);
6.         System.out.println(i);
7.     }
8. }
```

    A.    123が表示される

    B.    NumberFormatExceptionが発生する

    C.    IllegalArgumentExceptionが発生する

    D.    ClassCastExceptionが発生する

➡ P268

**19.** 次のプログラムをコンパイル、実行したときの結果として、正しいもの
を選びなさい。（1つ選択）

```
1.  public class Main {
2.      private static String name;
3.      static {
4.          if(name.length() == 0) {
5.              name = "sample";
6.          }
7.      }
8.      public static void main(String[] args) {
9.          System.out.println("hello," + name);
10.     }
11. }
```

    A.    「hello, sample」が表示される

    B.    NullPointerExceptionが発生する

    C.    IllegalStateExceptionが発生する

    D.    ExceptionInInitializerErrorが発生する

➡ P269

第8章

例外の処理（問題）

**20.** 次のプログラムをコンパイル、実行したときの結果として、正しいものを選びなさい。（1つ選択）

```
1.  public class Main {
2.      public static void main(String[] args) {
3.          main(args);
4.      }
5.  }
```

    A.    何も表示されない

    B.    StackOverflowErrorが発生する

    C.    IllegalStateExceptionが発生する

    D.    ExceptionInInitializerErrorが発生する

➡ P269

**21.** JVMが実行するためのクラスファイルを見つけられなかったときに発生するエラーとして、正しいものを選びなさい。（1つ選択）

    A.    NoClassDefFoundError

    B.    ExceptionInInitializerError

    C.    AssertionError

    D.    IllegalStateException

➡ P270

**22.** ヒープメモリが不足したときに発生するエラーとして、正しいものを選びなさい。（1つ選択）

    A.    StackOverflowError

    B.    OutOfMemoryError

    C.    VirtualMachineError

    D.    InternalError

➡ P270

# 第8章 例外の処理
# 解 答

## 1. B → P242

例外処理を記述するtry-catch文に関する問題です。

**例外**とは、プログラム実行中に発生する何らかの「トラブル」を指します。トラブルは、プログラマーの不注意で作り込むバグだけでなく、要件や仕様の間違い、実行マシンの不具合や、ほかのソフトウェアとの連携不具合など、その種類は多岐にわたります。

しかし、ユーザーが利用するソフトウェアは、トラブルが発生したからといって停止してしまったり、動作しなくなったり、動作しても正常に処理をしなかったりしてはいけません。そのためプログラマーには、さまざまな事態に対応する「万が一の場合に備えたプログラミング」が要求されます。

**例外処理**は、トラブルが発生したときに「どのように対処すべきか」を記述した処理のことです。Javaでは、例外処理を**try-catch**という構文で記述します。**例外が発生する可能性がある処理**をtryブロックで括り、**例外が発生したときの処理**をtryブロックに続く**catchブロック**に記述します。

### 構文

```
try {
    // 例外が発生する可能性がある処理
} catch (例外クラス型 変数) {
    // 例外が発生したときの処理
}
```

tryブロック内には、複数の文を記述できます。もし例外が発生したらtryブロック内の以降の処理はスキップされ、すぐに対応するcatchブロックに制御が移ります。

設問のコードでは、要素数0の配列を作り、存在しない1番目の要素に値10を代入しようとしています。そのため、この行で配列の要素外アクセスを示す**ArrayIndexOutOfBoundsException**が発生し、すぐに対応するcatchブロックに移動します。前述のとおり、tryブロック内の処理は例外が発生すると、それ以降の処理は実行されないため、「finish」と表示されることはありません。よって、選択肢A、C、Dは誤りです。

※次ページに続く

catchブロックは、例外が発生したときの処理を記述するためのブロックです。catchブロックの目的はプログラムを正常な状態に復帰させることで、このブロックの処理が終了すると「トラブルは収束した」として、正常な動作に戻ります。なお、catchブロックは、発生した例外の種類ごとに複数記述できるため、例外の種類ごとに対処方法を変えることができます。

設問のコードでは、配列の要素外アクセスをしているためにArrayIndexOutOfBoundsExceptionが発生しますが、これを受け取るcatchブロックが用意されているため、正しく例外が処理されます。そのため、コンソールには「error」と表示されて、プログラムは正常に終了します。以上のことから、選択肢**B**が正解です。

例外が発生すると、すぐに対応するcatchブロックに移動します。

配列は、複数の要素をまとめて扱うオブジェクトであって、要素そのものではありません。そのため、（意味はなくても）要素を1つも扱わない配列を作ることができます。

## 2. B　　➡ P243

例外処理を記述する**try-catch-finally文**に関する問題です。
解答1で学習したように、例外が発生すると、すぐにcatchブロックに制御が移ります。そのため、もしも例外が発生すると、それ以降のtryブロックの処理はその必要性にかかわらず実行されることはありません。

しかし、つないだままになっているネットワークの切断や、開いたままになっているファイルのクローズ、保持したままのデータベースの接続状態の解放など、例外発生の有無にかかわらず実行したい処理はプログラムの形態を問わずに存在します。こういった**例外発生の有無にかかわらず必ず実行したい処理**を記述するためのものが**finallyブロック**です。

finallyブロックを記述した場合、例外が発生しなければtryブロック実行後にfinallyブロックに記述した処理が実行されます。もし例外が発生したら、tryブロックからcatchブロックに制御が移り、その後、finallyブロックが実行されます。

**構文**
```
try {
    // 例外が発生する可能性がある処理
} catch (例外クラス型 変数) {
    // 例外が発生したときの処理
} finally {
    // 例外発生の有無にかかわらず実行したい処理
}
```

問題文には「起動パラメータを渡さずにプログラムを実行する」とあります。設問のMainクラスを実行すると、mainメソッドのString配列型引数には、要素数0の配列インスタンスへの参照が渡されます。そのため、lengthの結果は0となり、if文の条件に合致するためコンソールにはAが表示されます。このコードでは例外は発生しないため、catchブロックが実行されることはありません。最後に、finallyが実行されコンソールにCが表示されます。以上のことから、選択肢**B**が正解です。

finallyブロックに記述された処理は、例外発生の有無にかかわらず必ず実行されます。実行の順番は以下のいずれかになります。
・try → finally ……………… 例外が発生しない場合
・try → catch → finally …… 例外が発生した場合

## 3. E
→ P244

catchブロックが複数記述されている場合の例外処理に関する問題です。
catchブロックは複数記述できます。tryブロック内で複数の種類の例外がスローされる可能性がある場合は、catchブロックも複数用意し、それぞれの例外に応じた処理を記述できます。

catchブロックを複数記述した場合、tryブロック内で例外がスローされると、記述した順にcatchブロックでキャッチする例外の種類が評価されます。もし、スローされた例外とcatchブロックが受け取れる例外クラス型が異なる場合は、次のcatchブロックを評価するという具合に、次々とcatchブロックを評価していきます。

このような**複数のcatchブロック**が存在するコードが出題された場合は、**catchブロックの例外クラスの型**を確認します。設問の場合は、SampleExceptionとSubSampleExceptionという2つの例外クラスが用意され、それぞれを受け取るcatchブロックが用意されています。忘れてはならないのは、例外といっても「例外の種類を表す」という目的を持っているだけであり、それ以外は普通のク

ラスと何ら変わらない点です。そのため、例外クラスのインスタンスも、ほかのクラスと同様に**ポリモーフィズム**を使うことが可能です。

前述のようにcatchブロックは記述した順に評価されるため、SubSampleExceptionがスローされたとき、1つ目のcatchブロックはこのインスタンスへの参照をスーパークラスであるSampleException型で受け取ることが可能です。そのため、対応した例外処理が「あった」と判断され、2つ目のcatchブロックが実行されることはありません。

このように到達できないコードを記述することはできません。到達不可能なコードを記述した場合、コンパイラはコンパイルエラーを発生させます。よって、選択肢**E**が正解です。

複数のcatchブロックがある場合、どちらの例外が先にキャッチされるかを確認しましょう。到達可能なコードでなければ、コンパイルエラーになります。

## 4. D　→P245

try-catch-finally文の構文について問う問題です。
try-catch-finallyの構文は、その出現順を変更することはできません。したがって、catch-try-finallyやtry-finally-catchのように順番を変更することはできません。

設問のコードは、try-finally-catchの順で記述しており、このルールに反します。そのため、このコードをコンパイルすると、コンパイルエラーが発生します。よって、選択肢**D**が正解です。

try-catch-finallyの構文を確実に覚えましょう。catch-try-finallyやtry-finally-catchのように順番を変更することはできません。変更すると、コンパイルエラーになります。

## 5. C　→P246

try-catch-finally文の例外処理に関する問題です。
finallyブロックは、例外発生の有無にかかわらず実行したい処理を記述するためのものです。これは設問のように**catchブロック内でreturn**されていても同じです。returnによって呼び出し元のメソッドに制御が戻る前に、**finallyブロックは必ず実行**されます。finallyブロックが終了してから制御が戻されるため、選択肢AとDは誤りです。

設問のコードでは、testメソッドの引数にnullが渡されているため、tryブロック内でtoStringメソッドを呼び出そうとしてNullPointerExceptionが発生します。対応するcatchブロックでは、何の処理もせずreturnによって値を呼び出し元であるmainメソッドに戻そうとしますが、finallyブロックでBが表示されてから制御が戻ります。そのため、コンソールにはBAの順に表示されます。よって、選択肢**C**が正解です。

finallyブロックが実行されないのは、tryブロックやcatchブロック内で、System.exitメソッドを呼び出して、アプリケーションを強制終了したときか、JVMやOSがクラッシュしたときだけです。

## 6. B　　　　　　　　　　　　　　　　　　　　　　　　　➡ P247

catchブロックとfinallyブロックの両方が**returnで値を戻す**場合、どちらの値が戻されるかについて問う問題です。この出題を理解するためには、次の図のように、returnするときに戻り値を格納する専用の変数が用意されていることをイメージしてください。

【returnで戻される値を格納する変数】

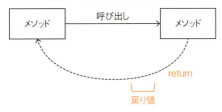

設問のコードの場合は、catchブロックで10という値が戻されます。そのため、図の「戻り値」変数の値は10になります。catchブロックの処理が終了すると、finallyブロックの処理を実行します。そのため、図の「戻り値」変数の値は20に変わります。その後、制御が呼び出し元のmainメソッドに移動するため、戻り値の値は20となります。

以上のことから、選択肢**B**が正解です。

## 7. B　　　　　　　　　　　　　　　　　　　　　　　　　➡ P248

解答6では、returnで戻り値を戻すときに使われる変数が存在することを学習しました。本設問は、この変数の値をfinallyブロックで変更できるかどうかを問うものです。注意してほしいのは、次の図のように戻り値のための変数と、メソッド内で使われている変数valは異なるという点です。

【returnで戻される変数とメソッドの変数】

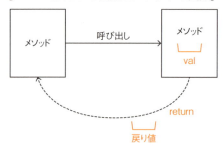

そのため、設問のようにfinallyブロックで値を変更したとしても、変数valの値が変わるだけで、戻り値のための変数の値は変わりません。以上のことから、選択肢**B**が正解です。

なお、これはプリミティブ型の場合で、参照型の場合は戻り値のための変数もメソッド内の変数も同じインスタンスへの参照を持っているため、finallyブロックで戻すインスタンスの値を変更することは可能です。

【メソッドの変数が参照型の場合】

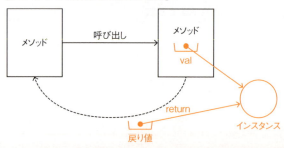

## 8. D ➡ P249

try-catch-finally文の構文に関する問題です。
例外処理を記述するためのtry-catch-finallyの構文のうち、**tryブロックとfinallyブロックは1つずつしか記述できませんが**、**catchブロックのみ複数記述**できます。

また、catchブロックを省略することも可能です。catchブロックを省略するのは、そのメソッド内では例外の処理方法を決められないケースです。

たとえば、次のコードでは、例外がスローされる可能性のあるメソッドであることを宣言（throws）しています。また、catchブロックを省略しているため、例外が発生した場合には、このメソッド内では一切の例外処理をしません。

262

ただし、finallyによって、スローの前に「必ず実行したい処理」が実行されます。

**例** catchブロックの省略

```
public void method() throws Exception {
    try {
        // 例外が発生する可能性のあるコード
    } finally {
        // 必ず実行したい処理
    }
}
```

finallyブロックは、例外発生の有無にかかわらず実行したい処理を記述するためのものです。そのため、複数記述することはできません（コンパイルエラーになります）。catchブロックが複数記述できるのは、例外の種類によって処理内容を変更できるようにするためです。finallyブロックは、例外の種類によって分ける必要がありません。
以上のことから、選択肢**D**が正解です。

catchブロックは複数記述できますが、tryとfinallyは1つずつしか記述できません。複数記述した場合には、コンパイルエラーになります。

## 9. B  → P250

2つのtry-catchブロックがネストしている問題です。このときのポイントは、「スローされた例外は2つのtry-catchのうち、どちらが受け取るか？」です。このように**複数のtry-catchがネスト**している場合、スローされた例外を受け取るのは、その例外に対応した**もっとも近いcatchブロック**です。

設問のコードでは、3つの要素を持った配列インスタンスを作り、存在しない4番目にアクセスすることで、ArrayIndexOutOfBoundsExceptionを発生させています。この例外は、もっとも近いcatchブロックがこの例外をキャッチします。このcatchブロックでは、コンソールにDを表示する処理を行います。

このcatchブロックの処理が終了したあと、内側のfinallyブロックが処理され、その後、外側のfinallyブロックが処理されます。**finallyブロックは必ず実行される**点に注意してください。以上のことから、選択肢**B**が正解です。

## 10. A、D  ➡ P251

検査例外と非検査例外に関する問題です。

Javaにおけるプログラムの実行中に発生するトラブルには、大きく分けて2つの種類があります。実行環境のトラブルなど、プログラムからは対処しようのない事態を表す**エラー**と、プログラムが対処できる**例外**の2つです。例外はさらに、検査例外と非検査例外に分かれます。**検査例外**とは、例外処理を記述したかどうかをコンパイラが検査する例外を指します。もう一方の**非検査例外**は、例外処理を記述したかどうかをコンパイラが検査しない例外を指します。

Javaの例外は、検査例外が基本です。これは、例外処理をプログラマーが記述し忘れることを防ぐためです。ソフトウェアが巨大化、複雑化していく歴史のなかで、例外処理をプログラマーが記述し忘れる失敗が増え、バグの原因となった反省から、コンパイラによる自動チェック機能が盛り込まれたことが背景にあります。

Javaの例外クラスは、大きく分けて**Error**と**Exception**、**RuntimeException**に分かれ、それぞれエラー、検査例外、非検査例外を表しています。これらの関係を図示すると、次の図のようになります。

【例外クラスの関係】

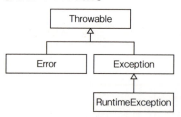

Exceptionクラスのサブクラスは、RuntimeExceptionとそのサブクラスを除いて、すべて検査例外です。そのため、**Exceptionクラスを継承している例外クラス**は、**try-catch**しているか、もしくは**throws句**で宣言しているかのどちらかを強制されます。一方、ExceptionのサブクラスであってもRuntimeExceptionとそのサブクラスは非検査例外として扱われます。そのため、RuntimeExceptionとそのサブクラスは、try-catchを強制されません。もちろん、強制されないだけでtry-catchを記述することはできます。また、非検査例外はthrows句で宣言してもしなくても、どちらでも問題ありません。

設問のコードでは、2つの例外クラスを宣言しています。SampleExceptionは、Exceptionクラスのサブクラスで検査例外の一種です。もう一方のTestException

クラスはRuntimeExceptionのサブクラスで、非検査例外の一種です。2つの例外クラスの分類が異なる点に注意してください。

設問のhelloメソッドは、引数の値がnullである場合にはSampleExceptionを、空文字である場合にはTestExceptionをスローします。前述のとおり、検査例外をスローする場合には、メソッド宣言時にthrows句でどのような例外がスローされるかを宣言する必要があります。一方、非検査例外の場合には、throws句で宣言してもしなくても、どちらでも問題ありません。そのため、選択肢Dは正解です。また、複数の例外をthrows句で宣言するには、カンマ区切りで列挙します。よって、選択肢Aも正解です。

非検査例外はtry-catchを強制されません。また、throws句で宣言しなくても問題ありません。例外クラスが宣言されているコードが出題されたときは、検査例外か非検査例外かどちらかを確認しましょう。

## 11. D　　→ P251

エラーに関する基本的な知識の問題です。
**エラー**とは、プログラムからは回復不可能なトラブルが発生したことを指します。たとえば、実行マシンのメモリが不足していたり、データが保存されているディスクの読み込みや書き込みの権限がなかったり、ネットワークの接続ができなかったりするといった実行環境に関するトラブルは、プログラムからは対処のしようがありません（選択肢A）。

エラーは**Errorクラス**が表しますが、実際に使われるのは、そのサブクラスです。たとえば、Errorを継承したサブクラスには、**OutOfMemoryError**や**NoClassDefFoundError**、**StackOverflowError**などがあります。なお、エラーに分類されるためには、**Errorを継承**している必要があります（選択肢B）。

これらのトラブルが発生した場合、対応するErrorのサブクラスのインスタンスをJVMが生成し、プログラムに通知します。これは例外と同じメカニズムですが、エラーの場合は例外と違って「プログラムで対処する」ことを求められていません。そのため、try-catchしたり、throwsで宣言したりする必要はありません（選択肢C）。

なお、エラーは例外処理をすることを「求められていない」だけであって、キャッチして処理することが可能です。たとえば、次のコードは強制的にStackOverflowErrorを発生させていますが、キャッチして例外処理を行っているため、正常に終了します（選択肢D）。

※次ページに続く

**例** エラーのキャッチと例外処理

```java
public class Main {
    public static void main(String[] args) {
        try {
            sample();
        } catch (StackOverflowError e) {
            // 何らかの例外処理
        }
        System.out.println("finish");
    }
    private static void sample() {
        sample();
    }
}
```

誤りを指摘する問題なので、選択肢**D**が正解です。

---

## 12. C　　　　　　　　　　　　　　　　　　　　　　　➡ P252

例外クラスに関する問題です。

mainメソッドの引数で参照しているStringの配列は、mainメソッド実行前に
JVMが生成したものです。設問のように、javaコマンド実行時に起動パラメー
タを記述しなかった場合であっても、要素を1つも持てないString配列型オブ
ジェクトが生成され、その参照がmainメソッドの引数に渡されます。

設問のコードでは1つ目の要素にアクセスしています。そのため、**要素外ア
クセス**をしたとして、**ArrayIndexOutOfBoundsException**がスローされます。
よって、選択肢**C**が正解です。

前述のとおり、起動パラメータを記述しなくても配列型変数の中身が**null**に
なることはありません。したがって、選択肢Dのように**NullPointerException**
が発生することはありません。

---

## 13. A　　　　　　　　　　　　　　　　　　　　　　　➡ P252

例外クラスに関する問題です。

設問のコードでは、ArrayListのインスタンスを作り、一度も要素を追加せずに、
要素を取り出そうとしています。このように存在しない要素を取り出そうと
すると、**IndexOutOfBoundsException**が発生します。よって、選択肢**A**が正
解です。

IndexOutOfBoundsExceptionは、配列や文字列、コレクションの範囲外であるこ

とを示す例外クラスです。選択肢Bの**ArrayIndexOutOfBoundsException**は、配列の要素外アクセスを表す例外クラスです。選択肢Cの**StringIndexOfBoundsException**は、文字列の範囲外アクセスを表す例外クラスです。IndexOutOfBoundsExceptionは、これらのスーパークラスです。なお、選択肢Dのような例外は存在しません。

---

## 14.　D　　　　　　　　　　　　　　　　　　　　　➡ P253

クラスのキャストと例外クラスに関する問題です。
継承関係や実現関係にないクラスにキャストしようとすると、**ClassCast Exception**が発生します。

設問のコードでは、AクラスとBクラスの間には、継承関係も実現関係もありません。AクラスとBクラスがオーバーライドしているequalsメソッドはObjectクラスに定義されているメソッドで、Object型の引数を受け取ります。そのため、引数で受け取る側の型と同じ型にダウンキャストして比較するという処理でオーバーライドするのが一般的です。

equalsメソッドをオーバーライドする場合、本来はダウンキャストするタイミングで、instanceof演算子を使って型に互換性がなかった場合のことを想定してプログラミングするべきです。しかし、設問のコードでは引数で受け取ったオブジェクトをすぐにダウンキャストしています。そのため、Aクラスのequalsメソッドの引数に渡されるのは、互換性のないBクラス型のオブジェクトへの参照です。

設問のコードは、文法上の問題はありません。また、キャスト演算子「( )」を記述して明示的に型変換を行っています。このため、2つのクラスの型に互換性がないことはコンパイル時に検出できません。よって、実行時にクラスがキャストできないという例外であるClassCastExceptionがJVMによってスローされます。以上のとおり、選択肢**D**が正解です。

---

## 15.　A　　　　　　　　　　　　　　　　　　　　　➡ P254

例外クラスに関する問題です。
**IllegalArgumentException**は、利用される側のオブジェクトが不正な引数を渡されたことを、利用する側のオブジェクトに通知するための例外です。これは、利用する側が相手のオブジェクトを利用する際の事前条件を守らなかったことを表します。したがって、選択肢**A**が正解です。

IllegalStateExceptionと混同しやすいので、気を付けてください。この例外については、解答16を参照してください。

第8章

例外の処理（解答）

267

## 16. C
→ P254

例外クラスに関する問題です。
**IllegalStateException**は、利用される側のオブジェクトが、まだ利用するための準備が終わっていないなどの理由でスローする例外です。たとえば、AがBを使うとき、Bに定義されているメソッドは、属性の値を変更しなければならないと仕様で決まっていたとします。それにもかかわらず、この仕様に従わずにメソッドが呼び出された場合は、Bがこの例外をスローするなどの用法が例として挙げられます。したがって、選択肢**C**が正解です。

IllegalArgumentExceptionと混同しやすいので、気を付けてください。この例外については、解答15を参照してください。

## 17. D
→ P254

例外クラスに関する問題です。
**null**とはリテラルの一種で、変数が「何も参照しない」ことを表現するためのデータです。設問のコードでは、変数strがnullで初期化されています（3行目）。4行目のif文の条件式ではequalsメソッドを呼び出して空文字と等しいかどうかを比べていますが、変数strの中身はnullです。このように、nullに対してメソッドを呼び出すようなコードを記述した場合、実行時例外**NullPointerException**がスローされます。よって、選択肢**D**が正解です。

選択肢CのIllegalArgumentExceptionは、不正な引数を渡した場合などに発生させる例外です。この例外は、JVMがスローするものではなく、プログラムが任意でスローするものです。

## 18. B
→ P255

例外クラスに関する問題です。
int型の値をchar型変数に格納することは可能です。これは文字が「文字コード」と呼ばれる、文字に割り当てられた番号で管理されているためです（詳細は、第2章の解答4を参照）。設問のコードでは、**CharacterクラスのtoStringメソッド**を使って、文字コード123で表される**文字をString型に変換**しています。なお、文字コード123で表される文字は中カッコ「{」です。

ここでは、この文字を**Integerクラスのparselntメソッド**を使ってint型に変更しています。このparselntメソッドは**数字をint型の数値に変換**するためのメソッドです。しかし、設問のコードでは、「{」を変換しようとしているため、変換できずに**NumberFormatException**がスローされます。したがって、選択肢**B**が正解です。

なお、CharacterクラスのtoStringメソッドではなく、IntegerクラスのtoStringメソッドを使った場合は、"123" という数字に変換されるため、NumberFormatExceptionはスローされません。

## 19. D → P255

例外クラスに関する問題です。
**staticイニシャライザ**は、クラスを利用するときに一度だけ呼び出される初期化ブロックです。staticイニシャライザを利用することで、static変数の初期化が可能になります。

staticイニシャライザは、クラスを利用するときにJVMによって自動的に実行されるメソッドです。つまり、任意に呼び出せるメソッドではありません。もし、JVMがstaticイニシャライザを処理している間に何らかのトラブルが発生したときには、そのことを通知する相手がいないため、JVMは**Exception InInitializerError**を発生させ、プログラムを強制終了させます。

設問のコードでは、static変数nameは初期化されていないため、String型のデフォルト値であるnullで初期化されます。その後、staticイニシャライザが実行されますが、中身がnullの変数に対してlengthメソッドを呼び出しているため、NullPointerExceptionが発生します。これをJVMが受け取り、Exception InInitializerErrorを発生させ、プログラムは終了します。したがって、選択肢**D**が正解です。

## 20. B → P256

例外クラスに関する問題です。
メソッドが呼び出されると、メソッドの実行に必要な情報がメモリの**スタック領域**に配置されます。次々とメソッドを呼び出せば、スタック領域にも次々とメソッドの情報が積み重なっていきます。

もちろん、スタック領域は無限の広さを持つわけではなく、その広さは有限です。そのため、設問のコードのように同じメソッドを呼び続ける「**再帰呼び出し**」を行っていると、スタック領域が足りなくなることがあります。このようにスタック領域が足りなくなった場合、JVMはそのことを検知すると**StackOverflowError**をスローしてプログラムを強制終了します。したがって、選択肢**B**が正解です。

選択肢CのIllegalStateExceptionは、オブジェクトを異常な状態のまま利用しようとしたときにスローされる例外です（解答16を参照）。また、選択肢Dの ExceptionInInitializerErrorは、staticイニシャライザで何らかの例外が発生した

第 8 章

例外の処理（解答）

**269**

ときにJVMによってスローされるエラーです（解答19を参照）。

## 21.　A　→ P256

例外クラスに関する問題です。
JVMが実行対象のクラスファイルを発見できなかったときにスローする例外
は、**NoClassDefFoundError**です。したがって、選択肢**A**が正解です。

選択肢BのExceptionInInitializerErrorは、staticイニシャライザで何らかのトラ
ブルが発生したときにスローされるエラーです（解答19を参照）。選択肢Cの
AssertionErrorは、アサーションの条件式で合致しないものがあったときにス
ローされるエラーです。選択肢DのIllegalStateExceptionは、オブジェクトの不
変条件が守られなかったときにスローされる例外です（解答16を参照）。

## 22.　B　→ P256

例外クラスに関する問題です。
**ヒープメモリ**とは、インスタンスを保存したり、クラスの定義情報を保存し
たりするためのメモリ領域です。大量のインスタンスを作り、ガーベッジコ
レクションが行われないと、この領域がいっぱいになってしまい新しいイ
ンスタンスを作ることができなくなります。このような事態を検知すると、
JVMは**OutOfMemoryError**を発生させます。以上のことから、選択肢**B**が正
解です。

JVMが利用するメモリ領域には、ヒープ以外にも「スタック」と呼ばれるも
のがあります。**スタック**はメソッドの実行順を制御するための領域で、メソッ
ドを再帰呼び出しするなどしてこの領域が足りなくなると、StackOverflow
Errorが発生します。よって、選択肢Aは誤りです。

選択肢Cの**VirtualMachineError**は、OutOfMemoryErrorやStackOverflowError
の親クラスで、JVMが壊れているか、または動作を継続するのに必要なリソー
スが足りなくなったことを示すためにスローされます。このエラーは、ヒー
プメモリに特化したエラーではないため、誤りです。

**InternalError**は、VirtualMachineErrorのサブクラスで、JVM内で何らかの内部
エラーが発生したことを指します。よって、選択肢Dは誤りです。

# 第 9 章

## Java APIの主要なクラスの操作

- StringBuilderクラス、StringBuilderクラスのメソッド
- ラムダ式
- Predicateインタフェース
- LocalDateクラス、LocalTimeクラス、各クラスのメソッド
- Durationクラス、Durationクラスのメソッド
- Periodクラス、Periodクラスのメソッド
- DateTimeFormatterクラス、formatメソッド
- ArrayListクラス、ArrayListクラスのメソッド

**1.** Stringオブジェクトを作成するコードとして、正しいものを選びなさい。
（2つ選択）

    A.    `String a = new String("sample");`
    B.    `String b = "sample";`
    C.    `String c = String.newInstance("sample");`
    D.    `String d = String.valueOf('sample');`

➡ P297

**2.** 次のプログラムをコンパイル、実行したときの結果として正しいものを選びなさい。（1つ選択）

```
 1. public class Main {
 2.     public static void main(String[] args) {
 3.         String str = "hoge, world.";
 4.         hello(str);
 5.         System.out.println(str);
 6.     }
 7.     private static void hello(String msg) {
 8.         msg.replaceAll("hoge", "hello");
 9.     }
10. }
```

    A.    「hoge, world.」と表示される
    B.    「hello, world.」と表示される
    C.    「hello」と表示される
    D.    「hello, hello.」と表示される
    E.    コンパイルエラーが発生する
    F.    実行時に例外がスローされる

➡ P298

**3.** 次のプログラムをコンパイル、実行したときの結果として、正しいものを選びなさい。（1つ選択）

```
1. public class Main {
2.     public static void main(String[] args) {
3.         String str = "abcde";
4.         System.out.println(str.charAt(5));
5.     }
6. }
```

A. dが表示される
B. eが表示される
C. 何も表示されない
D. nullが表示される
E. コンパイルエラーが発生する
F. 実行時に例外がスローされる

➡ P299

**4.** 次のプログラムをコンパイル、実行したときの結果として、正しいものを選びなさい。（1つ選択）

```
1. public class Main {
2.     public static void main(String[] args) {
3.         String str = "abcde";
4.         System.out.println(str.indexOf("abcdef"));
5.     }
6. }
```

A. 0が表示される
B. 1が表示される
C. 4が表示される
D. 5が表示される
E. -1が表示される
F. コンパイルエラーが発生する
G. 実行時に例外がスローされる

➡ P300

第9章

Java APIの主要なクラスの操作（問題）

273

**5.** 次のプログラムをコンパイル、実行したときの結果として、正しいものを選びなさい。（1つ選択）

```
1. public class Main {
2.     public static void main(String[] args) {
3.         String str = "abcde";
4.         System.out.println(str.substring(2, 4));
5.     }
6. }
```

A. 「bcd」と表示される
B. 「cde」と表示される
C. 「bc」と表示される
D. 「cd」と表示される

➡ P301

**6.** 次のプログラムをコンパイル、実行したときの結果として、正しいものを選びなさい。（1つ選択）

```
1. public class Main {
2.     public static void main(String[] args) {
3.         String str = " a b c d e ¥t ";
4.         System.out.println("[" + str.trim() + "]");
5.     }
6. }
```

A. [abcde]と表示される
B. [a b c d e]と表示される
C. [a b c d e    ]と表示される
D. [a b c d e ]と表示される
E. [ a b c d e]と表示される

➡ P302

274

**7.** 次のプログラムをコンパイル、実行したときの結果として、正しいもの
を選びなさい。（1つ選択）

```
1. public class Main {
2.     public static void main(String[] args) {
3.         String str = "aaaa";
4.         System.out.println(str.replace("aa", "b"));
5.     }
6. }
```

A. 「baa」と表示される
B. 「aab」と表示される
C. 「bb」と表示される
D. 「aba」と表示される

➡ P303

**8.** 次のプログラムをコンパイル、実行したときの結果として、正しいもの
を選びなさい。（1つ選択）

```
1. public class Main {
2.     public static void main(String[] args) {
3.         String str = "abcde";
4.         System.out.println(str.charAt(str.length()));
5.     }
6. }
```

A. aが表示される
B. eが表示される
C. 5が表示される
D. -1が表示される
E. コンパイルエラーが発生する
F. 実行時に例外がスローされる

➡ P304

第9章

Java APIの主要なクラスの操作（問題）

275

**9.** 次のプログラムをコンパイル、実行したときの結果として、正しいものを選びなさい。（1つ選択）

```
1. public class Main {
2.     public static void main(String[] args) {
3.         String str = "abcde";
4.         System.out.println(str.substring(1, 3).startsWith("b"));
5.     }
6. }
```

A. 「true」と表示される
B. 「false」と表示される
C. 「bc」と表示される
D. 「abc」と表示される
E. コンパイルエラーが発生する
F. 実行時に例外がスローされる

➡ P304

**10.** 次のプログラムをコンパイルし、実行したときの結果として、正しいものを選びなさい。（1つ選択）

```
1. public class Main {
2.     public static void main(String[] args) {
3.         String str = "a. b. c. d. e";
4.         String[] array = str.split("¥¥w¥¥s");
5.         for (String s : array) {
6.             System.out.print(s);
7.         }
8.     }
9. }
```

A. 「abcde」と表示される
B. 「a.b.c.d.e」と表示される
C. 「a b c d e」と表示される
D. 「a. b. c. d. e」と表示される

➡ P306

**11.** 「Hello, Java!」と表示したい。3行目の空欄に入るコードとして、正しいものを選びなさい。（1つ選択）

```
1. public class Sample {
2.     public static void main(String[] args) {
3.         String str = [          ];
4.         System.out.println(str);
5.     }
6. }
```

A. "Hello, ".concat("Java!")
B. "Hello, ".append("Java!")
C. "Hello, ".add("Java!")
D. "Hello, ".plus("Java!")

➡ P308

**12.** 次のプログラムをコンパイル、実行したときの結果として、正しいものを選びなさい。（1つ選択）

```
1. public class Main {
2.     public static void main(String[] args) {
3.         System.out.println(10 + 20 + "30" + 40);
4.     }
5. }
```

A. 100が表示される
B. 10203040が表示される
C. 303040が表示される
D. コンパイルエラーが発生する
E. 実行時に例外がスローされる

➡ P309

第9章

Java APIの主要なクラスの操作（問題）

**13.** 次のプログラムをコンパイル、実行したときの結果として、正しいもの
を選びなさい。（1つ選択）

```
1. public class Main {
2.     public static void main(String[] args) {
3.         String str = null;
4.         str += "null";
5.         System.out.println(str);
6.     }
7. }
```

A. 「null」と表示される

B. 「nullnull」と表示される

C. 何も表示されない

D. コンパイルエラーが発生する

E. 実行時に例外がスローされる

➡ P310

**14.** 次のプログラムをコンパイル、実行したときの結果として、正しいもの
を選びなさい。（1つ選択）

```
1. public class Main {
2.     public static void main(String[] args) {
3.         StringBuilder sb = new StringBuilder("abcde");
4.         System.out.println(sb.capacity());
5.     }
6. }
```

A. 0が表示される

B. 5が表示される

C. 16が表示される

D. 21が表示される

➡ P311

**15.** 次のプログラムをコンパイル、実行したときの結果として、正しいものを選びなさい。（1つ選択）

```
 1.  public class Main {
 2.      public static void main(String[] args) {
 3.          StringBuilder sb = new StringBuilder();
 4.          sb.append(true);
 5.          sb.append(10);
 6.          sb.append('a');
 7.          sb.append("bcdef", 1, 3);
 8.
 9.          char[] array = {'h','e','l','l','o'};
10.          sb.append(array);
11.
12.          System.out.println(sb.toString());
13.      }
14.  }
```

A. 4行目でコンパイルエラーが発生する
B. 5行目でコンパイルエラーが発生する
C. 6行目でコンパイルエラーが発生する
D. 7行目でコンパイルエラーが発生する
E. 10行目でコンパイルエラーが発生する
F. 「true10acdhello」と表示される
G. 「true10abchello」と表示される
H. 実行時に例外がスローされる

➡ P313

**16.** 次のプログラムをコンパイル、実行したときの結果として、正しいものを選びなさい。（1つ選択）

```
 1.  public class Main {
 2.      public static void main(String[] args) {
 3.          StringBuilder sb = new StringBuilder("abc");
 4.          sb.append("de").insert(2, "g");
 5.          System.out.println(sb);
 6.      }
 7.  }
```

A. 「abgcde」と表示される

B. 「agbcde」と表示される

C. 「abcgde」と表示される

D. 「abcdeg」と表示される

➡ P315

**17.** 次のプログラムをコンパイル、実行したときの結果として、正しいものを選びなさい。（1つ選択）

```
1.  public class Main {
2.      public static void main(String[] args) {
3.          StringBuilder sb = new StringBuilder();
4.          sb.append("a");
5.          sb.insert(1, "b");
6.          sb.append("cde");
7.          sb.delete(1, 2);
8.          System.out.println(sb);
9.      }
10. }
```

A. 「abcde」と表示される

B. 「cde」と表示される

C. 「ade」と表示される

D. 「acde」と表示される

E. 「bcde」と表示される

➡ P316

**18.** 次のプログラムをコンパイル、実行したときの結果として、正しいものを選びなさい。（1つ選択）

```
1.  public class Main {
2.      public static void main(String[] args) {
3.          StringBuilder sb = new StringBuilder("abcde");
4.          sb.delete(1, 3);
5.          sb.deleteCharAt(2);
6.          System.out.println(sb);
7.      }
8.  }
```

A. 「d」と表示される
B. 「ad」と表示される
C. 「ae」と表示される
D. 「a」と表示される

➡ P317

**19.** 次のプログラムをコンパイル、実行したときの結果として、正しいもの
を選びなさい。(1つ選択)

```
1.  public class Main {
2.      public static void main(String[] args) {
3.          StringBuilder sb = new StringBuilder();
4.          sb.append("abcde");
5.          sb.reverse();
6.          sb.replace(1, 3, "a");
7.          System.out.println(sb);
8.      }
9.  }
```

A. 「aade」と表示される
B. 「ade」と表示される
C. 「aba」と表示される
D. 「eaba」と表示される

➡ P318

**20.** 次のプログラムをコンパイル、実行したときの結果として、正しいもの
を選びなさい。(1つ選択)

```
1.  public class Main {
2.      public static void main(String[] args) {
3.          StringBuilder sb = new StringBuilder();
4.          sb.insert(0, "abcde");
5.          CharSequence seq = sb.subSequence(1, 5);
6.          String str = new StringBuilder(seq).substring(1,3);
7.          System.out.println(str);
8.      }
9.  }
```

第 9 章

Java APIの主要なクラスの操作 (問題)

281

A. 「cd」と表示される

B. 「de」と表示される

C. 「bc」と表示される

D. 「ab」と表示される

➡ P318

**21.** 次のコードを確認してください。

```
1.  interface Algorithm {
2.      void perform(String name);
3.  }
```

```
1.  class Service {
2.      private Algorithm logic;
3.      public void setLogic(Algorithm logic) {
4.          this.logic = logic;
5.      }
6.      public void doProcess(String name) {
7.          System.out.println("start");
8.          this.logic.perform(name);
9.          System.out.println("end");
10.     }
11. }
```

3行目の空欄に入るコードとして、正しいものを選びなさい。（2つ選択）

```
1.  public class Main {
2.      public static void main(String[] args) {
3.          Algorithm algorithm = [              ] -> {
4.              System.out.println("hello, " + name);
5.          };
6.          Service s = new Service();
7.          s.setLogic(algorithm);
8.          s.doProcess("Lambda");
9.      }
10. }
```

282

A.　()
B.　(name)
C.　(String)
D.　(String name)

➡ P320

**22.** 次のプログラムの空欄に入るコードとして、誤っているものを選びなさい。(2つ選択)

```
1.  public class Main {
2.      public static void main(String[] args) {
3.          ┌─────────────┐
4.              System.out.println(f.test("Lambda"));
5.      }
6.      private static interface Function {
7.          String test(String name);
8.      }
9.  }
```

A.　Function f = (name) -> {
　　　　return "hello, " + name;
　　};

B.　Function f = (name) -> {
　　　　"hello, " + name;
　　};

C.　Function f = (name) -> return "hello, " + name;

D.　Function f = (name) -> "hello, " + name;

E.　Function f = name -> {
　　　　return "hello, " + name;
　　};

➡ P325

**23.** 次のプログラムをコンパイル、実行したときの結果として、正しいもの
を選びなさい。(1つ選択)

```
1.  public class Main {
2.      public static void main(String[] args) {
3.          String val = "A";
4.          Function f = (val) -> {
5.              System.out.println(val);
6.          };
7.          f.test("B");
8.      }
9.  }
10. interface Function {
11.     void test(String val);
12. }
```

- A.　Aが表示される
- B.　Bが表示される
- C.　コンパイルエラーが発生する
- D.　実行時に例外がスローされる

➡ P328

**24.** 次のプログラムをコンパイル、実行したときの結果として、正しいもの
を選びなさい。（1つ選択）

```
1.  public class Sample {
2.      public static void main(String[] args) {
3.          int cnt = 0;
4.          Runnable r = () -> {
5.              for (cnt = 0; cnt < 10; cnt++) {
6.                  System.out.println(cnt++);
7.              }
8.          };
9.          new Thread(r).start();
10.     }
11. }
```

- A. 0123456789が表示される
- B. 02468が表示される
- C. 13579が表示される
- D. コンパイルエラーが発生する
- E. 実行時に例外がスローされる

➡ P329

**25.** 次のプログラムを実行し、「ok」と表示したい。11行目の空欄に入るコードとして、正しいものを選びなさい。（1つ選択）

```
1.  import java.util.Arrays;
2.  import java.util.List;
3.  import java.util.function.Predicate;
4.
5.  public class Main {
6.      public static void main(String[] args) {
7.          List<Sample> list = Arrays.asList(
8.                              new Sample(10),
9.                              new Sample(20),
10.                             new Sample(30));
11.         [                        ]
12.         if (x.test(new Sample(20))) {
13.             System.out.println("ok");
14.         }
15.     }
16. }
17. class Sample {
18.     private int num;
19.     public Sample(int num) {
20.         this.num = num;
21.     }
22.     public boolean equals(Object obj) {
23.         if (obj instanceof Sample == false) {
24.             return false;
25.         }
26.         if (this.num == ((Sample) obj).num) {
27.             return true;
28.         }
29.         return false;
30.     }
31. }
```

A.   Predicate<Sample> x = s -> list.contains(s);
B.   Supplier<Sample> x = s -> list.contains(s);
C.   Consumer<Sample> x = s -> list.contains(s);
D.   Function<Sample> x = s -> list.contains(s);

➡ P330

286

**26.** 次のプログラムをコンパイル、実行したときの結果として、正しいもの
を選びなさい。（1つ選択）

```
1.  import java.time.LocalDate;
2.
3.  public class Sample {
4.      public static void main(String[] args) {
5.          LocalDate a = LocalDate.of(2015, 0, 1);
6.          LocalDate b = LocalDate.parse("2015-01-01");
7.          System.out.println(a.equals(b));
8.      }
9.  }
```

A.   trueが表示される
B.   falseが表示される
C.   5行目でコンパイルエラーが発生する
D.   6行目でコンパイルエラーが発生する
E.   実行時に例外がスローされる

➡ P332

**27.** 次のプログラムをコンパイル、実行したときの結果として、正しいもの
を選びなさい。（1つ選択）

```
1.  import java.time.LocalTime;
2.
3.  public class Main {
4.      public static void main(String[] args) {
5.          LocalTime time = LocalTime.of(0, 1, 2);
6.          time.plusHours(12);
7.          System.out.println(time);
8.      }
9.  }
```

A.   「00:01:02」と表示される
B.   「12:01:02」と表示される
C.   5行目でコンパイルエラーが発生する
D.   6行目でコンパイルエラーが発生する

➡ P333

**28.** 次のプログラムをコンパイル、実行したときの結果として、正しいもの
を選びなさい。（1つ選択）

```
1.  import java.time.Duration;
2.  import java.time.LocalDateTime;
3.
4.  public class Sample {
5.      public static void main(String[] args) {
6.          LocalDateTime start = LocalDateTime.of(2015, 1, 1, 0, 0);
7.          LocalDateTime end = LocalDateTime.of(2015, 1, 2, 1, 0, 0);
8.          Duration d = Duration.between(start, end);
9.          System.out.println(d.toHours());
10.     }
11. }
```

A.   1が表示される

B.   25が表示される

C.   6行目でコンパイルエラーが発生する

D.   7行目でコンパイルエラーが発生する

E.   実行時に例外がスローされる

➡ P334

**29.** 次のコードを実行し、画面に「10」と表示したい。8行目の空欄に入る
コードとして、正しいものを選びなさい。(1つ選択)

```
1.  import java.time.LocalDate;
2.  import java.time.Period;
3.
4.  public class Main {
5.      public static void main(String[] args) {
6.          LocalDate now = LocalDate.now();
7.          LocalDate target = now.plusDays(10);
8.          [                    ]
9.          System.out.println(x.getDays());
10.     }
11. }
```

A.  LocalDate x = target - now;
B.  LocalDate x = target.minus(now);
C.  Period x = now.until(target);
D.  Period x = now.minus(target);
E.  Duration x = now.until(target);
F.  Duration x = now.minus(target);

→ P335

**30.** 次のコードを実行し、「2015-08-31T00:00:00」と表示したい。7行目
の空欄に入るコードとして、正しいものを選びなさい。(1つ選択)

```
1.  import java.time.LocalDateTime;
2.  import java.time.format.DateTimeFormatter;
3.
4.  public class Sample {
5.      public static void main(String[] args) {
6.          LocalDateTime time = LocalDateTime.of(2015, 8, 31, 0, 0);
7.          String str = time.format( [            ] );
8.          System.out.println(str);
9.      }
10. }
```

A.  DateTimeFormatter.BASIC_ISO_DATE
B.  DateTimeFormatter.ISO_ZONED_DATE_TIME

C. DateTimeFormatter.ISO_INSTANT

D. DateTimeFormatter.ISO_DATE_TIME

➡ P335

**31.** 次のうち、ArrayListの説明として正しいものを選びなさい。（3つ選択）

A. nullは扱えない

B. 動的な配列として動作する

C. 重複した値は扱えない

D. スレッドセーフでない

E. 値を追加する箇所を制御できる

➡ P336

**32.** 次のプログラムをコンパイル、実行したときの結果として、正しいものを選びなさい。（1つ選択）

```java
1.  import java.util.ArrayList;
2.
3.  public class Main {
4.      public static void main(String[] args) {
5.          ArrayList list = new ArrayList<>();
6.          list.add("A");
7.          list.add(10);
8.          list.add('B');
9.          for (Object obj : list) {
10.             System.out.print(obj);
11.         }
12.     }
13. }
```

A. 5行目でコンパイルエラーが発生する

B. 6行目でコンパイルエラーが発生する

C. 7行目でコンパイルエラーが発生する

D. 8行目でコンパイルエラーが発生する

E. 9行目でコンパイルエラーが発生する

F. 「A10B」と表示される

G. 実行時に例外がスローされる

➡ P338

**33.** 次のプログラムをコンパイル、実行したときの結果として、正しいもの
を選びなさい。（1つ選択）

```
1.  import java.util.ArrayList;
2.
3.  public class Main {
4.      public static void main(String[] args) {
5.          ArrayList<String> list = new ArrayList<>();
6.          list.add("A");
7.          list.add(2, "B");
8.          list.add("C");
9.          list.add("D");
10.         for (String str : list) {
11.             System.out.print(str);
12.         }
13.     }
14. }
```

A.　「ABCD」と表示される
B.　「ACBD」と表示される
C.　「ACDB」と表示される
D.　コンパイルエラーが発生する
E.　実行時に例外がスローされる

➡ P340

**34.** 次のプログラムをコンパイル、実行したときの結果として、正しいもの
を選びなさい。（1つ選択）

```
1.  import java.util.ArrayList;
2.
3.  public class Main {
4.      public static void main(String[] args) {
5.          ArrayList<String> list = new ArrayList<>();
6.          list.add("A");
7.          list.set(0, "B");
8.          list.add("C");
9.          list.set(1, "D");
10.         for (String str : list) {
11.             System.out.print(str);
12.         }
13.     }
14. }
```

A. 「BD」と表示される
B. 「AD」と表示される
C. 「BC」と表示される
D. 「BCD」と表示される
E. 「ABCD」と表示される
F. コンパイルエラーが発生する
G. 実行時に例外がスローされる

➡ P341

**35.** 次のプログラムを確認してください。

```
1.  public class Item {
2.      private String name;
3.      private int price;
4.      public Item(String name, int price) {
5.          this.name = name;
6.          this.price = price;
7.      }
8.      public boolean equals(Object obj) {
9.          if (obj instanceof Item) {
10.             Item tmp = (Item) obj;
11.             if (tmp.name.equals(this.name)) {
12.                 return true;
13.             }
14.         }
15.         return false;
16.     }
17.     public String getName() {
18.         return name;
19.     }
20. }
```

このクラスを利用する以下のプログラムを、コンパイル、実行したときの結果として、正しいものを選びなさい。（1つ選択）

```
1.  import java.util.ArrayList;
2.
3.  public class Main {
4.      public static void main(String[] args) {
5.          ArrayList<Item> list = new ArrayList<>();
6.          list.add(new Item("A", 100));
7.          list.add(new Item("B", 200));
8.          list.add(new Item("C", 300));
9.          list.add(new Item("A", 100));
10.         list.remove(new Item("A", 500));
11.         for (Item item : list) {
12.             System.out.println(item.getName());
13.         }
14.     }
15. }
```

第 9 章

Java APIの主要なクラスの操作（問題）

293

A. 「A」「B」「C」「A」と表示される

B. 「B」「C」「A」と表示される

C. 「B」「C」と表示される

D. コンパイルエラーが発生する

E. 実行時に例外がスローされる

➡ P342

**36.** 次のプログラムをコンパイル、実行したときの結果として、正しいものを選びなさい。(1つ選択)

```
1.  import java.util.ArrayList;
2.
3.  public class Main {
4.      public static void main(String[] args) {
5.          ArrayList<String> list = new ArrayList<>();
6.          list.add("A");
7.          list.add("B");
8.          list.add("C");
9.          for (String str : list) {
10.             if ("B".equals(str)) {
11.                 list.remove(str);
12.             } else {
13.                 System.out.println(str);
14.             }
15.         }
16.     }
17. }
```

A. 「A」「C」と表示される

B. 「A」「B」「C」と表示される

C. 「A」だけが表示される

D. コンパイルエラーが発生する

E. 実行時に例外がスローされる

➡ P343

**37.** 次のプログラムをコンパイル、実行したときの結果として、正しいものを選びなさい。（1つ選択）

```
1.  import java.util.ArrayList;
2.
3.  public class Main {
4.      public static void main(String[] args) {
5.          ArrayList<String> list = new ArrayList<>();
6.          list.add("A");
7.          list.add("B");
8.          list.add("C");
9.          list.add("D");
10.         list.add("E");
11.         for (String str : list) {
12.             if ("C".equals(str)) {
13.                 list.remove(str);
14.             }
15.         }
16.         for (String str : list) {
17.             System.out.println(str);
18.         }
19.     }
20. }
```

A. 「A」「B」「D」「E」が表示される
B. 「A」「B」「C」「D」「E」が表示される
C. 「A」「B」「E」が表示される
D. コンパイルエラーが発生する
E. 実行時に例外がスローされる

➡ P344

**38.** 次のプログラムをコンパイル、実行したときの結果として、正しいものを選びなさい。（1つ選択）

```java
1.  import java.util.ArrayList;
2.  import java.util.Arrays;
3.  import java.util.List;
4.
5.  public class Main {
6.      public static void main(String[] args) {
7.          List<String> list = new ArrayList<>(
8.                  Arrays.asList(new String[]{"A","B","C"})
9.          );
10.         list.removeIf(
11.                 (String s) -> {
12.                     return s.equals("B");
13.                 }
14.         );
15.         System.out.println(list);
16.     }
17. }
```

A. [A, B, C]
B. [A, C]
C. コンパイルエラーが発生する
D. 実行時に例外がスローされる

➡ P345

296

# 第9章 Java APIの主要なクラスの操作
# 解 答

## 1. A、B ➡ P272

Stringオブジェクトの作成に関する問題です。

複数の文字を集めたものを「**文字列**」と呼びます。C言語などのプログラミング言語では、文字列を扱うために**char型の配列**を使っていました。配列への操作はとても煩雑な作業です。たとえば文字列を連結したり、途中の数文字だけを抜き出したりといった配列への操作は、プログラム中で頻繁に行う必要があります。そこでJavaでは、配列を内部に隠蔽し、文字列操作のためのメソッドを提供するクラスが用意されました。それが**java.lang.Stringクラス**です。

Stringクラスは、ほかのクラスと同様にインスタンスを生成して利用します。Stringクラスのインスタンスを生成するにはいくつかの方法がありますが、代表的なのは次の二通りです。

・ **new**を使ってインスタンス化する
・ **ダブルクォーテーション「"」で括った文字列リテラル**を記述する

インスタンスの生成は、ほかのクラス同様、**new**を使って行うのが基本です。しかし、文字列を使うたびにnewとコンストラクタを記述していては煩雑なため、コードの可読性が低下します。そこで、Stringに限ってはダブルクォーテーションで括った文字列リテラルを記述するだけでも、Stringのインスタンスを生成できるようになっています。以上のことから、選択肢**A**と**B**が正解です。

ほかにも、Stringクラスの**valueOfメソッド**を使ってStringインスタンスを生成する方法があります。このメソッドはstaticなメソッドであるため、インスタンスを生成しなくても使えます。選択肢Dは、このメソッドにシングルクォーテーションで括った文字列を引数として渡しています。文字はシングルクォーテーションで、文字列はダブルクォーテーションで括らなければいけません。そのため、この選択肢のコードはコンパイルエラーとなります。また、選択肢Cのようなメソッドは存在しません。よって、選択肢CとDは誤りです。

## 2. A ➡ P272

Stringオブジェクトが不変なオブジェクトであることを理解するための問題です。

オブジェクトは、何らかのデータを内部に持っています。このとき、一度セットしたフィールドの値を、あとから変更できるオブジェクトと、変更できないオブジェクトがあります。変更できるオブジェクトのことを「**mutable（可変）オブジェクト**」、変更できないオブジェクトのことを「**immutable（不変）オブジェクト**」と呼びます。

インスタンスへの参照をメソッドの引数に渡すと、ほかのメソッド内でそのインスタンスが持つデータを不適切に変更されてしまう可能性があります。このような事態を防止するには、インスタンスのクローン（コピー）を作って、クローンへの参照を渡すという方法があります。しかし、メソッド呼び出しのたびにクローンを作っていては、あまりにも非効率的です。そこで、内部のデータを変更できないように定義されたオブジェクトを使って、データを不適切に変更されてしまうことを防ぎます。このようなimmutableなオブジェクトを定義するには、次のようにします。

- すべての**フィールドをprivate**で修飾する
- オブジェクトの内部状態を変更可能なメソッドを提供しない（たとえば**setterメソッドを提供しない**）
- **クラスをfinalで宣言**し、メソッドがオーバーライドされないことを保証する（サブクラスからの変更を防ぐ）
- 内部に可変オブジェクトを保持している場合、そのオブジェクトを外部に提供しない（たとえば**getterメソッド**を提供しない）

次のクラスは、immutableなクラスの例です。このクラスは1つだけprivateなフィールドを持ちますが、コンストラクタで初期化したあとは、このフィールドを変更することはできません。このクラスを継承したサブクラスを用意し、サブクラスでフィールドのsetterメソッドを提供するという方法も考えられますが、このクラスの宣言がfinalで修飾されているため、継承したサブクラスを定義することもできません。

**例** immutableなクラス

```
public final class Sample {
    private final String name;
    public Sample(String name) {
        this.name = name;
    }
    public void greet() {
        System.out.println("hello," + name);
    }
}
```

immutableオブジェクトの代表例は、**java.lang.Stringクラス**や**java.io.Fileクラス**のインスタンスです。これらのインスタンスでは、生成時に与えられた文字列や抽象パスなどの値をあとから変更できません。新しい文字列や抽象パスを扱いたい場合は、新しいインスタンスを作らなければいけません。

設問では、**replaceAllメソッド**を使って文字列を置換しています。このメソッドは、置換した結果の文字列を持った新しいStringインスタンスを作り、そのインスタンスへの参照を戻します。そのため、引数で渡した参照の先にあるStringインスタンスの値が変わることはありません。コンソールに出力されるのは、変更前の文字列です。以上のことから、選択肢**A**が正解です。

- Stringはimmutableなオブジェクトであるため、文字列を変更するには新しくインスタンスを作らなければいけない
- replaceAllメソッドをはじめとするStringクラスのメソッドの挙動を押さえておくこと

## 3. F ➡ P273

StringクラスのcharAtメソッドに関する問題です。
Stringクラスには、内部に保持している文字列を使ったさまざまなメソッドが用意されています。設問で使われている**charAtメソッド**も、Stringクラスの代表的なメソッドの1つです。このメソッドは、インスタンスが保持している文字列から、引数で指定された位置にある1文字だけを抜き出して戻します。引数には抜き出したい文字の位置を指定しますが、文字の位置は次のように0から文字に番号を振っていくとわかりやすいでしょう。

※次ページに続く

**【設問のコードの文字列】**

文字番号の開始は**0から始まる**ため、5番目の文字を取り出したければ引数には「4」を指定します。設問のように「5」を指定すると6番目の文字を取り出すという意味になりますが、文字列は5文字で構成されており、6番目の文字はありません。そのため、このコードを実行すると文字列の範囲外にアクセスしたことを示す例外**java.lang.StringIndexOutOfBoundsException**がスローされます。以上のことから、選択肢Fが正解です。

 charAtメソッドの引数に指定する文字番号は、0から始まります。5番目の文字を取り出す場合は、引数には「4」を指定します。

## 4. E → P273

StringクラスのindexOfメソッドに関する問題です。
設問で使われているStringクラスの**indexOfメソッド**は、引数で指定された文字が文字列のどの位置に存在するかを調べるためのメソッドです。文字の位置は次のように文字に0から番号を振っていくとわかりやすいでしょう。

**【設問の文字列のイメージ】**

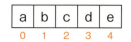

たとえば、図のような文字列を持つStringインスタンスがあったとき、次のようにこのインスタンスのindexOfメソッドの引数に「c」という**文字**を渡すと、2が戻されます。なお、もし文字が存在しなければ-1が戻されます。

**例** indexOfメソッド（引数が文字）

```
String str = "abcde";
System.out.println(str.indexOf('c'));
```

このメソッドはオーバーロードされており、位置を調べたい文字をchar型で渡す以外にも、次のように**文字列**を渡すこともできます。文字列を引数に渡した場合、このメソッドは、その文字列が始まる最初の文字位置を戻します。たとえば、前述の図のような文字列を持つStringの場合、indexOfメソッドに

「cd」という文字列を渡すと、2が戻されます。もし、文字列が存在しなければ、-1が戻されます。

**例** indexOfメソッド（引数が文字列）

```
String str = "abcde";
System.out.println(str.indexOf("cd"));
```

設問のコードでは、「abcde」という文字列を持つStringインスタンスに対し、「abcdef」という文字列が始まる文字位置をindexOfメソッドで調べようとしています。しかし、調査対象の文字列は5文字しかないのに対し、引数に指定した文字列は6文字あります。5文字の文字列の中に、6文字の文字列は存在しないため、結果は「-1」が戻されます。以上のことから、選択肢**E**が正解です。

## 5. D ➡ P274

Stringクラスのsubstringメソッドに関する問題です。
Stringクラスの**substringメソッド**は、文字列から任意の文字列を抽出するメソッドです。抽出する文字列を指定するために使う範囲は、次の図のように文字と文字の間に線を引き、番号を振るとわかりやすいでしょう。

【設問の文字列のイメージ】

| a | b | c | d | e |
0   1   2   3   4   5

設問のコードでは、substringメソッドの引数に2と4を渡しています。そのため、次の図の範囲が抽出されます。

【設問の文字列抽出のイメージ】

| a | b | c | d | e |
0   1   2   3   4   5
      └─────┘
     切り取る範囲

以上のことから、選択肢**D**が正解です。

選択肢Aのように抽出するためには、引数に1と4を渡さなければいけません。選択肢Bであれば2と5、選択肢Cであれば1と3を渡します。

※次ページに続く

substringメソッドで文字列を抽出する範囲を考えるときは、文字の間に線を引いて0から数を振っていくとわかりやすくなります。

substringメソッドはオーバーロードされ、1つしか引数を取らないものもあります。この場合は開始位置だけを指定していることになり、その位置以降に現れるすべての文字を抽出します。

## 6. B　　　　　　　　　　　　　　　　　　　　　　　➡ P274

StringクラスのtrimメソッドIに関する問題です。
Stringクラスの**trimメソッド**は、文字列の前後にある空白を除去するためのメソッドです。前後にある空白を除去するだけで、文字列内の空白を除去するわけではありません。そのため、文字列内の空白も除去している選択肢Aは誤りです。

trimメソッドが除去する空白は、文字コードで「¥u0000〜¥u0020」の範囲にある文字です。この範囲には「NUL：空文字」や「LF：改行」、「SOH：ヘッダ開始」「HT：水平タブ」「BEL：ベル」「EOT：伝送終了」などの制御コードを表す文字が定義されています。Javaでは、このような制御文字を入力するために、「¥t」や「¥n」、「¥b」などいくつかのエスケープシーケンスを用意しています。試験対策としては、次の3つを覚えておきましょう。

- **スペース**
- **¥t**または**タブ文字**
- **¥n**または**¥r**または**改行**

設問の文字列の前にはスペースが、後ろにはスペース、タブ、スペースの3つの空白が含まれています。trimメソッドは、これら前後の空白を除去します。そのため、前後の空白が除去され、文字列内の空白がそのままになっている選択肢**B**が正解です。

trimメソッドは文字列の前後の空白だけを除去します。文字列内の空白は除去しません。
trimメソッドが除去する「空白」には、スペース以外にもタブや改行なども含まれます。

## 7. C
→ P275

Stringクラスのreplaceメソッドに関する問題です。
Stringクラスの**replaceメソッド**は、文字列を置き換えるためのメソッドです。文字列の置き換えは先頭から始まり、文字列の最後まで行われます。設問のコードは、次のような順番で処理されます。

・ 先頭の2文字「aa」が「b」に置き換わり、「baa」という文字列が戻される
・ 置き換え後の文字列「baa」のうち、次に現れる「aa」が「b」に置き換わり、「bb」という文字列が戻される

以上のことから、選択肢Cが正解です。

選択肢Aは、最初の「aa」しか置換していません。また、選択肢Bは最後の「aa」しか置換していません。選択肢Dは、真ん中の「aa」しか置換していません。よって、これらは誤りです。

なお、replaceメソッドはオーバーロードされており、**char型**の引数を2つ受け取るものと、**CharSequence型**の引数を2つ受け取るものの2種類があります。設問のようにString型の引数を渡せるのは、StringクラスがCharSequenceクラスのサブクラスだからです。注意しなければいけないのは、次のようにchar型とCharSequence型の引数を渡しているような場合です。

**例** replaceメソッド（コンパイルエラー）

```
str.replace("aa", 'b');
```

replaceメソッドのオーバーロードは、char型かCharSequence型のうち、どちらか片方しか受け取りません。このような2つの型が混在するオーバーロードは存在しないため、間違えないよう注意しましょう。

試験対策

replaceメソッドは、第1引数に指定した文字列があれば、順番にすべて置換します。
replaceメソッドの引数は、char型かCharSequence型のうち、どちらか片方しか受け取りません。

## 8. F　　　　　　　　　　　　　　　　　　　　➡ P275

StringクラスのlengthメソッドMethodに関する問題です。
Stringクラスの**lengthメソッド**は文字数を戻すメソッドです。間違えやすいのは、半角英数字も全角文字も同じように**文字数**を戻す点です。Unicodeを扱わない言語では、半角英数字は1バイト文字、全角文字は2バイト文字として扱うため、"aa"は2、"ああ"は4というように倍に考えてしまいますが、Javaが採用しているUnicodeは1つのコード体系で表すことができるため、このような違いはありません。**半角も全角も1文字**としてカウントします。

設問のコードでは、文字列「abcde」の文字数を取得し、その結果をcharAtメソッドに渡すことで、その位置にある文字だけを抽出しようとしています。前述のとおり、lengthメソッドは文字数を戻します。この文字列は5文字なのでメソッドの結果は「5」です。

一方、その結果を受け取る**charAtメソッド**は、引数で指定された位置にある文字を抽出します。このとき、**文字位置は0から始まる**ため、5文字の文字列であれば「0～4」までの数値で位置を特定します。そのため、引数に「5」が渡されると、charAtメソッドは範囲外の位置であることを示す**java.lang.StringIndexOutOfBoundsException**をスローします。以上のことから、選択肢**F**が正解です。

> charAtメソッドに渡される文字位置は0から始まります。
> lengthメソッドは、半角文字・全角文字のいずれも1文字として扱い、「文字数」を戻します。

## 9. A　　　　　　　　　　　　　　　　　　　　➡ P276

StringクラスのstartsWithメソッドに関する問題です。
Stringクラスの**startsWithメソッド**は、文字列が引数で指定された文字で始まるかどうかを調べるためのメソッドです。調べた結果は真偽値で戻されます。次のコードの場合、文字列は「a」から始まっているため、「true」とコンソールに表示されます。

**例** startsWithメソッド

```
String str = "abc";
System.out.println(str.startsWith("a"));
```

Stringクラスには**endsWith**というメソッドもあります。startsWithメソッドが

引数の文字から文字列が始まっているかどうかを調べるのに対し、endsWith
メソッドは引数の文字で終わっているかどうかを調べます。startsWithメソッ
ドと同時に覚えておきましょう。

**例** endsWithメソッド

```
String str = "abc";
System.out.println(str.endsWith("c"));
```

上記のコードでは、文字列が「c」で終わっているかどうかを調べているため、
コンソールには「true」が表示されます。

substringメソッドに限らず、Stringクラスの文字列を操作するためのメソッド
は、新しいStringインスタンスを作り、その参照を戻します。たとえば、次
のコードを実行すると、replaceメソッドを使って置換していますが、置換対
象のStringインスタンス（str）はそのままで、新しく作られたStringインスタ
ンス（str2）が戻されていることがわかります。

**例** Stringインスタンスの保持する参照

```
String str = "abc";
String str2 = str.replace("a", "b");
System.out.println(str);     ← こちらは元のまま
System.out.println(str2);
```

これは、解答2で解説したとおり、Stringはimmutable（不変）なオブジェク
トであるためです。

このようにStringクラスに用意されているさまざまなメソッドの多くは、新
しく作られたStringインスタンスへの参照を戻します。そのため、次のよう
にメソッドの戻り値に対してさらにメソッドを呼び出すような記述ができま
す。なお、このような記述方法を「**メソッドチェイン**」と呼びます。

**例** メソッドチェイン

```
String str = "abcde";
String str2 = str.substring(1,3).replace("b", "c");
System.out.println(str2);
```

このコードでは、substringメソッドで「bc」という2文字だけを抽出し、そ
の文字列（bc）に対して置換をしています。そのため、コンソールには「cc」

第 9 章

Java APIの主要なクラスの操作（解答）

305

が表示されます。なお、このコードは、次のコードと同じ意味です。

**例** メソッドチェインで記述した場合と同等の内容のコード

```
String str = "abcde";
String str2 = str.substring(1,3);
String str3 = str2.replace("b", "c");
System.out.println(str3);
```

設問のコードは、substringメソッドで抽出した文字列が「b」で始まっているかどうかを調べています。substringメソッドで抽出する範囲は、解答5で解説したとおり、次のように線を引いて番号を振ると範囲が特定しやすくなります。

【設問の文字列のイメージ】

| a | b | c | d | e |
0   1   2   3   4   5
     抽出する範囲

この図からわかるとおり、substringメソッドで抽出した結果は「bc」という文字列です。そのため、メソッドチェインで続いて実行されるstartsWithメソッドは「true」を戻します。以上のことから、選択肢**A**が正解です。

Stringクラスの多くのメソッドは、新しいStringインスタンスを作って戻します。Stringはimmutableなクラスであるため、元の文字列が変更されることはありません。

あるメソッドが戻すオブジェクトのメソッドをさらに呼び出すことができます。これを「メソッドチェイン」と呼びます。

## 10. D  ➡ P276

Stringクラスのsplitメソッドに関する問題です。
Stringクラスの**splitメソッド**は、文字列を分割するためのメソッドです。分割する箇所は、**正規表現**で指定します。正規表現とは、パターンで文字列を表現する方法のことです。たとえば、「[a-z][0-9]{4}」というパターンは、「小文字のアルファベット1文字のあとに4桁の数値が現れる文字列」という意味を表しています。このように文字列をパターンで表現できると、パターンを使って不正な文字列が入力されていないかをチェックしたり、たくさんの文字列

データから任意の行を探し出したりすることが簡単にできるようになります。

正規表現でパターンを指定するために使う文字にはいくつかの種類があります。なお、パターン文字は数が多いため、本書では出題範囲に含まれている一部のみを抜粋して記載します。詳細は、java.util.regex.PatternクラスのAPIドキュメントを参照してください。

[ ]内に記述されたものを「**文字クラス**」や「**文字セット**」と呼びます。[ ]の中に書かれた任意の1文字にマッチします。たとえば、[abc]は「a、b、cの3文字のいずれか1文字」を表現しています。

文字クラスは、**ハイフン**「**-**」を使って範囲を表すこともできます。たとえば、[0123456789]と記述するところを、[0-9]と記述できます。どちらも同じ意味を表します。ほかにもキャレット「^」を使って、指定された文字以外も表せます。たとえば、[^0-9]は「半角数字以外の任意の1文字」を表現しています。

## 【パターンの例】

| パターン文字 | 意味 |
|---|---|
| [abc] | a、b、またはc（単純クラス） |
| [^abc] | a、b、c以外の文字（否定） |
| [a-zA-Z] | a - zまたはA - Z（範囲） |
| [a-d[m-p]] | a - dまたはm - p<br>[a-dm-p]（結合） |
| [a-z&&[def]] | d、e、またはf（交差） |
| [a-z&&[^bc]] | a - z（bとcを除く）<br>[ad-z]（減算） |
| [a-z&&[^m-p]] | a - z（m - p を除く）<br>[a-lq-z]（減算） |

文字クラスは任意の1文字を表現します。これを繰り返し、任意の複数文字を表現するのが次の「**数量子**」です。たとえば、[0-9]{4}というパターンは、4桁の数字を表します。

## 【数量子】

| パターン文字 | 意味 |
|---|---|
| X? | X、1または0回 |
| X* | X、0回以上 |
| X+ | X、1回以上 |
| X{n} | X、n回 |
| X{n,} | X、n回以上 |
| X{n,m} | X、n回以上、m回以下 |

第9章

Java APIの主要なクラスの操作（解答）

ほかにも、[0-9]や[a-z]といった文字集合を省略して表記するために、次のような「**定義済み文字クラス**」が用意されています。小文字と大文字で、意味が反転するので注意しましょう。

【定義済み文字クラス】

| パターン文字 | 意味 |
| --- | --- |
| . | 任意の文字 (行末記号とマッチする場合もある) |
| ¥d | 数字<br>[0-9] |
| ¥D | 数字以外<br>[^0-9] |
| ¥s | 空白文字<br>[ ¥t¥n¥x0B¥f¥r] |
| ¥S | 非空白文字<br>[^¥s] |
| ¥w | 単語構成文字<br>[a-zA-Z_0-9] |
| ¥W | 非単語文字<br>[^¥w] |

設問のコードで使われているパターンは、上記の定義済み文字クラスを使っています。「¥w」と「¥s」を使っているため、アルファベットや数字といった単語構成文字と空白文字が現れる文字列がパターンに一致します。しかし、設問の文字列では、ドット「.」に続いて空白が現れています。そのため、文字列内にパターンにはマッチする箇所はありません。よって、splitメソッドは文字列を分割せずにそのまま戻します。以上のことから、選択肢**D**が正解です。

なお、ドットに続いて空白が現れるパターンは、「¥¥.¥¥s」と記述します。ドットが定義済み文字クラスとして任意の1文字を表すため、「¥」を付けてエスケープしています。

定義済み文字クラスについては、しっかりと覚えておきましょう。

## 11. A　　→ P277

Stringオブジェクトに関する問題です。
文字列を扱うStringには、内部の文字列を使ってさまざまなことができるメソッドが用意されています。**concatメソッド**はStringクラスに用意されているメソッドの1つで、オブジェクト内部の文字列と引数として渡された文字

列を連結した、新しい文字列を戻すメソッドです。+演算子による文字列連結と同じ効果があると考えてよいでしょう。設問では「Hello, Java!」という文字列を作らなければいけません。そのため、選択肢Aのように "Hello" という文字列のconcatメソッドを使って文字列を連結する必要があります。よって、選択肢**A**が正解です。

選択肢Bのappendは、StringBuilderクラスのメソッドです。間違えやすいので注意しましょう。選択肢Cや選択肢DのようなメソッドはStringクラスには存在しません。

---

## 12.　C　　　　　　　　　　　　　　　　　　　　　　→ P277

+演算子と文字列の連結に関する問題です。

**+演算子**は、数値の加算をするための演算子ですが、文字列に対してこの演算子を使った場合には、左右オペランドの**文字列は連結**されます。たとえば、次のようなコードでは、「abc」と「de」という2つの文字列が連結され、コンソールには「abcde」と表示されます。

**例** 文字列同士の連結

```
String str = "abc" + "de";
System.out.println(str);
```

+演算子は、左右オペランドの片方が数値で、もう片方が文字列の場合、数値を文字列に変換して文字列として連結します。たとえば、次のコードは左オペランドの数値が文字列に変換され、文字列として連結されます。

**例** 文字列と数値の連結

```
String str = 100 + "yen";
System.out.println(str);
```

間違えやすいのは、次のように数値の加算と文字列の連結が混在した場合です。

**例** 数値の加算と文字列の連結

```
String str = 10 + 20 + "a";
System.out.println(str);
```

このような式の場合、式の左から順に実行されます。まず「10 + 20」が実行され、その結果である「30」と「a」が文字列として連結されます。そのため、このコードはコンソールには「30a」と表示します。

第9章

Java APIの主要なクラスの操作（解答）

また、次のように式の左側に文字列がある場合は、左から実行される点に注意しましょう。

**例** 文字列と式の連結

```
String str = "a" + 10 + 20;
System.out.println(str);
```

このような場合も式は左から実行されるため、まず「"a" + 10」が実行されて "a10" という文字列が作られ、その後「"a10" + 20」が実行されます。先に文字列連結が行われるため、数値同士は加算されません。よって、このコードを実行するとコンソールには「a1020」が表示されます。
設問のコードは、数値加算と文字列連結が混在した式の結果をコンソールに出力しています。このコードは、次の順番で実行されます。

- 10 + 20 = 30
- 30 + "30" = "3030"
- "3030" + 40 = "303040"

以上のことから、選択肢**C**が正解です。

文字列の連結について、以下のことを覚えておきましょう。
- +演算子は、文字列を連結する
- 数値と文字列の場合は、数値が文字列に置き換わってから文字列として連結される
- 数値加算と文字列連結が混在する式は、左から順に実行する

## 13. B   ➡ P278

+=演算子と文字列の連結に関する問題です。
+演算子が文字列同士を連結したのと同様に、**+=演算子**も文字列を連結します。

**例** +=演算子を使った文字列同士の連結

```
String str = "abc";
str += "de";
```

上記のコードは、次のコードと同じです。

**例** 文字列同士の連結

```
String str = "abc";
str = str + "de";
```

設問のコードのように、参照を持たないString型変数に対し、+演算子や+=演算子を使って文字列連結することができます。このとき、参照を持たないことを示す**null**は、**"null"** という文字列に置き換えられ、文字列として連結されます。

設問のコードでは、nullが代入されたString型変数に+=演算子を使って文字列 "null" を連結して、代入し直しています。そのため、この変数strが参照している先にあるStringインスタンスは "nullnull" という文字列を保持していることになります。以上のことから、選択肢**B**が正解です。

## 14. D → P278

StringBuilderクラスに関する問題です。
解答2で解説したように、StringクラスはImmutableなクラスであり、インスタンス内部に持っている文字列を変更することはできません。文字列に新しい文字列を追加したり、文字列を変更したりすると、その結果を保持する新しいStringインスタンスが生成されます。たとえば、次のように+演算子で文字列連結をした場合、新しいStringインスタンスが生成されます。

**例** 文字列の連結

```
String str = "abc";
str += "de";
```

このコードでは、文字列「abcde」を持った新しいStringインスタンスが生成され、変数には新しいインスタンスへの参照が代入されます。そのため、もし次のように+演算子で文字列を複数つなげるような場合、その分だけStringインスタンスが生成されてしまいます。

**例** 文字列の連結

```
String str = "abc" + "de" + "fg";
```

この例では、まず「abc」「de」「fg」を持つ3つのStringインスタンスが作られ、次に「abc」と「de」が+演算子で連結されて「abcde」という文字列を持ったStringインスタンスが作られます。その後、「abcde」と「fg」が連結された

「abcdefg」という文字列を持ったStringインスタンスが作られます。「abcdefg」という文字列を作るのに、合計5つもインスタンスを作る必要があり、メモリを無駄に消費し過ぎています（後述の参考を参照）。

そこで変更可能な文字列を扱うクラスとして、**java.lang.StringBuilderクラス**が用意されています。StringBuilderは、内部にバッファを持った文字列を扱うためのクラスです。Stringが文字列と同じ長さのchar配列を扱うのに対し、StringBuilderは**保持している文字列＋余分のバッファ**を持っています。StringBuilderは、**デフォルトで16文字分のバッファ**を持っています。たとえば、StringBuilderの引数なしのコンストラクタは、次のような定義を持っています。

```
public StringBuilder() {
    super(16);
}
```

StringBuilderは、AbstractStringBuilderクラスのサブクラスです。StringBuilderのコンストラクタから呼び出しているAbstractStringBuilderクラスのコンストラクタを確認すると、次のように引数で指定された文字数分のchar配列インスタンスを作っていることがわかります。

```
abstract class AbstractStringBuilder implements Appendable,
CharSequence {

// 文字列を保持するためのchar配列
char[] value;

// コンストラクタ
AbstractStringBuilder(int capacity) {
    value = new char[capacity];
}
// 以下省略
}
```

StringBuilderのコンストラクタはオーバーロードされ、いくつかの種類を持ちます。たとえば、Stringを引数に受け取るコンストラクタは次のように定義されています。

```
public StringBuilder(String str) {
    super(str.length() + 16);
    append(str);
}
```

このコードからわかるように、StringBuilderは初期状態で16文字分のバッファを余分に持って文字列を扱おうとしています。このことからもStringBuilderが、文字列が変更されることを前提としたクラスであることがわかります。なお、StringBuilderのバッファは必ず16文字分というわけではありません。バッファする文字数を指定するコンストラクタも存在します。引数を渡さないコンストラクタの場合は、16文字分のバッファを持ったインスタンスが作られます。以上のことから、選択肢**D**が正解です。

StringBuilderは、デフォルトで16文字分のバッファを持っています。

文字列を引数に渡すコンストラクタを使った場合、StringBuilderのインスタンスは、「文字列の長さ＋16文字分」のバッファを持っています。

実際には、コンパイラがコードを最適化します。コンパイル後のクラスファイルを確認すると「abc」「de」「fg」という3つの文字列ではなく、「abcdefg」という1つの文字列に置き換えられていることがわかります。インスタンスが無駄に作られることはありません。ここでは、あくまでも原理についての解説をしています。

## 15. F　　➡ P279

StringBuilderクラスのappendメソッドに関する問題です。
StringBuilderクラスの**appendメソッド**は、文字列に新しい文字列を追加するメソッドです。追加された文字列は、既存の文字列の後ろに追加されます。次のコードは、appendメソッドを使って、文字列を組み立てている例です。

例 appendメソッド

```
StringBuilder sb = new StringBuilder();
sb.append("SELECT * FROM employee ");
sb.append("WHERE empno = '");
sb.append(empno);
sb.append("';");
```

実際の開発では、このように文字列リテラルと変数の値を使って動的に文字列を組み立てる際に、よくStringBuilderを使います。

appendメソッドは、オーバーロードされ、さまざまな種類の引数を受け取ることができますが、次の4つを覚えておきましょう。

- **プリミティブ型**（整数、浮動小数点数、真偽、文字の8種類すべて）
- **String**（正確にはStringクラスのスーパークラスであるCharSequence）
- **char配列**
- **オブジェクト**

上記にあるようにプリミティブ型はすべて受け取ることができます。そのため、プリミティブ型のリテラルを渡すことで、コンパイルエラーが発生することはありません。よって、選択肢A、B、C、Eは誤りです。なお、appendメソッドでは、trueという真偽リテラルは "true" という文字列に、10という数値は "10" という文字列という具合に、プリミティブ型の値はすべて文字列に変換されます。

また、char配列やStringを渡すappendメソッドは、配列や文字列をそのまま受け取るメソッドと、配列や文字列と読み込む範囲の両方を受け取るメソッドの2つが用意されています。設問の7行目で使われているのは、後者のappendメソッドです。次のように文字の間に線を引き、0から番号を振っていくと読み込む範囲がわかりやすいでしょう。

【設問の文字列のイメージ】

| b | c | d | e | f |
0   1   2   3   4   5
    読み込む範囲

設問のコードでは、1から3までと指定をしているため、文字列から読み込まれるのは「cd」の2文字です。以上のことから、選択肢**F**が正解です。

なお、オブジェクトを追加した場合、appendメソッドは、そのオブジェクトのtoStringメソッドを呼び出し、オブジェクトの文字列表現を文字列に追加します。次のようなクラスを例に挙げます。

**例** toStringメソッドのオーバーライド

```
class Sample {
    @Override
    public String toString() {
        return "hello";
    }
}
```

このクラスのインスタンスへの参照をappendメソッドに渡すと、「hello」という文字列がStringBuilderオブジェクトに追加されます。

**例** appendメソッドによる文字列の追加

```
StringBuilder sb = new StringBuilder();
sb.append(new Sample());   ← toStringメソッドの結果を文字列に追加
```

appendメソッドで読み込む範囲は、文字の間に線を引き、0から番号を振って確認するとわかりやすくなります。

appendメソッドの引数にオブジェクトが渡された場合、toStringメソッドを確認しましょう。

toStringメソッドは、Objectクラスに定義されたメソッドであるため、すべてのクラスが持っています。toStringメソッドがどのような文字列を戻すべきかはクラスによって異なるため、このメソッドはオーバーライドして利用します。

## 16. A　　　　　　　　　　　　　　　　　　　　　　→ P279

StringBuilderクラスのinsertメソッドに関する問題です。
設問のコードは、まず "abc" という文字列を渡してStringBuilderのインスタンスを生成、初期化しています。その後、appendメソッドで "de" という文字列を追加しています。そのため、この時点でStringBuilderのインスタンスは "abcde" という文字列を持っていることになります。

appendメソッドは、同じStringBuilderインスタンスへの参照を戻します。そのため、その参照を使ってさらにStringBuilderのメソッドを呼び出す「メ

ソッドチェイン」が可能です。設問では、appendメソッドのあとに、さらにinsertメソッドを呼び出しています。

StringBuilderの**insertメソッド**は、文字列を任意の場所に挿入するためのメソッドです。このメソッドは2つの引数を取り、第1引数は挿入する場所を、第2引数は挿入する文字列を受け取ります。挿入する場所は、次のように文字の間に線を引いて番号を振るとわかりやすいでしょう。

【insertメソッドが受け取る文字列】

```
| a | b | c | d | e |
0   1   2   3   4   5
```

図からわかるとおり、設問のinsertメソッドで指定している挿入場所は「b」と「c」の間です。よって、挿入後の文字列は "abgcde" となるため、選択肢**A**が正解です。

>  insertメソッドの挿入場所は、文字間に線を引き、番号を振って確認するとわかりやすくなります。

## 17. D　　→ P280

StringBuilderクラスのappendメソッド、insertメソッド、deleteメソッドに関する問題です。
設問のコードは空のStringBuilderインスタンスを生成し（3行目）、その後appendメソッドで "a" を追加しています（4行目）。次の行では、insertメソッドで「a」の後ろの位置に "b" を挿入しています。そのため、この時点で文字列は "ab" です。

【設問のコード4行目の文字列】

```
| a |
0   1
```

さらに文字列に "cde" を追加しているため、最終的な文字列は "abcde" になります。

StringBuilderの**deleteメソッド**は、引数で指定した範囲にある文字列を削除するためのメソッドです。範囲は、次のように文字の間に線を引いて番号を振るとわかりやすいでしょう。

【設問のコード7行目の文字列】

```
| a | b | c | d | e |
0   1   2   3   4   5
    ‿‿‿‿‿
    削除する範囲
```

設問のコードでは、削除する範囲を1～2の間と指定しています。そのため、削除される文字列は、"b" だけです。以上のことから、選択肢**D**が正解です。

試験対策　削除する範囲を求めるには、文字の間に線を引き、番号を振って確認するとわかりやすくなります。

## 18. B　　　→ P280

StringBuilderクラスのdeleteメソッドとdeleteCharAtメソッドに関する問題です。設問のコードでは、文字列 "abcde" を持ったStringBuilderのインスタンスを生成し（3行目）、その後、deleteメソッドで文字列を削除しています（4行目）。deleteメソッドで削除する範囲は1～3となっているため、次の図のとおり "bc" が削除されます。

【設問のコード4行目の文字列】

```
| a | b | c | d | e |
0   1   2   3   4   5
    ‿‿‿‿‿‿‿‿‿
       削除する範囲
```

StringBuilderの**deleteCharAtメソッド**は、引数で指定した位置にある文字を削除するメソッドです。文字の位置は、次のように0から始まる点に注意しましょう。

【deleteメソッド実行後の文字列】

```
| a | d | e |
  0   1   2
```

設問のコードでは、deleteCharAtメソッドの引数に「2」を渡しています（5行目）。そのため、2の位置にある "e" が削除され、コンソールには「ad」の2文字が表示されます。以上のことから、選択肢**B**が正解です。

317

## 19.　D　　→ P281

StringBuilderクラスのappendメソッド、reverseメソッド、replaceメソッドに関する問題です。
StringBuilderの**reverseメソッド**は、文字列を反転するメソッドです。設問のコード（4行目）では、StringBuilderインスタンスにappendメソッドで文字列 "abcde" を追加したあと、5行目ではreverseメソッドで反転させています。そのため、文字列は反転し、"abcde" から "edcba" に変更されます。

その後、6行目では**replaceメソッド**を使っています。このメソッドは、第1引数と第2引数で指定した範囲の文字列を、第3引数の文字列に置き換えるメソッドです。設問のコードでは、1〜3の範囲にある文字列を "a" に置き換えています。文字列の範囲は、範囲を使うほかのメソッドと同様に文字間に線を引き、番号を振って確認します。

**【設問のコード6行目の文字列】**

```
| e | d | c | b | a |
0   1   2   3   4   5
    └──┬──┘
    置き換える範囲
```

上記の図からわかるとおり、replaceメソッドでは "dc" を "a" に置き換えます。そのため、コンソールには「eaba」と表示されます。よって、選択肢**D**が正解です。

## 20.　A　　→ P281

StringBuilderクラスのsubSequenceメソッドとsubstringメソッドに関する問題です。
StringBuilderから任意の範囲の文字列を抽出するには、**subSequenceメソッド**を使う方法と**substringメソッド**を使う方法があります。どちらのメソッドも同じ動作をします。

**CharSequenceインタフェース**をimplementsしているStringBuilderクラスは、このインタフェースに定義されているすべてのメソッドを実装する必要があります。そのため、StringBuilderはsubSequenceメソッドを実装しています。ただし、次のようにその実装はsubstringメソッドを呼び出しているだけです。そのため、subSequenceメソッドはsubstringメソッドと同じ動作をします。

```
public CharSequence subSequence(int start, int end) {
    return substring(start, end);
}
```

設問のコードでは、StringBuilderのインスタンスを生成し、0番目の位置に文字列 "abcde" を挿入しています。挿入前のStringBuilderのインスタンスは何も文字列を持っていないため、挿入できる箇所は0番目だけです。もし、次のように0番目以外に挿入しようとすると、文字列の範囲外にアクセスしたことを表すjava.lang.StringIndexOutOfBoundsExceptionがスローされるので注意しましょう。

**例** insertメソッドで、範囲外の文字列へアクセス

```
StringBuilder sb = new StringBuilder();
sb.insert(1, "abcde");
```

5行目では、subSequenceメソッドを使って1～5の範囲にある文字列「bcde」を抽出しています。

【設問のコード5行目の文字列】

その後、抽出した文字列を使って、さらに新しいStringBuilderのインスタンスを作り、そのインスタンスからsubstringメソッドで1～3の範囲にある文字列を抽出しています。

【設問のコード6行目の文字列】

この図からもわかるとおり、1～3の範囲にある文字列は "cd" です。以上のことから、選択肢Aが正解です。

## 21.　B、D

ラムダ式の概要と基本的な宣言方法に関する問題です。

昨今のソフトウェア開発では、過去の設計事例を伝えるため「デザインパターン」と呼ばれる設計パターン集が広く使われています。オブジェクト指向の特性を活かすための設計パターン集にはさまざまなものがありますが、その中でも「GoF」のデザインパターンは最も有名なパターン集の1つです。

本設問は、23種類のパターンをおさめた「GoF」のデザインパターンから、有名なパターンの1つである「Strategy」パターンをラムダ式を使って実現したものです。このStrategyパターンは、「付け替え可能なアルゴリズムを実現する」パターンとも呼ばれ、アルゴリズムを動的に変更できるようにすることで、ソフトウェアの仕様変更を容易にすることができます。
このパターンでは、もともと1つだったクラスを、処理の全体の流れを担当するクラスと、具体的なアルゴリズムを担当するクラスに分けて考えます。全体の流れを担当するクラスは、その処理の流れの中で具体的なアルゴリズムを呼び出します。

【アルゴリズムを分離する】

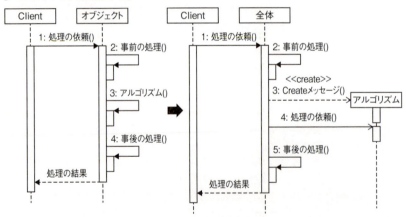

このように具体的なアルゴリズムが全体の流れの外で定義されていると、アルゴリズムだけを変更しやすくなります。しかし、このままでは全体の流れを担当するクラスがアルゴリズムを直接インスタンス化しています。このように使っている側と使われている側が直接結び付いてしまうと、修正が加えられるたびに両方のコードを修正しなければいけません。そこで、アルゴリズムを抽象化し、異なる種類のアルゴリズムも共通の型で扱えるようにインタフェースを定義します。

【共通の型を定義する】

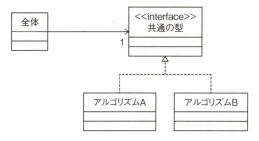

このように共通の型を定義すれば、ポリモーフィズムを使ってアルゴリズムAでもBでも同じ型のインスタンスとして扱えるため、全体クラスは共通の型のことだけを知っていればよいことになります。これを実現しているのが、設問のAlgorithmインタフェースとServiceクラスです。Serviceクラスには、Algorithmインタフェース型のlogicという変数は存在しますが、その変数が具体的にどの型のインスタンスを参照しているかを知らなくても8行目のコードは実行できます。

例 設問のコード

```
class Service {
    private Algorithm logic;
    public void setLogic(Algorithm logic) {
        this.logic = logic;
    }
    public void doProcess(String name) {
        System.out.println("start");
        this.logic.perform(name);
        System.out.println("end");
    }
}
```

Algorithmインタフェースを実現したクラスであれば、setLogicメソッドはどのようなクラスでも受け付けます。そのため、新しいアルゴリズムを開発しても、そのクラスがAlgorithmインタフェースを実現さえしていれば、Serviceクラスは1行も変更することなく処理の流れを変えることができます。

このような設計は、Javaの標準クラスの中でも使われています。たとえば、ThreadクラスとRunnableインタフェースの関係がそうです。Threadクラスは新しいスレッドを使って新しい処理の流れを作りますが、具体的な処理はRunnableインタフェースを実現したクラスに記述します。

**例** Runnableインタフェースを使った並行処理

```java
class Function implements Runnable {
    @Override
    public void run() {
        // スレッドに実行させたい具体的な処理
        System.out.println("hello!");
    }
}
public class Sample {
    public static void main(String[] args) {
        Thread thread = new Thread(new Function());
        thread.start();
        System.out.println("finish!");
    }
}
```

このようにStrategyパターンを使うと、使う側（ServiceクラスやThreadクラス）と使われる側（AlgorithmインタフェースやRunnableインタフェースを実現したクラス）を直接関係させずに済むため、あとから付け替え可能なアルゴリズムを実現できます。しかし、インタフェースを実現したクラスが複雑なものもあれば、前述のRunnableインタフェースを実現したFunctionクラスのように、画面に「hello!」と表示するだけの簡単なコードもあります。問題は、たとえ簡単なコードであっても新しくクラスを定義しなければいけない点です。

このような問題点を解決するためにJava SE 8から導入されたのが**ラムダ式**です。たとえば、次のコードはRunnableインタフェースを実現したクラスを作る代わりにラムダ式に置き換えた例です。

**例** ラムダ式に置き換えたコード例

```java
public class Sample {
    public static void main(String[] args) {
        Runnable r = () -> {
            System.out.println("hello!");
        };
        Thread thread = new Thread(r);
        thread.start();
        System.out.println("finish!");
    }
}
```

ラムダ式を使えば、実装が必要なメソッドを1つだけ持つインタフェース型変数に、実行したいコードを代入できます。なお、この実装が必要なメソッドを1つだけ持つインタフェースを「**関数型インタフェース**」と呼びます。関数型インタフェースは抽象メソッドを1つだけ持つため、ラムダ式がどのメソッドを実装することになるのかは選択の余地なく決まります。こうすることで、インタフェースを実現したクラスを用意せずに、ポリモーフィズムを実現できます。

このような機能は、これまでにも次のような匿名クラスで実現できました。このコードは、Runnableインタフェースを実現したクラスを定義せずに、匿名クラスを使って実行時にインスタンスの定義を行っている例です。

例 匿名クラスを使用したコード例

```java
Runnable r = new Runnable() {
    @Override
    public void run() {
        System.out.println("hello!");
    }
};
```

ラムダ式は、これをもっと簡単に記述できるようにしたものです。前述のコードからラムダ式の部分だけを抜き出したのが次のコードです。

例 ラムダ式(抜粋)

```java
Runnable r = () -> {
    System.out.println("hello!");
};
```

匿名クラスを使った例と比べて、短く、簡単に記述できていることがわかります。

ラムダ式の宣言は、次のように**引数の変数宣言**と**処理ブロック**で成り立ちます。引数の変数宣言と処理ブロックの間は、**アロー演算子**「**->**(ハイフンと>記号)」でつなぎます。処理ブロックの終わりに**セミコロン**「;」を付けるのを忘れないようにしましょう。

構文

( 引数 ) -> { 処理 };

設問のAlgorithmインタフェースのperformメソッドは、次のようにString型の変数nameを受け取ります。

**例** 設問のAlgorithmインタフェースのperformメソッド

```java
interface Algorithm {
    void perform(String name);
}
```

そのため、このperformメソッドにラムダ式で処理を代入するには、次のように宣言します。関数型インタフェースで定義されているメソッドの引数宣言と、ラムダ式の引数宣言は一致させなければいけないことを覚えておきましょう。

**例** ラムダ式①

```java
(String name) -> { /* do something */ };
```

引数の変数宣言を行うのは、処理ブロック内で変数を使いたいからです。

**例** ラムダ式②

```java
(String name) -> { System.out.println(name); };
```

もちろん、宣言した変数以外は使えません。よって、次のようなコードはコンパイルエラーになります。

**例** ラムダ式③（コンパイルエラー）

```java
(String name) -> { System.out.println(value); }; // 変数名が一致していない
```

このように、引数の変数宣言とアロー演算子、処理ブロックの3つによって「実行したいコード」を表したラムダ式が構成されています。あとは、このラムダ式を関数型インタフェース型の変数に代入すれば、そのインタフェース型のインスタンスとして動作します。

**例** ラムダ式④

```java
Algorithm logic = (String name) -> { System.out.println(name); };
```

変数は、データ型と変数名のセットで宣言しなければいけませんが、ラムダ式の変数宣言は、次のように**データ型の指定を省略することができます**。これは、代入しようとしている関数型インタフェースの型から、引数の型を推測できるからです。反対にデータ型だけを記述して、変数名を省略すること

はできません（選択肢C）。

### 例 ラムダ式⑤

```
Algorithm algorithm = (name) -> { System.out.println(name); };
```

なお、もしもRunnableインタフェースのrunメソッドのように引数を受け取らないメソッドの場合、変数名を省略することができます。

### 例 ラムダ式⑥

```
Runnable r = () -> {
    System.out.println("hello!");
};
```

もちろん、関数型インタフェースのメソッドでは変数宣言をしているにもかかわらず、ラムダ式の変数宣言を省略することはできません（選択肢A）。
以上のことから、選択肢**B**と**D**が正解です。

試験対策　ラムダ式の処理ブロックで変数を使う場合には、引数で宣言する必要があります。また、引数の宣言時にはデータ型を省略することができます。

## 22.　B、C　　　　　　　　　　　　　　　　　→ P283

ラムダ式の概要と基本的な宣言方法は前問で学習しました。本設問は、ラムダ式の宣言にあたり、省略できる構文についての問題です。ラムダ式宣言の構文は次のとおりです。

### 構文

関数型インタフェースの型 変数名 = ( 引数 ) -> { 処理 };

この構文のうち、代入演算子の右側がラムダ式です。ラムダ式の引数の宣言では、次のように**カッコ「()」も省略**することができます。

### 構文

関数型インタフェースの型 変数名 = 引数 -> { 処理 };

ただし、カッコを省略できるのは**引数が1つのとき**だけで、2つ以上の引数を受け取るメソッドでは省略できません。よって、選択肢Eは正しい構文です。

ラムダ式では引数のデータ型やカッコが省略できるだけでなく、**実行したい処理が1つしかない**のであれば次のコード例のように**中カッコ「{ }」も省略**できます。

**例** 中カッコを省略

```
interface Test {
    void process(int x);
}
public class Sample {
    public static void main(String[] args) {
        Test t = (x) -> System.out.println(x);
        t.process(10);
    }
}
```

中カッコを省略した場合、次のように2つ以上の処理を記述することはできません。このコード例では、2つ目の処理で使っている変数xが使えないためにコンパイルエラーとなります。

**例** 中カッコを省略（コンパイルエラー）

```
public class Sample {
    public static void main(String[] args) {
        Test t = (x) -> System.out.println(x); System.out.println(x);
        t.process(10);
    }
}
```

ラムダ式の処理が何らかの戻り値を戻すとき、処理が1つしかなく、かつ中カッコを省略した場合には、次のコード例のように**returnキーワードを省略**します。

326

**例** returnキーワードを省略

```
interface Test {
    String process();
}
public class Sample {
    public static void main(String[] args) {
        Test t = () -> "hello!";
        System.out.println(t.process());
    }
}
```

なお、ラムダ式の処理が1つしかなく、何らかの戻り値を戻す場合は、return
キーワードを「省略できる」のではなく、「記述できない」が正しい表現です。
もしも、次のように記述するとコンパイルエラーになります。

**例** returnキーワードを記述（コンパイルエラー）

```
public class Sample {
    public static void main(String[] args) {
        Test t = () -> return "hello!";
        System.out.println(t.process());
    }
}
```

一方、戻り値を戻すメソッドで、かつその処理を中カッコで括った場合には、
returnキーワードを記述しなければいけません。次のようにreturnを省略する
とコンパイルエラーとなります。

**例** returnキーワードを省略（コンパイルエラー）

```
public class Sample {
    public static void main(String[] args) {
        Test t = () -> { "hello!"; };
        System.out.println(t.process());
    }
}
```

このような特徴は、次のように覚えておくとよいでしょう。

※次ページに続く

第9章

Java APIの主要なクラスの操作（解答）

327

| 中カッコあり | 中カッコなし |
| --- | --- |
| ・複数の処理を記述できる | ・1つしか処理がない |
| ・戻り値を戻すには**return**が必要 | ・戻り値を戻すには**return**を省略 |

選択肢AとBは、処理を中カッコで括っています。そのため、戻り値を戻すにはreturnを記述しなければいけません。よって、選択肢Aが正しい構文、選択肢Bが誤った構文ということになります。
選択肢CとDは、中カッコを省略しています。そのため、returnを記述できません。よって、returnを記述している選択肢Cが誤った構文、returnを省略している選択肢Dが正しい構文ということになります。
誤ったものを選ぶ問題であるため、選択肢**B**と**C**が正解です。

ラムダ式の構文について、以下のことを覚えておきましょう。
・ラムダ式で中カッコを省略した場合には、処理は1文だけ記述できる。また、returnは記述できない
・ラムダ式で中カッコを記述した場合には、returnは省略できない

## 23. C ➡ P284

ラムダ式の変数スコープに関する問題です。
ラムダ式は、それを囲むブロックと同じスコープを持ちます。よって、ラムダ式を宣言しているブロック(設問ではmainメソッド)で宣言したローカル変数と同じ名前の変数は、ラムダ式内で宣言できません。

設問のラムダ式は、変数宣言のうち、データ型の宣言を省略しているだけで、次のコード例のようにString型の変数valを宣言しているのと同じです。

**例 ラムダ式内の変数宣言**

```
Function f = (String val) -> {
    System.out.println(val);
};
```

ラムダ式で宣言されている変数valは、3行目ですでに宣言されています。そのため、同じ名前の変数を重複して宣言するためにコンパイルエラーが発生します。以上のことから、選択肢**C**が正解です。

メソッド内で宣言したローカル変数と同じ名前の変数をラムダ式の引数名として使うことはできません。

## 24.  D
→ P285

ラムダ式からアクセスできる範囲に関する問題です。

ラムダ式は、それを囲むブロックと同じスコープを持ちます。そのため、ラムダ式からその式を囲むメソッドのローカル変数にアクセスすることもできます。次のコード例は、mainメソッド内で宣言したローカル変数valをラムダ式内でコンソールに出力している例です。

例 ラムダ式内から、式を宣言しているメソッドのローカル変数にアクセス

```java
interface Function {
    void test();
}
public class Test {
    public static void main(String[] args) {
        String val = "hello";
        Function f = () -> {
            System.out.println(val);
        };
        f.test();
    }
}
```

このようにラムダ式内からは、式を宣言しているメソッドのローカル変数にアクセスできます。ただし、**実質的にfinalなローカル変数として扱える変数**だけにアクセスができるというルールがあるので注意が必要です。この「実質的にfinal」とは、finalで修飾されていなくても変更されない変数という意味です。たとえば、次のコード例のようにラムダ式内でローカル変数の値を変更するとコンパイルエラーになります。

例 ラムダ式内でローカル変数の値を変更（コンパイルエラー）

```java
public class Test {
    public static void main(String[] args) {
        String val = "hello";
        Function f = () -> {
            val = "test";
            System.out.println(val);
        };
        f.test();
    }
}
```

また、次のコード例のように、たとえラムダ式の外であっても実質的にfinalな変数の値を変更すると、コンパイルエラーが発生します。

> **例** 実質的にfinalな変数の値を変更

```
public class Test {
    public static void main(String[] args) {
        String val = "hello";
        Function f = () -> {
            System.out.println(val);
        };
        val = "test";
        f.test();
    }
}
```

これはラムダ式が宣言したタイミングで実行されるわけではないことが理由です。もしも、宣言後に変更されてしまうと、その式は意図しない動作をする可能性があるからです。

設問のコードでは、5行目のfor文の更新文と、6行目のコンソールの出力をするタイミングでローカル変数cntをインクリメントして値を変更しています。そのため、このコードはコンパイルエラーが発生します。以上のことから選択肢**D**が正解です。

ラムダ式外で宣言されたローカル変数にラムダ式内からアクセスするには、実質的にfinalな変数でなければいけません。

## 25. A　　　　　　　　　　　　　　　　　　　　　　　　➡ P286

関数型インタフェースに関する問題です。

ラムダ式は関数型インタフェースとセットで使います。関数型インタフェースは、プログラマーが自由に定義できますが、頻繁に使われるであろうものについては、Java SE 8から新たに標準クラスライブラリに、**java.util.functionパッケージ**として追加されました。

このパッケージには、ConsumerやSupplier、Predicate、Functionなど数多くのインタフェースが定義されていますが、この中で覚えなくてはいけないのは**Predicate**です。その他のインタフェースは試験範囲には含まれていません。

英語の「predicate」の意味は「断言する」や「断定する」です。この意味のとおり、何らかの処理の結果としてboolean型の値を返すための関数型インタ

フェースです。Predicateインタフェースは、T型の型パラメータを受け取り、そのT型を受け取る**testメソッド**にラムダ式を代入します。次のコード例は、Stringを型パラメータとして与えたPredicate型変数を定義し、そのtestメソッドにラムダ式を代入している例です。

**例** Predicateインタフェースを使ったラムダ式

```
import java.util.function.Predicate;

public class Sample {
    public static void main(String[] args) {
        Predicate<String> p = str -> {
            return "".equals(str);
        };
        System.out.println(p.test(args[0]));
    }
}
```

testメソッドは、前述のとおり型パラメータで指定された型の引数を受け取ります。そのため、このコード例ではString型の引数を受け取ることになります。メソッド内の処理では、受け取った文字列がブランク文字列であるかどうかを判定し、その結果をboolean型で戻します。この例のように、何らかの検証を行うときに使う関数型インタフェースがPredicateインタフェースです。なお、Predicateインタフェースには、関数メソッドであるtestメソッドのほかにいくつかのデフォルトメソッドを持ちますが、試験範囲には含まれていません。設問の選択肢に挙がっている4つの関数型インタフェースの特徴は次のとおりです。

**【関数型インタフェースの特徴】**

| 関数型インタフェース | 関数メソッド | 説明 |
|---|---|---|
| Consumer<T> | void accept(T) | 引数を受け取って処理をする。結果を戻さない、引数の「消費者」 |
| Supplier | T get() | 何も受け取らずに結果だけを戻す「供給者」 |
| Predicate<T> | boolean test(T) | 引数を受け取ってそれを評価する「断定」 |
| Functions<T, R> | R apply(T) | 引数を受け取って、指定された型（R）の結果を戻す「処理」 |

設問の12行目では、if文を使って条件分岐をしています。そのため、boolean型を戻すメソッドでなければいけません。よって、戻り値を戻さない選択肢

CのConsumerは誤りです。また、すべての選択肢のラムダ式では引数の変数名を宣言しています。そのため、引数を受け取らない選択肢BのSupplierも誤りです。選択肢DのFunctionは、任意の引数型や戻り値型を指定できますが、この選択肢では型パラメータを1つしか指定していません。よって、選択肢Dはコンパイルエラーが発生します。

以上のことから、選択肢**A**が正解です。

Predicateインタフェースは、ジェネリックスで宣言した型の引数を受け取り、boolean型を戻す関数型インタフェースです。

## 26. E　　→ P287

Java SE 8では、いくつかの新しいAPIが追加されました。本設問は新しく追加されたAPIのうち、日付と時刻に関するAPIについての問題です。日付を扱うクラスにはjava.util.Dateやjava.util.Calendarなどがあります。Java SE 8では、これらを改良して、**java.time.LocalDate**というクラスが新しく追加されました。このクラスには次のような特徴があります。

1. Calendarは可変（mutable）オブジェクトであったが、LocalDateは不変（immutable）オブジェクトとなり、扱っているオブジェクトの値が変更されたかどうかを気にする必要がなくなった
2. Calendarでは月は0から始まっていたが、LocalDateでは1から始まり、直感的に扱いやすくなった
3. 日付を操作するための便利なメソッドが追加された

1つ目の特徴は、不変オブジェクトになったことです。**不変オブジェクト**とは、一度フィールドの値を設定するとそれ以降その値が変更されないオブジェクトのことです。不変オブジェクトの代表例はStringクラスで、文字列を変更するには新しいインスタンスを生成しなければいけません。このような不変オブジェクトは一見不便に見えますが、次のようないくつかのメリットがあります。

・ そのオブジェクトの値が変更されたかどうかを確かめる必要がない
・ スレッドセーフである
・ データの複製を考える必要がない
・ 複数クライアントによるデータ共有が可能である

特に、1つ目の特徴の不変オブジェクトであることは日付を扱う上でとても重要です。ある特定の日付だと思い込んで扱っていたCalendarのインスタンスが、実はほかのスレッドから変更されていて、別の日付を表していたとした

ら、考えていたような処理が実行できなくなる可能性があります。このような事態を防ぐには、Calendarのインスタンスが意図したとおりの日付であるかどうかを確かめる必要がありました。Calendarにはこのような不便な側面がありましたが、不変オブジェクトであるLocalDateは、参照が変わらない限り、日付が一定のままであることが保証されます。

Calendarは、日頃私たちが使っている暦の月から1少ない値を扱っているので、2つ目の特徴はCalendarを扱う上で間違えやすいポイントでした。LocalDateには実際の暦と同じように月の値を扱うことができるため、間違いを減らすことができます。

3つ目の特徴にあるように、Calendarよりも直感的で便利なメソッドがLocalDateには追加されました。LocalDateクラスのインスタンスを生成するには、ofメソッドかnowメソッドのいずれかを使います。日付を指定してインスタンスを生成したい場合には**ofメソッド**を、現在の日付でインスタンスを生成したい場合には**nowメソッド**を使います。このほかに、文字列の日付をLocalDateクラスに変換する**parseメソッド**も用意されています。これらのほかにも多くのメソッドが追加されていますが、詳しくはAPIドキュメントを参照してください。試験対策としてはこの3つのメソッドを押さえておきましょう。

設問のコードでは、5行目でofメソッドを使って、2015年0月1日という日付を指定してLocalDateのインスタンスを生成しています。Calendarであればこのように1つ少ない数を月に指定しますが、前述のとおりLocalDateの月は1から始まります。そのため、このコードは存在しない月を指定してLocalDateのインスタンスを生成しようとしたことになります。しかし、このコードは構文上誤りはないため、コンパイルエラーが発生することはなく、実行時にjava.time.DateTimeExceptionがスローされます。以上のことから、選択肢**E**が正解です。

LocalDateはImmutableなため、変更を加えると、変更された新しいインスタンスへの参照が戻るだけで、元のインスタンスが変わることはありません。

## 27. A　→ P287

LocalTimeクラスに関する問題です。
前問で学習したLocalDateが日付を扱うためのクラスであったのに対し、**LocalTime**は時刻を扱うためのクラスです。

LocalTimeは次のような特徴を持つクラスです。

1. 不変（immutable）オブジェクトである
2. 24時間で時間を扱い、午前／午後は区別しない

1つ目の特徴として挙げた不変オブジェクトである点は、LocalDateと同じです。LocalTimeは、意図しない時刻を扱う危険性を減らすために不変オブジェクトとして設計されています。

2つ目の特徴は、その時刻が12時間表記なのか24時間表記なのかは表記の問題だけであって、時刻を表すオブジェクトの問題ではありません。そこでJava SE 8では、日付の書式を扱うクラスの責務として分離されました。

LocalTimeのインスタンスは、LocalDateと同じく**ofメソッド**、もしくは**nowメソッド**、**parseメソッド**などを使って生成できます。設問の5行目では、ofメソッドを使い、0時1分2秒の時刻を持ったLocalTimeのインスタンスを生成しています。

その後、6行目では**plusHoursメソッド**を使って12時間追加しています。これにより、時刻は12時1分2秒に変更されますが、LocalTimeは不変オブジェクトであるため、このplusHoursメソッドは元の時刻に12時間足した12時1分2秒を持ったLocalTimeオブジェクトを、0時1分2秒を持った元のオブジェクトとは別に作って戻します。つまり、元のオブジェクトの時刻は変更されていません。よって、変数timeで参照するLocalTimeオブジェクトは元の時刻のまま、7行目でコンソールに時刻が表示されることになります。以上のことから、選択肢**A**が正解です。

## 28. B　　　　　　　　　　　　　　　　　　　　　　➡ P288

Java SE 7までは、時刻の差を計算するためにCalendarのgetTimeInMillisメソッドを使ったり、getTimeメソッドでDateを取り出し、さらにそこからgetTimeメソッドを使って、long型の1970年1月1日からの経過ミリ秒を取り出して、そのミリ秒の違いから時刻の差を計算していました。

Java SE 8では、もっと簡単に計算できるように**Durationクラス**が用意されています。Durationは、時刻の差を扱うためのクラスです。また、設問で利用されている**LocalDateTimeクラス**は、LocalDateとLocalTimeの両方の特徴を持ち、日付だけ、時刻だけではなく、日時の両方を扱えるクラスです。

Durationの**betweenメソッド**は、2つの日時の差を計算し、その結果をDurationのインスタンスとして戻すメソッドです。このbetweenメソッドはTemporalインタフェース型のオブジェクトを2つ引数に受け取ります。この**Temporalインタフェース**は、LocalDateやLocalTime、LocalDateTimeが実装しているインタフェースです。そのため、これらのクラスはbetweenメソッドの引数に渡すことができます。

Durationには、時刻の差を調べるために時間、分、秒、ナノ秒という具合に、取り出したい種類（単位）ごとにメソッドが用意されています。設問の9行目で使われているのは、時間の差を取り出す**toHoursメソッド**です。

設問の6行目では2015年1月1日0時0分、7行目では2015年1月2日1時0分の日時を持ったLocalDateTimeのインスタンスをそれぞれ生成しています。時間の差は1日と1時間ですから、toHoursメソッドは25時間を戻します。以上のことから、選択肢**B**が正解です。

## 29. C　　　　　　　　　　　　　　　　　　　　　　　⇒ P289

前問で時刻の差を扱うDurationクラスについて学びました。本設問は、日付の差を扱う**Periodクラス**についての問題です。選択肢AやBのLocalDateは、日付を扱うクラスであって、日付の差を扱うクラスではありません。また、選択肢EやFのDurationは時刻の差を扱うクラスです。よって、これらの選択肢は誤りです。

設問の6行目では、実行時の日付を使ってLocalDateのインスタンスを生成しています。続く7行目では、**plusDaysメソッド**を使って6行目で作った日付に10日を追加した新しいLocalDateのインスタンスを生成しています。設問のコードでは、2つの日付の差を計算しようとしています。日付の差を計算するには、**LocalDateのuntilメソッド**や**Periodクラスのbetweenメソッド**を使う方法があります。選択肢Cのuntilメソッドは、nowからtargetまでの日付の差を計算し、結果をPeriodオブジェクトとして戻すメソッドです。一方、選択肢Dの**minusメソッド**は日付を変更するためのメソッドです。以上のことから、選択肢**C**が正解で、選択肢Dが誤りです。

## 30. D　　　　　　　　　　　　　　　　　　　　　　　⇒ P289

LocalDateやLocalTime、LocalDateTimeは内部に保持している日付の情報を文字列に変換するための**formatメソッド**を持っています。このformatメソッドは、どのような文字列にするかを指定するフォーマッターを引数に受け取ります。

フォーマッターには、「事前定義されている標準フォーマッター」「ロケール固有のフォーマッター」「カスタムパターンを使ったフォーマッター」の3種類があります。
このうち、事前定義されている標準フォーマッターは、あらかじめ用意されている書式を使うフォーマッターです。これらはすべて**java.time.format.DateTimeFormatterクラス**に定義されている定数です。主な定数には次のような種類があります。

第 9 章

Java APIの主要なクラスの操作（解答）

335

**【DateTimeFormatterクラスの定数】**

| フォーマッター | 例 |
|---|---|
| BASIC_ISO_DATE | 20150831 |
| ISO_ZONED_DATE_TIME | 2015-08-31T00:00:00＋09:00[Asia/Tokyo] |
| ISO_INSTANT | 2015-08-30T15:00:00Z |
| ISO_DATE_TIME | 2015-08-31T00:00:00 |

ISO_ZONED_DATE_TIMEとISO_INSTANTは、ゾーン付き時刻を表すZonedDateTimeを使ったときに使えるフォーマッターです。設問ではLocalDateTimeを使っていますので、これら2つのフォーマッターを使うことはできません。よって、選択肢BとCは誤りです。なお、ZonedDateTimeは試験の出題範囲外です。

BASIC_ISO_DATEは表の例を見るとわかるとおり、日付の区切り記号がない年月日を表す書式となっており、設問のように区切り記号や時刻情報を付けた文字列になりません。よって、選択肢Aは誤りです。

以上のことから、選択肢**D**が正解です。

---

## 31. B、D、E ➡ P290

java.util.ArrayListクラスの特徴に関する問題です。

何らかの集合のことを、「**コレクション**」と呼びます。配列は、コレクションを扱うクラスの1つですが、次のようないくつかの制約があります。

1. 同じ型、もしくは互換性のある型しか扱えない
2. 扱える要素数を最初に決めなくてはいけない
3. 要素アクセスには添字を使わなければいけない
4. 要素アクセスの際には、要素数を超えないよう配慮しなければいけない

特に2つ目と4つ目は、要素数を超えて扱いたいのに扱えない、実行時に例外がスローされないように要素数を意識しなければいけないということを意味し、プログラミングを煩雑にする原因の1つです。

そこで、Javaには、もっと簡単にコレクションを扱える機能が用意されています。それが「**コレクションAPI**」や「**コレクション・フレームワーク**」と呼ばれる複数のインタフェースやクラスで構成されるクラス群です。これらのインタフェースやクラスの多くは、java.utilパッケージに配置されており、実際の開発プロジェクトではなくてはならないものとなっています。

コレクションAPIには、数多くのインタフェースやクラスが存在しますが、試験で出題されるのは**java.util.ArrayListクラス**のみです。このクラスは「**動的配列**」とも呼ばれ、配列のように使えることが特徴です。ArrayListクラスの特徴は、次のとおりです。

336

1. オブジェクトであればどのような型でも扱える
2. 必要に応じて要素数を自動的に増やす
3. 追加した順に並ぶ
4. nullも値として追加できる
5. 重複した値も追加できる
6. スレッドセーフではない

1つ目と2つ目の特徴は、配列の問題点をカバーするものです。そのため、実際の開発プロジェクトでは、配列よりもArrayListのようなコレクションAPIが好んで使われます。

コレクションAPIの中には、nullを許容しないものや、重複した値を許容しないものもあります。ArrayListには、このような制約はありません。以上のことから、選択肢**B**が正解で、AとCは誤りです。

また、最後の「スレッドセーフであるかどうか」は、並行処理をしたときに意図しない結果になることを防ぐ機能が備わっているかどうかです。通常、プログラムの処理には、1つの流れ（処理の順番）だけがあります。この流れのことを「**スレッド**」と呼びます。並行処理は、スレッドを複数作って動作する処理形態です。並行処理のメリットは、ある処理を行いながらほかの処理もできるため、処理が終わるのを待つ必要がないことです。結果として、全体のパフォーマンスを上げることもできます。

このような並行処理をした場合、問題になるのがデータ（インスタンス）を複数のスレッドで共有した場合です。片方のスレッドから、あるインスタンスの値を変更している最中に、もう片方のスレッドから値をさらに変更されてしまうということが起きる可能性があります。このような事態を防ぐためにインスタンスにロックを掛けることができますが、ロックを掛けて、ロックを外して…ということを何度も行うとパフォーマンスに悪影響を与えてしまいます。

そこでコレクションAPIには、遅くても安全に並行処理ができるクラスと、安全な並行処理はできないけれど速い単一処理専用のクラスがあります。前者を「**スレッドセーフなクラス**」、後者を「**スレッドセーフではないクラス**」と呼び、ArrayListはスレッドセーフではないクラスです。以上のことから、選択肢**D**は正解です。

ArrayListには、値を（理論上）無限に追加できます。ArrayListは、配列のように値を番号で管理するため、追加した順に値が並びます。このように値が順番に並んだ構造を「リスト構造」と呼びます。ただし、ArrayListには追加だけでなく、任意の場所に値を挿入することもできます（解答34を参照）。よって、選択肢**E**も正解です。

第 9 章

Java APIの主要なクラスの操作（解答）

ArrayListの特徴は、nullと重複を許容し、スレッドセーフではないコレクションであることです。

スレッドセーフなリストを扱いたい場合には、java.util.Vectorを使います。

## 32.　F　　　　　　　　　　　　　　　　　　　　　　　　　➡ P290

型変数を指定していないArrayListインスタンスの型推論について問う問題です。解答31で学んだように、コレクションAPIはオブジェクトであればどのような型の集合でも扱えます。たとえば、次のようにObject、String、Integerと3つの種類が混在するコレクションも扱えます。

**例　リストへの追加**

```
ArrayList list = new ArrayList();
list.add(new Object());
list.add("test");
list.add(new Integer(10));
```

ArrayListの値を追加するaddメソッドの引数や、反対に値を取り出すgetメソッドの戻り値はObject型となっているため、Object型に変換できるもの（つまり、すべてのクラス）であれば、何でも扱うことができるためです。しかし、このようなさまざまな型が混在するコレクションは、次のように実行時にダウンキャストをするタイミングで例外が発生する可能性があります。

**例　Object型からString型へのダウンキャスト**

```
for ( int i = 0; i < list.size(); i++ ) {
    String str = (String) list.get(i);     ← ここでClassCastException
}
```

そこで、型が混在しないようにするために、Java SE 5から**ジェネリックス**が導入されました。ジェネリックスは、型を指定することによって、コレクションが扱える型を制限する機能です。たとえば、次のコードはStringしか扱えないArrayListを作っています。

**例　ジェネリックス**

```
ArrayList<String> list = new ArrayList<String>();
```

なお、指定している型のことを「**型パラメータ**」と呼びます。上記のコードであれば、<>内に記述しているStringが型パラメータです。

また、Java SE 7から導入された**ダイアモンド演算子**「**<>**」を使うことにより、ジェネリックスがより簡潔に記述できるようになりました。

【ジェネリックスの記述】

| バージョン | 記述 |
|---|---|
| Java SE 6まで | List<String> list = new ArrayList<String>(); |
| Java SE 7から | List<String> list = new ArrayList<>(); |

この機能は、インスタンスへの参照を保持する変数がどのような型変数で宣言しているかをコンパイラが判断し、同じ型を使ってインスタンス生成時の型変数を決定するというものです。このような機能を「**型推論**」と呼びます。

設問のコードのように、変数宣言時に型変数を指定しなかった場合、その変数はObject型を型変数に渡されたものとしてコンパイルされます。そのため、その変数に代入されるArrayListのインスタンスも、Object型を型変数に渡されたものと推論されることになります。以上のことから、5行目でコンパイルエラーは発生しません。よって、選択肢Aは誤りです。

6行目はString型に、7行目はint型がボクシングされてInteger型に、8行目もchar型がボクシングされてCharacter型が引数に渡されています。これらは、すべてObject型として扱えるためコンパイルエラーは発生しません。よって、選択肢B、C、Dも誤りです。

9行目では、拡張for文を使ってArrayListから1つずつ値を取り出し、Object型の一時変数objに代入しています。一時変数の型がすべてのクラスのスーパークラスであるObject型になっているため、代入時にコンパイルエラーは発生しません。また、実行時に例外も発生しません。よって、選択肢EとGは誤りです。

以上のことから、選択肢**F**が正解です。

ジェネリックスを使って、扱える型を制限することができます。

ArrayListのようなジェネリックなクラスに型パラメータを渡さなければObject型を扱うクラスとなります。

## 33. E → P291

ArrayListのaddメソッドに関する問題です。

ArrayListに値を追加するには、**addメソッド**を使います。addメソッドは引数で渡された値をリストの後ろに追加するメソッドです。そのため、addメソッドで追加された値は、ArrayList内で順番に並びます。

ただし、addメソッドはオーバーロードされており、追加する場所を指定することもできます。設問の場合は7行目のコードです。

**例** addメソッドでリストへの追加の場所を指定

```
list.add(2, "B");
```

上記のコードは、文字列「B」を「2番目」に追加するという意味です。
addメソッドで追加する場所の番号は**0番**から始まります。各要素間に次のように線を引いて番号を振るとわかりやすいでしょう。次の図は、「a」「b」「c」「d」「e」という5つのStringがArrayListで扱われていることを想定しています。

### 【リストの要素】

```
| a | b | c | d | e |
0   1   2   3   4   5
```

この図に基づくと、「b」と「c」の間が2番目ということになります。

設問のコードでは、5行目でStringしか扱わないArrayListのインスタンスを作り、6行目で文字列 "A" をArrayListに追加しています。そのため、7行目を実行する時点では、ArrayListのインスタンスは、次の図のような状態にあります。

### 【設問のコード6行目で追加されたリストの状態】

```
| A |
0   1
```

しかし、7行目では存在しない2番目に文字列「B」を追加しようとしています。このコード自体は文法上誤りではないため、コンパイルエラーは発生しませんが、実行すると次のような例外がスローされます。

**例** Mainクラスの実行時にスローされる例外

```
Exception in thread "main" java.lang.IndexOutOfBoundsException: Index: 2, Size: 1
        at java.util.ArrayList.rangeCheckForAdd(ArrayList.java:643)
        at java.util.ArrayList.add(ArrayList.java:455)
        at arrayList3.addMethod.Main.main(Main.java:9)
```

以上のことから、選択肢**E**が正解です。

ArrayListのaddメソッドは、要素を最後に追加します。ただし、インデックスを使って、追加する箇所を指定することもできます。インデックスは、0から始まることに注意しましょう。

引数を任意の場所に追加するときには、リスト内の要素の間に線を引き、番号を振るとわかりやすくなります。

### 34. A　　　　　　　　　　　　　　　　　　　　　　　➡ P292

ArrayListのsetメソッドに関する問題です。
解答33で学習したaddメソッドは値を追加するメソッドでしたが、本設問で使われている**setメソッド**は追加ではなく、置き換えをするためのメソッドです。setメソッドは、元の値を上書きするので、注意してください。

setメソッドは、第1引数に置き換えるインデックス、第2引数に置き換える要素を受け取ります。設問のコードでは、addメソッドで文字列 "A" を追加したあとに、setメソッドを使っています。

**例** 設問のコード7行目

```
list.set(0, "B");
```

インデックスは0から始まるため、前の行で追加した文字列 "A" を "B" に置き換えます。その後、addメソッドで文字列 "C" を追加しているので、この段階でリストの要素は「B」「C」という順番で並んでいることになります。

9行目では、setメソッドを使って1番目の要素を文字列 "D" に置き換えています。そのため、「B」「C」だった要素は「B」「D」に変わります。以上のことから、選択肢**A**が正解です。

※次ページに続く

> setメソッドは、指定位置にある値を置き換えます。

## 35. B　　　　　　　　　　　　　　　　　　　　　　➡ P293

ArrayListのremoveメソッドに関する問題です。

これまでの設問では、ArrayListの追加と置換について学びました。本設問では、削除を取り上げています。リストから要素を削除するには、**removeメソッド**を使います。たとえば、次のコードを実行するとリストの要素は「A」「B」「C」から、「A」「C」になります。

**例 removeメソッド**

```
ArrayList list = new ArrayList();
list.add("A");
list.add("B");
list.add("C");
list.remove(1);
```

removeメソッドでは、削除する要素を0から始まるインデックスで指定します。上記のコード例では、removeメソッドの引数に1を渡しているため、2番目の「B」が削除されます。

removeメソッドは、このように削除対象のインデックスを指定するもの以外にも、Object型を受け取るものがオーバーロードされています。Object型を受け取るremoveメソッドは、引数で受け取ったインスタンスと同じ要素を削除します。このときの「同じ」とは、**同値**であることを指します。そのため、**equalsメソッドがtrueを戻す**ものを「同じ」ものとして削除します。

設問では、Itemのコレクションを扱うArrayListを作っています。Itemクラスの定義を確認すると、equalsメソッドがオーバーライドされており、price属性の値が一致しなくても、name属性の値が一致すれば、同じであるという判定になっていることがわかります。

Mainクラスの6〜9行目では、Itemのインスタンスを4つ生成してリストに追加しています。10行目では新しいItemのインスタンスを作って、このインスタンスの値を条件として削除しています。前述のとおり、Itemクラスのequalsメソッドは、price属性の値が一致しなくても、name属性の値が一致すれば同じであるという定義になっているため、リストにはこの条件（name属

性の値が「A」である）に合致するインスタンスが2つあることになります。

removeメソッドは、条件に合致する最初の要素を削除します。そのため、設問のコードのように条件に合致する要素が複数あったとしても、削除されるのは1つだけです。条件に合致するかどうかは、リストの先頭から順番に見ていくため、条件に合致する要素が複数あっても、インデックスの若いほうが削除されます。以上のことから、選択肢**B**が正解となります。

 removeメソッドは、リストから要素を削除します。削除対象の要素が複数ある場合は、equalsメソッドがtrueを戻す最初の対象を削除します。

## 36. C　　→ P294

ArrayListのremoveメソッドに関する問題です。
**removeメソッド**は、リストから要素を削除するメソッドです。リストから要素を削除した場合、後ろの要素が繰り上がります。

【removeメソッドが実行されたリストの要素】

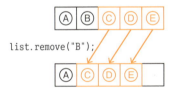

設問のコードでは、"A"、"B"、"C" の3つの文字列をリストに追加し、その後、拡張for文で1つずつ取り出しています。リストの要素は追加された順番通りに並ぶため、最初に取り出されるのは「A」です。10行目のif文により、removeメソッドは「B」のときだけ実行するため、コンソールに「A」が表示されます。このとき、拡張for文では、どの位置を取り出したかを覚えています。これをここでは「カーソル」と呼びます。

【拡張for文で、最初に取り出された位置】

※次ページに続く

次に、「B」が取り出されます。そのため、次のようにカーソルが1つ動きます。

**【拡張for文で、次に取り出された位置】**

このあと、removeメソッドによってこの要素は削除されます。そのため、隣の要素が1つ繰り上がります。

**【要素が繰り上がったあとのカーソル位置】**

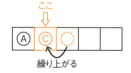

このとき、カーソルの位置が変わっていないことに注意してください。拡張for文は、次の要素があれば取り出して一時変数に代入し、繰り返し処理を実行します。しかし、この図からわかるとおり、カーソルの次の要素はありません。そのため、ここで繰り返し処理が終了します。以上のことから、コンソールには「A」しか表示されません。よって、選択肢**C**が正解です。

　removeメソッドで値を削除した場合、後ろの要素が繰り上がります。

## 37.　E　　　　　　　　　　　　　　　　　　　　　　➡ P295

ArrayListへのアクセスに関する問題です。
解答31で解説したように、ArrayListはスレッドセーフなクラスではありません。そのため、2つのスレッドで並行処理をしているとき、片方のスレッドがArrayListから値を読み出している最中に、もう片方がスレッドが同じArrayListのインスタンスから要素を削除してしまう可能性があります。そのため、読み出しの最中に要素を削除しようとすると、次のような例外がスローされます。

**例　例外 ConcurrentModificationException**

```
Exception in thread "main" java.util.ConcurrentModificationException
        at java.util.ArrayList$Itr.checkForComodification(ArrayList.java:859)
        at java.util.ArrayList$Itr.next(ArrayList.java:831)
        at arrayList7.remove3.Main.main(Main.java:13)
```

この例外は、マルチスレッド環境であるときだけでなく、シングルスレッド環境下でも発生します。
設問のコードでは、11行目から始まる拡張for文で要素を1つずつ取り出し、その途中でremoveメソッドを使って要素を削除してしまっています。そのため、removeメソッドを実行するタイミングで**java.util.ConcurrentModificationException**がスローされます。以上のことから、選択肢**E**が正解です。

なお、リストからIteratorを取り出して、Iterator経由でコレクションを扱っていた場合は、このような例外はスローされません。これは、Iteratorの実装が、要素を取り出している最中に削除されることを想定しているためです。
たとえば、設問のコードの拡張for文のブロック（11～15行目）を次のコードに変更すると、例外はスローされることなく、コンソールに「A」「B」「D」「E」と表示されます。

**例** Iterator経由でコレクションを処理

```
Iterator<String> ite = list.iterator();
while (ite.hasNext()) {
    String str = ite.next();
    if ("C".equals(str)) {
        ite.remove();
    }
}
```

**試験対策** ループで読み出しをしている最中にremoveメソッドを呼び出すと、例外がスローされます。

## 38. B ➡ P296

Java SE 8からListインタフェースのスーパーインタフェースであるCollectionインタフェースにいくつかの新しいメソッドが追加されました。設問の**removeIfメソッド**もその1つです。このメソッドは、引数で渡されたラムダ式がtrueを戻せば、コレクション内の要素を削除するように実装されているデフォルトメソッドの1つです。**デフォルトメソッド**はJava SE 8から導入された機能の1つで、これまで実装を持てなかったインタフェースに、実装を持つメソッドを定義できる機能です。デフォルトメソッドは試験範囲ではないため、ここではremoveIfメソッドの機能にだけ着目します。

設問のコードでは、Predicateのtestメソッドの実装として、引数sの文字列が「B」であったときにtrueを戻すラムダ式が与えられています。removeIfメソッドは、

コレクションのiteratorメソッドを使ってイテレータ (java.util.Iteratorオブジェクト) を取り出し、順番に要素を取り出しながらtestメソッドを呼び出していきます。testメソッドがtrueを戻せば、コレクション内の要素を削除します。そのため、List型オブジェクトの要素は、"A"、"B"、"C" の3つの文字列だったのが、"B" が削除されて "A" と "C" の2つに減ります。以上のことから、選択肢**B**が正解です。

コレクションはMutableです。removeIfメソッドは、対象となるコレクションから要素を直接削除します。Immutableオブジェクトのように対象のコレクションのコピーを作って要素を削除するわけではありません。よって、選択肢Aは誤りです。

コレクションはMutableです。Java SE 8で導入されたLocalDateなどのImmutableなクラスの特徴と混乱しないようにしましょう。

設問ではArraysクラスのasListメソッドを使ってString配列からコレクションを生成し、さらにそれを引数にArrayListを生成しています。これは、ArraysのasListメソッドが固定長、つまり数を変更できないコレクションを戻すためです。もしも、ArraysのasListメソッドで生成したコレクションの要素をremoveIfメソッドなどで削除しようとすると、実行時にjava.lang.UnsupportedOperationExceptionがスローされてしまいます。設問のコードでは、この例外を発生させないために、可変長であるArrayListを生成し直しています。

# 第 10 章

## 総仕上げ問題①

■ 試験番号：1Z0-808

■ 問題数：77問

■ 試験時間：150分

**1.** 次のプログラムをコンパイル、実行したときの結果として、正しいものを選びなさい。（1つ選択）

```
1.  public class Sample {
2.      int i = 0;
3.      static int num = 0;
4.      public void test() {
5.          while( i < 3 ) {
6.              i++;
7.              num++;
8.          }
9.      }
10.     public static void main(String[] args) {
11.         Sample a = new Sample();
12.         Sample b = new Sample();
13.         a.test();
14.         b.test();
15.         System.out.println(a.num + " : " + b.num);
16.     }
17. }
```

  A. 「6：6」と表示される
  B. 「3：3」と表示される
  C. 「3：6」と表示される
  D. コンパイルエラーが発生する

➡ P400

**2.** Javaのバイトコードに関する説明として正しいものを選びなさい。（1つ選択）

  A. 任意のプラットフォームで実行できる
  B. プラットフォーム用にコンパイルされた場合のみ、任意のプラットフォームで実行できる
  C. Javaランタイム環境がある任意のプラットフォームで実行できる
  D. Javaコンパイラがある任意のプラットフォームで実行できる
  E. プラットフォームにJavaランタイム環境とJavaコンパイラの両方がある場合にのみ、任意のプラットフォームで実行できる

➡ P400

**3.** 次のプログラムをコンパイル、実行したときの結果として、正しいものを選びなさい。（1つ選択）

```java
1.  public class Main {
2.      public static void main(String[] args) {
3.          String[] array = {"abcde", "fgh", "ijk"};
4.          String[] array2 = new String[3];
5.          int i = 0;
6.          try {
7.              for (String s : array) {
8.                  array2[i] = s.substring(1, 4);
9.                  i++;
10.             }
11.         } catch (Exception e) {
12.             System.out.println("Error");
13.         }
14.         for (String s : array2) {
15.             System.out.println(s);
16.         }
17.     }
18. }
```

- A. Error
- B. Error
     bcd
- C. Error
     bcd
     null
     null
- D. bcd
     fgh
     ijk

➡ P401

**4.** 次のプログラムを確認してください。

```
1.  public class Main {
2.      public static void main(int[] args) {
3.          System.out.println("A");
4.      }
5.      public static void main(Object[] args) {
6.          System.out.println("B");
7.      }
8.      public static void main(String[] args) {
9.          System.out.println("C");
10.     }
11. }
```

このプログラムをコンパイルし、次のコマンドで実行した結果として、正しいものを選びなさい。(1つ選択)

```
> java Main 1 2 3
```

- A. Aが表示される
- B. Bが表示される
- C. Cが表示される
- D. コンパイルエラーが発生する
- E. 実行時に例外がスローされる

➡ P401

**5.** 以下の3つの条件を満たす正しい記述を選びなさい。(2つ選択)

a：配列のすべての要素を入力の順序で処理する
b：配列のすべての要素を入力とは逆順で処理する
c：配列の要素を1つおきに入力の順序で処理する

- A. すべての要件は、拡張for文で実装できる
- B. すべての要件は、標準for文で実装できる
- C. bとcは、標準for文で実装できない
- D. aは、拡張for文で実装できる
- E. cは、拡張for文と標準for文のどちらも実装できない

➡ P402

**6.** 次のプログラムをコンパイル、実行したときの結果として正しいものを選びなさい。（1つ選択）

```java
1.  import java.util.List;
2.  import java.util.ArrayList;
3.
4.  public class Main {
5.      public static void main(String[] args) {
6.          List<String> list = new ArrayList<>();
7.          try {
8.              while(true) {
9.                  list.add("hello");
10.             }
11.         } catch (RuntimeException e) {
12.             System.out.println("A");
13.         } catch (Exception e) {
14.             System.out.println("B");
15.         }
16.         System.out.println("C");
17.     }
18. }
```

A.　Aが表示される

B.　Bが表示される

C.　Cが表示される

D.　実行時に例外がスローされる

E.　throws宣言がないためコンパイルエラーが発生する

→ P402

**7.** ポリモーフィズムのメリットに関する記述として、正しいものを選びなさい。（2つ選択）

A.　実行時に、より高速なコード

B.　実行時に、より効率的なコード

C.　実行時に、より動的なコード

D.　より柔軟で再利用可能なコード

E.　ほかのクラスの拡張から保護されたコード

→ P403

**8.** 電話番号の下4桁を除くすべての数字をアスタリスクにした文字列を表示したい。「// insert code here」に入るこの要件を満たすコードとして、正しいものを選びなさい。（2つ選択）

```java
public class Main {
    public static void main(String[] args) {
        String phone = "03-1234-5678";
        String x = "**-****-";
        // insert code here
    }
}
```

A. ```java
StringBuilder sb = new StringBuilder(phone);
sb.subSequence(8, 12);
System.out.println(x + sb);
```

B. ```java
System.out.println(x + phone.substring(8, 12));
```

C. ```java
StringBuilder sb = new StringBuilder(x);
sb.append(phone, 8, 12);
System.out.println(sb);
```

D. ```java
StringBuilder sb = new StringBuilder(phone);
StringBuilder s = sb.insert(0, x);
System.out.println(s);
```

➡ P403

**9.** アクセス修飾子を使用してクラス内で変数を隠蔽することを示すJavaの概念として正しいものを選びなさい。（1つ選択）

A. カプセル化
B. 継承
C. 抽象化
D. インスタンス化
E. 多態性

➡ P404

**10.** 次のプログラムをコンパイル、実行したときの結果として、正しいもの
を選びなさい。（1つ選択）

```java
1.  public class Main {
2.      public static void main(String[] args) {
3.          String[] str = new String[2];
4.          int i = 0;
5.          for (String s : str) {
6.              str[i].concat("e" + i);
7.              i++;
8.          }
9.          for (i = 0; i < str.length; i++) {
10.             System.out.println(str[i]);
11.         }
12.     }
13. }
```

A.　　e0
　　　　e1

B.　　null e0
　　　　null e1

C.　　null
　　　　null

D.　　実行時に例外がスローされる

➡ P405

**11.** Javaの例外メカニズムのメリットに関する説明として正しいものを選
びなさい（3つ選択）

A.　　エラー処理のコードが通常のプログラム機能から分離されてい
るので、プログラムの構造が改善される

B.　　発生し得るすべてのエラーに対処する一連の標準例外が提供さ
れる

C.　　例外を処理する場所をプログラマーが選択できるので、プログ
ラムの構造が改善される

D.　　例外が発生したメソッドでその例外を処理する必要があるので、
プログラムの構造が改善される

E.　　作成される特定のプログラムに合わせて新しい例外を作成できる

➡ P405

第10章

総仕上げ問題①（問題）

353

**12.** 次のプログラムを実行し、「135」と表示されるようにしたい。4行目の
空欄に入るコードとして正しいものを選びなさい。（1つ選択）

```
1. public class Main {
2.     public static void main(String[] args) {
3.         int[] array = { 1, 2, 3, 4, 5 };
4.         for ( [            ] ) {
5.             System.out.print(array[i]);
6.         }
7.     }
8. }
```

A.　　int i = 0; i <= 4; i++
B.　　int i = 0; i < 5; i += 2
C.　　int i = 1; i <= 5; i += 1
D.　　int i = 1; i < 5; i +=2

➡ P406

**13.** 次のプログラムを実行し、「abcd」と表示されるようにしたい。「//
insert code here」に入るコードとして正しいものを選びなさい。（1つ
選択）

```
public class Sample {
    public static void main(String[] args) {
        String[][] array = new String[2][2];
        array[0][0] = "a";
        array[0][1] = "b";
        array[1][0] = "c";
        array[1][1] = "d";
        // insert code here
    }
}
```

A.　　for (int i = 1; i < 2; i++) {
　　　　　for (int j = 1; j < 2; j++) {
　　　　　　　System.out.print(array[i][j]);
　　　　　}
　　　　}

```
B.    for (int i = 0; i < 2; ++i) {
          for (int j = 0; j < i; ++j) {
              System.out.print(array[i][j]);
          }
      }


C.    for (String a : array) {
          for (String b : array) {
              System.out.println(b);
          }
      }


D.    for (int i = 0; i < 2;) {
          for (int j = 0; j < 2;) {
              System.out.print(array[i][j]);
              j++;
          }
          i++;
      }
```

➡ P406

**14.** 次のプログラムをコンパイル、実行した結果として、正しいものを選び
なさい。（1つ選択）

```
1.  public class Test {
2.      public static void main(String[] args) {
3.          String str = " ";
4.          str.trim();
5.          System.out.println(str.equals("") + ":" + str.isEmpty());
6.      }
7.  }
```

A.    true:true
B.    true:false
C.    false:false
D.    false:true

➡ P408

**15.** 次のプログラムをコンパイル、実行したときの結果として、正しいもの
を選びなさい。（1つ選択）

```java
1.  public class Item {
2.      String name;
3.      int price = 100;
4.      public Item(String name) {
5.          this();
6.          this.name = name;
7.      }
8.      public Item(String name, int age) {
9.          this(name);
10.         this.price = age;
11.     }
12.     public String toString() {
13.         return name + " " + price;
14.     }
15.     public static void main(String[] args) {
16.         Item p1 = new Item("apple");
17.         Item p2 = new Item("banana", 200);
18.         System.out.println(p1);
19.         System.out.println(p2);
20.     }
21. }
```

A. apple 100
   banana 200
B. 5行目のみでコンパイルに失敗する
C. 9行目のみでコンパイルに失敗する
D. 5行目と9行目の両方でコンパイルに失敗する

➡ P408

**16.** 次のプログラムをコンパイル、実行したときの結果として、正しいもの
を選びなさい。（1つ選択）

```
 1.  public class Main {
 2.      public static void main(String[] args) {
 3.          int num = 9;
 4.          if (num++ < 10) {
 5.              System.out.println(num);
 6.          } else {
 7.              System.out.println("B");
 8.          }
 9.      }
10.  }
```

A.　10
B.　B
C.　9
D.　コンパイルエラーが発生する

➡ P409

**17.** 次のプログラムを実行し、「Hello Java」と出力されるようにしたい。5
行目の空欄に入るコードとして、正しいものを選びなさい。（1つ選択）

```
 1.  public class Main {
 2.      public static void main(String[] args) {
 3.          StringBuilder sb = new StringBuilder();
 4.          sb.append("Java");
 5.          
 6.          System.out.println(sb);
 7.      }
 8.  }
```

A.　sb.add(0, "Hello ");
B.　sb.set(0, "Hello ");
C.　sb.insert(0, "Hello ");
D.　sb.append(0. "Hello ");

➡ P409

**18.** 次のコードがコンパイルエラーになるので修正したい。修正方法として正しいものを選びなさい。（2つ選択）

```
1.  import java.io.IOException;
2.
3.  class X {
4.      public void print() {
5.          //  do something
6.          throw new IOException();
7.      }
8.  }
9.  public class Sample {
10.     public static void main(String[] args) {
11.         X obj = new X();
12.         obj.print();
13.
14.     }
15. }
```

A. 10行目を次のコードに置き換える
```
public static void main(String[] args) throws Exception {
```

B. 12行目を次のコードに置き換える
```
try {
        obj.print();
} catch (Exception e) {
} catch (IOException e) {}
```

C. 4行目を次のコードに置き換える
```
public void print() throws IOException {
```

D. 6行目を次のコードに置き換える
```
throw IOException("Error");
```

E. 13行目に次のコードを追加する
```
throw new IOException();
```

➡ P409

**19.** 次の要件に合致させるために、「// insert code here」に入るコードとして正しいものを選びなさい。（1つ選択）

・変数bの値が90以上である場合は、変数aの値は0.5とする
・変数bの値が80より大きく、90未満である場合は、変数aの値は0.2とする

```java
public class Sample {
    public static void main(String[] args) {
        double a = 0;
        int b = 90;
        // insert code here
        System.out.println(100 * a);
    }
}
```

A. ```java
   if (b > 90) { a = 0.5; }
   if (b > 80 && b < 90) { a = 0.2; }
   ```

B. ```java
   a = (b >= 90) ? 0.5 : 0;
   a = (b > 80) ? 0.2 : 0;
   ```

C. ```java
   a = (b >= 90) ? 0.5 : (b > 80) ? 0.2 : 0;
   ```

D. ```java
   if (b > 80 && b < 90) {
           a = 0.2;
       } else {
           a = 0;
       }
       if (b >= 90) {
           a = 0.5;
       } else {
           a = 0;
       }
   ```

E. ```java
   a = (b > 80) ? 0.2 : (b >= 90) ? 0.5 : 0;
   ```

➡ P410
   ```

**20.** 次のプログラムをコンパイル、実行したときの結果として、正しいもの
を選びなさい。(1つ選択)

```
1.  public class Test {
2.      public static void main(String[] args) {
3.          String[][] array = new String[2][];
4.          array[0] = new String[2];
5.          array[1] = new String[5];
6.          int i = 97;
7.          for (int a = 0; a < array.length; a++) {
8.              for (int b = 0; b < array.length; b++) {
9.                  array[a][b] = "" + i;
10.                 i++;
11.             }
12.         }
13.         for (String[] tmp : array) {
14.             for (String s : tmp) {
15.                 System.out.print(s + " ");
16.             }
17.             System.out.println();
18.         }
19.     }
20. }
```

A.  97 98
    99 100 null null null

B.  97 98
    99 100 101 102 103

C.  コンパイルエラーが発生する

D.  実行時にNullPointerExceptionがスローされる

E.  実行時にArrayIndexOutOfBoundsExceptionがスローされる

➡ P412

**21.** 次のプログラムをコンパイル、実行したときの結果として、正しいもの
を選びなさい。(1つ選択)

```
1.  public class Sample {
2.      int a;
```

360

```
3.      static int b;
4.      public Sample(int ns) {
5.          if ( b < ns ) {
6.              b = ns;
7.              this.a = ns;
8.          }
9.      }
10.     void doPrint() {
11.         System.out.println("a = " + a + " b = " + b);
12.     }
13. }
```

```
1.  public class Main {
2.      public static void main(String[] args) {
3.          Sample s1 = new Sample(10);
4.          Sample s2 = new Sample(30);
5.          Sample s3 = new Sample(20);
6.          s1.doPrint();
7.          s2.doPrint();
8.          s3.doPrint();
9.      }
10. }
```

A.   a = 10 b = 30
     a = 30 b = 30
     a = 20 b = 30

B.   a = 10 b = 30
     a = 30 b = 30
     a = 0 b = 30

C.   a = 10 b = 10
     a = 30 b = 30
     a = 10 b = 10

D.   a = 10 b = 10
     a = 30 b = 30
     a = 0 b = 30

➡ P414

**22.** 次のプログラムをコンパイル、実行した結果として、正しいものを選びなさい。(1つ選択)

```
1.  public class Main {
2.      public static void main(String[] args) {
3.          Item a = new Item(1, "pen");
4.          Item b = new Item(1, "pen");
5.          Item c = a;
6.          boolean ans1 = a == b;
7.          boolean ans2 = a.name.equals(b.name);
8.          System.out.println(ans1 + ":" + ans2);
9.      }
10. }
```

```
1.  class Item {
2.      int id;
3.      String name;
4.      public Item(int id, String name) {
5.          super();
6.          this.id = id;
7.          this.name = name;
8.      }
9.  }
```

A.  true:true
B.  true:false
C.  false:true
D.  false:false

➡ P415

**23.** 次のプログラムをコンパイル、実行したときの結果として、正しいものを選びなさい。(1つ選択)

```
1.  public class Sample {
2.      String name;
3.      int num;
4.      public Sample(String name, int num) {
5.          this.name = name;
6.          this.num = num;
```

```
7.    }
8. }
```

```
1.  public class SubSample extends Sample {
2.      int price;
3.      public SubSample(int price) { // line A
4.          this.price = price;
5.      }
6.      public SubSample(String name, int num, int price) {
7.          super(name, num);
8.          this(price); // line B
9.      }
10. }
```

```
1.  public class Main {
2.      public static void main(String[] args) {
3.          SubSample s1 = new SubSample(100);
4.          SubSample s2 = new SubSample("sample", 200, 100);
5.          System.out.println(s1.name + ", " + s1.num + ", " + s1.price);
6.          System.out.println(s2.name + ", " + s2.num + ", " + s2.price);
7.      }
8. }
```

A.  sample 200 100
    sample 200 100
B.  null 0 100
    sample 200 100
C.  SubSampleクラスの3行目だけでコンパイルエラーになる
D.  SubSampleクラスの8行目だけでコンパイルエラーになる
E.  SubSampleクラスの3行目と8行目の両方でコンパイルエラーに
    なる

➡ P415

**24.** 次のプログラムをコンパイル、実行したときの結果として、正しいものを選びなさい。（1つ選択）

```
1.  import java.util.List;
2.  import java.util.ArrayList;
3.
4.  public class Sample {
5.      public static void main(String[] args) {
6.          List<String> list = new ArrayList<>();
7.          list.add("A");
8.          list.add("B");
9.          list.add("C");
10.         list.add(0, "D");
11.         System.out.println(list);
12.     }
13. }
```

A. [D, A, B]
B. [D, B, C]
C. [D, A, B, C]
D. 実行時に例外がスローされる

➡ P416

**25.** 次のプログラムを確認し、**Main**クラスの空欄に入るコードとして、正しいものを選びなさい。（1つ選択）

```
1.  package com.sample;
2.  public class Sample {
3.      public void sample() {
4.          // any code
5.      }
6.  }
```

```
1.  package com.sample.test;
2.  public class Test {
3.      public void test(int num) {
4.          // any code
5.      }
6.  }
```

364

```
1.  package com;
2.  ┌─────────────────┐
3.  public class Main {
4.      public static void main(String[] args) {
5.          new Sample().sample();
6.          int num = Integer.parseInt(args[0]);
7.          new Test().test(num);
8.      }
9.  }
```

A.　　import java.lang.Integer;
　　　　import com.*;
B.　　import com.sample.*;
C.　　import com.sample.Sample;
　　　　import com.sample.test.*;
D.　　import java.lang.*;

➡ P417

**26.** 次のプログラムをコンパイル、実行した結果として、正しいものを選びなさい。（1つ選択）

```
1.  public class Main {
2.      public static void main(String[] args) {
3.          int x = 10;
4.          int a = x++;
5.          int b = ++x;
6.          int c = x++;
7.          int d = (a < b) ? (a < c) ? a : (b < c) ? b : c;
8.          System.out.println(d);
9.      }
10. }
```

A.　　10
B.　　11
C.　　12
D.　　13
E.　　コンパイルエラーが発生する

➡ P418

**27.** 次のプログラムをコンパイル、実行したときの結果として、正しいもの
を選びなさい。（1つ選択）

```java
1.  public class Main {
2.      public static void main(String[] args) {
3.          try {
4.              throw new Exception();
5.          } catch (Exception e) {
6.              throw new RuntimeException();
7.          } catch (RuntimeException e) {
8.              System.out.println("A");
9.          } finally {
10.             System.out.println("B");
11.         }
12.     }
13. }
```

A. Aが表示される
B. Bが表示される
C. コンパイルエラーが発生する
D. 実行時に例外がスローされる

➡ P418

**28.** 次のプログラムをコンパイル、実行したときの結果として、正しいもの
を選びなさい。（1つ選択）

```java
1.  public class Main {
2.      public static void main(String[] args) {
3.          int[] array = {1, 2, 3, 4};
4.          int i = 0;
5.          do {
6.              System.out.print(array[i]);
7.              i++;
8.          } while ( i < array.length - 1);
9.      }
10. }
```

A. 123
B. 1234

C. コンパイルエラーが発生する

D. 実行時に例外がスローされる

➡ P418

**29.** 次のプログラムをコンパイル、実行したときの結果として、正しいものを選びなさい。（1つ選択）

```
1.  public class Main {
2.      public static void main(String[] args) {
3.          String[] array = {"banana", "mango", "apple", "orange"};
4.          System.out.println(array.length);
5.          System.out.println(array[1].length());
6.      }
7.  }
```

A.  4
    4
B.  3
    5
C.  4
    6
D.  5
    4
E.  4
    5
F.  4
    22

➡ P419

**30.** 次のプログラムをコンパイル、実行したときの結果として、正しいものを選びなさい。（1つ選択）

```
1.  public class Sample {
2.      public static void main(String[] args) {
3.          String str = "Hello Java";
4.          str.trim();
5.          int i = str.indexOf(" ");
6.          System.out.println(i);
7.      }
8.  }
```

A.　0

B.　5

C.　-1

D.　実行時に例外がスローされる

➡ P419

**31.** 次のプログラムをコンパイル、実行したときの結果として、正しいものを選びなさい。（1つ選択）

```
1.  public class Sample {
2.      void test() throws Exception {
3.          System.out.println("test");
4.      }
5.      void hoge() throws RuntimeException {
6.          System.out.println("hoge");
7.      }
8.      public static void main(String[] args) {
9.          Sample s = new Sample();
10.         s.test();
11.         s.hoge();
12.     }
13. }
```

A.　test
　　hoge

B.　5行目でコンパイルエラーが発生する

C.　10行目でコンパイルエラーが発生する

D.　11行目でコンパイルエラーが発生する

E.　10行目と11行目の両方でコンパイルエラーが発生する

➡ P419

**32.** 次のコマンドを実行した結果として、正しいものを選びなさい。（1つ選択）

```
> javac Sample.java
> java Sample Hello
```

```
1.  public class Sample {
2.      public static void main(String[] args) {
3.          if (args[0].equals("Hello") ? false : true) {
4.              System.out.println("A");
5.          } else {
6.              System.out.println("B");
7.          }
8.      }
9.  }
```

A. Aが表示される
B. Bが表示される
C. コンパイルエラーが発生する
D. 実行時に例外がスローされる

➡ P420

**33.** 次のプログラムをコンパイル、実行したときの結果として、正しいもの
を選びなさい。(1つ選択)

```
1.  public class Sample {
2.      public static void main(String[] args) {
3.          short s1 = 10;
4.          Integer s2 = 20;
5.          Long s3 = (long) s1 + s2;
6.          String s4 = (String) (s3 + s2);
7.          System.out.println(s4);
8.      }
9.  }
```

A. 30が表示される
B. 5行目でコンパイルエラーが発生する
C. 6行目でコンパイルエラーが発生する
D. 5行目でClassCastExceptionがスローされる
E. 6行目でClassCastExceptionがスローされる

➡ P420

**34.** 次のプログラムをコンパイル、実行したときの結果として、正しいもの
を選びなさい。（1つ選択）

```java
1.  public class Main {
2.      String val = "7";
3.      public void doStuff(String str) {
4.          int num = 0;
5.          try {
6.              String val = str;
7.              num = Integer.parseInt(val);
8.          } catch (NumberFormatException e) {
9.              System.out.println("error");
10.         }
11.         System.out.println("val = " + val + ", num = " + num);
12.     }
13.     public static void main(String[] args) {
14.         new Main().doStuff("9");
15.     }
16. }
```

A. val = 9, num = 9

B. val = 7, num = 7

C. val = 7, num = 9

D. コンパイルエラーが発生する

➡ P421

**35.** 次のプログラムをコンパイル、実行したときの結果として、正しいもの
を選びなさい。（1つ選択）

```java
1.  public class Main {
2.      public static void main(String[] args) {
3.          System.out.println("5 + 2 = " + 3 + 4);
4.          System.out.println("5 + 2 = " + (3 + 4));
5.      }
6.  }
```

A. 5 + 2 = 34
   5 + 2 = 34

B.      5 + 2 + 3 + 4

            5 + 2 = 7

C.      7 = 7

            7 = 7

D.      5 + 2 = 34

            5 + 2 = 7

➡ P421

**36.** システムの日付が2015年8月29日だとした場合に、次のプログラムの実行結果として正しいものを選びなさい。（1つ選択）

```java
1.  import java.time.*;
2.  import java.time.format.DateTimeFormatter;
3.  public class Main {
4.      public static void main(String[] args) {
5.          LocalDate date1 = LocalDate.now();
6.          LocalDate date2 = LocalDate.of(2015, 8, 29);
7.          LocalDate date3 = LocalDate.parse("2015-08-29", DateTimeFormatter.ISO_DATE);
8.          System.out.println(date1);
9.          System.out.println(date2);
10.         System.out.println(date3);
11.     }
12.  }
```

A.      2015-08-29

            2015-08-29

            2015-08-29

B.      08/29/2015

            2015-08-29

            Aug 29, 2015

C.      コンパイルエラーが発生する

D.      実行時に例外がスローされる

➡ P422

**37.** ソフトウェア開発において配列ではなくArrayListを使用すると、どのようなメリットがあるか。正しいものを選びなさい。（2つ選択）

A.      コレクションAPIが実装される

B.      マルチスレッド・セーフになる

C.      メモリ使用量が少なくなる

第10章

総仕上げ問題①（問題）

371

D. 　リストの要素数に応じて動的にサイズが変化する

➡ P422

**38**. 次のプログラムをコンパイル、実行したときの結果として、正しいもの
を選びなさい。（1つ選択）

```java
1.  public class Main {
2.      static double total;
3.      int a = 2, b = 3;
4.      public static void main(String[] args) {
5.          double x, a, b;
6.          if (total == 0) {
7.              a = 3;
8.              b = 4;
9.              x = 0.5;
10.         }
11.         total = x * a * b;
12.         System.out.println(total);
13.     }
14. }
```

A. 　6.0
B. 　3.0
C. 　5行目でコンパイルエラーが発生する
D. 　11行目でコンパイルエラーが発生する

➡ P423

**39**. 次のプログラムをコンパイル、実行したときの結果として、正しいもの
を選びなさい。（1つ選択）

```java
1.  class Item {
2.      String name;
3.      int price;
4.      public Item(String name, int price) {
5.          this.name = name;
6.          this.price = price;
7.      }
8.  }
```

372

```
1.  public class Sample {
2.      public static void main(String[] args) {
3.          Item[] items = {
4.                  new Item("apple", 100),
5.                  new Item("banana", 100),
6.                  new Item("orange", 80),
7.                  new Item("mango", 80)
8.          };
9.          System.out.println(items);
10.         System.out.println(items[2]);
11.         System.out.println(items[2].price);
12.     }
13. }
```

A.    Items
      orange
      80

B.    [LItem;@6d06d69c
      orange
      80

C.    [LItem;@6d06d69c
      Item@7852e922
      80

D.    [LItem;@6d06d69c
      Item@7852e922
      Integer@86fe4a9

E.    [LItem;@6d06d69c
      orange
      null

➡ P424

**40.** 次のプログラムをコンパイル、実行したときの結果として、正しいものを選びなさい。（1つ選択）

```
 1.  import java.util.List;
 2.  import java.util.ArrayList;
 3.
 4.  public class Main {
 5.      public static void main(String[] args) {
 6.          List<String> list = new ArrayList<>();
 7.          list.add("a");
 8.          list.add("b");
 9.          list.add("c");
10.          list.add("b");
11.          if (list.remove("b")) {
12.              list.remove("d");
13.          }
14.          System.out.println(list);
15.      }
16.  }
```

A. [a, c, b]

B. [a, c]

C. [a, b, c, b]

D. コンパイルエラーが発生する

E. 実行時に例外がスローされる

➡ P424

**41.** 次のプログラムを実行し、「hello.」と表示したい。3行目の空欄に入るコードとして、正しいものを選びなさい。（1つ選択）

```
 1.  public class Main {
 2.      public static void main(String[] args) {
 3.          ┌─────────────┐
 4.      }
 5.  }
```

```
1.  class Sample {
2.      void test() {
3.          System.out.println("hello.");
4.      }
5.  }
```

A.    Sample.test();
B.    new Sample.test();
C.    new Sample().test();
D.    test();

➡ P425

**42.** 次のプログラムをコンパイル、実行したときの結果として、正しいもの
を選びなさい。（1つ選択）

```
1.  public class Main {
2.      public static void main(String[] args) {
3.          String[] array = {"A", "B", "C", "D"};
4.          for (int i = 0; i < array.length; i++) {
5.              System.out.print(array[i] + " ");
6.              if (array[i].equals("C")) {
7.                  continue;
8.              }
9.              System.out.println("end");
10.             break;
11.         }
12.     }
13. }
```

A.    A B C end
B.    A B C D end
C.    A end
D.    コンパイルエラーが発生する

➡ P426

**43.** 次のプログラムをコンパイル、実行したときの結果として、正しいもの
を選びなさい。（1つ選択）

```
1.  public class Main {
2.      public static void main(String[] args) {
3.          String str = "10";
4.          String str2 = "TRUE";
5.          Integer a = Integer.parseInt(str);
6.          Boolean b = Boolean.parseBoolean(str2);
7.          Integer c = Integer.valueOf(str);
8.          Boolean d = Boolean.valueOf(str2);
9.          System.out.println(a + "," + b);
10.         System.out.println(c + "," + d);
11.     }
12. }
```

- A. 10,true
     10,true
- B. 10,false
     10,false
- C. 10,false
     10,true
- D. コンパイルエラーが発生する

➡ P426

**44.** 抽象クラスの定義として、正しいものを選びなさい。（1つ選択）

- A. ```
     abstract class Item {
         public abstract int calcPrice(Item item);
         public void print(Item item) { /* do something */ }
     }
     ```

- B. ```
     abstract class Item {
         public int calcPrice(Item item);
         public void print(Item item);
     }
     ```

```
C.    abstract class Item {
          public int calcPrice(Item item);
          public final void print(Item item) { /* do something */ }
      }


D.    abstract class Item {
          public abstract int calcPrice(Item item) {
              /* do something */
          }
          pubilc abstract void print(Item item) {
              /* do something */
          }
      }
```

➡ P426

**45.** 次のプログラムをコンパイル、実行したときの結果として、正しいもの
を選びなさい。（1つ選択）

```
1.  public class Main {
2.      public static void main(String[] args) {
3.          Sample s = new Sample();
4.          int data = 1;
5.          s.method(data);
6.      }
7.  }
```

```
1.  class Sample {
2.      public void method(long a) {
3.          System.out.println("A");
4.      }
5.      public void method(short s) {
6.          System.out.println("B");
7.      }
8.  }
```

A.    「A」が表示される
B.    「B」が表示される
C.    コンパイルエラーが発生する
D.    実行時に例外がスローされる

➡ P427

**46.** 次のプログラムを実行したときに「java」と表示されるようにしたい。5行目の空欄に入るコードとして正しいものを選びなさい。（1つ選択）

```
1.  public class Main {
2.      public static void main(String[] args) {
3.      StringBuilder sb = new StringBuilder();
4.          sb.append("ava");
5.          _____
6.      System.out.println(sb);
7.      }
8.  }
```

A.    sb.insert(0, "j");
B.    sb.append("j");
C.    sb.first("j");
D.    sb.append(0, "j");
E.    sb.append(1, "j");
F.    sb.insert(1, "j");

➡ P428

**47.** SubSampleを正常にインスタンス化するために、「// insert code here」に入るコードとして正しいものを選びなさい。（1つ選択）

```
public class Sample {
    int a;
    public Sample(int a) {
        this.a = a;
    }
}
class SubSample extends Sample {
    int b;
    public SubSample(int a, int b) {
        // insert code here
    }
}
```

378

A.　super.a = a;
　　this.b = b;
B.　super(a);
　　this(b);
C.　super(a);
　　this.b = b;
D.　this.b = a;
　　super(b);

➡ P428

**48.** 次のプログラムを確認し、選択肢の中からコンパイルエラーとなるコードを選びなさい。（1つ選択）

```
public abstract class A {}
```

```
public interface B {}
```

```
public class C extends A implements B {}
```

```
public class D extends C {}
```

A.　List<A> listA = new ArrayList<>();
　　listA.add(new D());

B.　List<B> listB = new ArrayList<>();
　　listB.add(new C());

C.　List<B> listC = new ArrayList<>();
　　listC.add(new D());

D.　List<D> listD = new ArrayList<>();
　　listD.add(new C());

E.　List<A> listE = new ArrayList<>();
　　listE.add(new C());

➡ P429

第10章

総仕上げ問題①（問題）

379

**49.** 「sample:true:100.0」と出力するには、次のコードをどのように修正すればよいか。修正方法として正しいものを選びなさい。(2つ選択)

```java
public class Sample {
    String a;
    boolean b;
    double c;
    public Sample() {
        // line n1
    }
    public String toString() {
        return a + ":" + b + ":" + c;
    }
    public static void main(String[] args) {
        Sample s = new Sample();
        // line n2
        System.out.println(s);
    }

}
```

A. line n1を次のように置き換える
```java
s.a = "sample";
s.b = true;
s.c = 100;
```

B. line n1を次のように置き換える
```java
this.a = "sample";
this.b = true;
this.c = 100;
```

C. line n1を次のように置き換える
```java
this.a = new String("sample");
this.b = new Boolean(true);
this.c = new Double(100);
```

D. line n2を次のように置き換える
```java
a = "sample";
b = TRUE;
c = 100.0f;
```

380

E.　line n2を次のように置き換える
　　　this("sample", true, 100);

➡ P430

**50.** 次のプログラムをコンパイルし、実行したときの結果として、正しいものを選びなさい。（1つ選択）

```java
1.  public class Main {
2.     public static void test(Integer a, Integer b) {
3.         System.out.println("A");
4.     }
5.     public static void test(double a, double b) {
6.         System.out.println("B");
7.     }
8.     public static void test(float a, float b) {
9.         System.out.println("C");
10.    }
11.    public static void test(int a, int b) {
12.        System.out.println("D");
13.    }
14.    public static void main(String[] args) {
15.        test(10, 20);
16.        test(10.0, 20.0);
17.    }
18. }
```

A.　「D」「C」と表示される
B.　「D」「B」と表示される
C.　「A」「B」と表示される
D.　「A」「C」と表示される

➡ P431

**51.** 次の中から、Javaの例外クラスに該当するものを選びなさい。（2つ選択）

A.　SecurityException
B.　DuplicatePathException
C.　IllegalArgumentException
D.　TooManyArgumentsException

➡ P431

第10章

総仕上げ問題①（問題）

381

**52.** 次のプログラムを修正し、「54321」と表示したい。修正方法として正しいものを選びなさい。（1つ選択）

```java
1.  public class Main {
2.      public static void main(String[] args) {
3.          int x = 5;
4.          while(test(x)) {
5.              System.out.print(x);
6.          }
7.      }
8.      public static boolean test(int x) {
9.          return x-- > 0 ? true : false;
10.     }
11. }
```

    A.    5行目を「`System.out.print(--x);`」に置き換える

    B.    5行目のあとに「`x--;`」を挿入する

    C.    5行目を「`--x;`」に置き換え、「`System.out.print(x);`」を次の行に挿入する

    D.    9行目を「`return (x > 0) ? false : true;`」に置き換える

➡ P432

**53.** 次のプログラムをコンパイル、実行したときの結果として、正しいものを選びなさい。（1つ選択）

```java
1.  import java.time.*;
2.  import java.time.format.*;
3.
4.  public class Sample {
5.      public static void main(String[] args) {
6.          String date = LocalDate.parse("2015-08-23")
7.                          .format(DateTimeFormatter.ISO_DATE_TIME);
8.          System.out.println(date);
9.      }
10. }
```

    A.    Aug 23, 2015T00:00:00.000

    B.    2015-08-23T00:00:00.000

C.　23/8/14T00:00:00.000
D.　実行時に例外がスローされる

➡ P432

**54.** 次のプログラムをコンパイル、実行したときの結果として、正しいものを選びなさい。（1つ選択）

```
1. class A {
2.     public A() {
3.         System.out.print("A");
4.     }
5. }
```

```
1. class B extends A {
2.     public B() {
3.         System.out.print("B");
4.     }
5. }
```

```
1. class C extends B {
2.     public C() {
3.         System.out.print("C");
4.     }
5. }
```

```
1. public class Main {
2.     public static void main(String[] args) {
3.         new C();
4.     }
5. }
```

A.　「CBA」と表示される
B.　「C」と表示される
C.　「ABC」と表示される
D.　コンパイルエラーが発生する

➡ P433

383

**55**. 次のプログラムを確認してください。

```
1.  public class Sample {
2.      String str;
3.      int num;
4.      public Sample(String str, int num) {
5.          super();
6.          this.str = str;
7.          this.num = num;
8.      }
9.      public String getStr() {
10.         return str;
11.     }
12.     public int getNum() {
13.         return num;
14.     }
15. }
```

「A」が出力されるようにするには、16行目にどのようなコードを記述すればよいか。正しいものを選びなさい。(1つ選択)

```
1.  import java.util.*;
2.  import java.util.function.*;
3.
4.  public class Main {
5.      public static void test(List<Sample> list, Predicate<Sample> p) {
6.          for (Sample s : list) {
7.              if (p.test(s)) {
8.                  System.out.println(s.str);
9.              }
10.         }
11.     }
12.     public static void main(String[] args) {
13.         List<Sample> list = Arrays.asList(new Sample("A", 30),
14.                                 new Sample("B", 20),
15.                                 new Sample("C", 10));
16.         [                    ]
17.     }
18. }
```

384

```
A.  test(list, () -> s.getNum() > 20);
B.  test(list, Sample s -> s.getNum() > 20);
C.  test(list, s -> s.getNum() > 20);
D.  test(list, (Sample s) -> { s.getNum() > 20; });
```

➡ P433

**56.** 次のプログラムで、「Hello, Sample」と表示する一連のコマンドとして、正しいものを選びなさい。（1つ選択）

```
1.  public class Main {
2.      public static void main(String[] args) {
3.          System.out.println("Hello, " + args[0]);
4.      }
5.  }
```

A.  javac Main
    java Main Sample
B.  javac Main.java Sample
    java Main
C.  javac Main.java
    java Main Sample
D.  javac Main.java
    java Main.class Sample

➡ P434

**57.** 次の文の説明として、正しいものを選びなさい。（1つ選択）

```
List list = new ArrayList();
```

A.  参照型はArrayList、インスタンスの型もArrayList
B.  参照型はArrayList、インスタンスの型はArray
C.  参照型はList、インスタンスの型はArrayList
D.  参照型はList、インスタンスの型もList
E.  参照型はArrayListとListの両方、インスタンスもArrayListとListの両方

➡ P435

第10章

総仕上げ問題①（問題）

385

**58.** 次のプログラムをコンパイル、実行したときの結果として、正しいものを選びなさい。（1つ選択）

```java
1.  public class Main {
2.      public static void main(String[] args) {
3.          int result = 30 - 12 / (2 * 5) + 1;
4.          System.out.println(result);
5.      }
6.  }
```

    A.    2が表示される
    B.    3が表示される
    C.    28が表示される
    D.    29が表示される
    E.    30が表示される

➡ P435

**59.** 次のプログラムをコンパイル、実行したときの結果として、正しいものを選びなさい。（1つ選択）

```java
1.  public class Sample {
2.      public static void main(String[] args) {
3.          try {
4.              test();
5.          } catch (MyException e) {
6.              System.out.println("A");
7.          }
8.      }
9.      public static void test() {
10.         try {
11.             throw Math.random() > 0.5 ? new MyException() : new RuntimeException();
12.         } catch (RuntimeException e) {
13.             System.out.println("B");
14.         }
15.     }
16. }
17.
18. class MyException extends RuntimeException {}
```

A. A
B. B
C. AまたはB
D. AB
E. 9行目でコンパイルエラーが発生する

➡ P436

**60.** 次のプログラムをコンパイル、実行したときの結果として、正しいもの
を選びなさい。（1つ選択）

```
1. interface A {}
```

```
1. class B implements A {}
```

```
1. class C extends B {}
```

```
1. class D {}
```

```
 1. public class Main {
 2.     public static void main(String[] args) {
 3.         A a = new C();
 4.         C b = new C();
 5.         D c = new D();
 6.         if (a instanceof C) System.out.print("a");
 7.         if (b instanceof A) System.out.print("b");
 8.         if (c instanceof A) System.out.print("c");
 9.     }
10. }
```

A. 「abc」と表示される
B. 「bc」と表示される
C. 「ab」と表示される
D. コンパイルエラーが発生する
E. 実行時に例外がスローされる

➡ P436

**61.** 次のプログラムをコンパイル、実行したときの結果として、正しいものを選びなさい。（1つ選択）

```
1.  public class Sample {
2.      public static void main(String[] args) {
3.          int[] array = {1, 2, 3, 4, 5};
4.          int key = 3;
5.          int cnt = 0;
6.          for (int i : array) {
7.              if (i != key) {
8.                  continue;
9.                  cnt++;
10.             }
11.         }
12.         System.out.println(cnt);
13.     }
14. }
```

A.　3
B.　2
C.　1
D.　コンパイルエラーが発生する

➡ P437

**62.** 次のプログラムをコンパイルしたときの説明として、正しいものを選びなさい。（1つ選択）

```
1.  interface X {
2.      String msg = "Hello";
3.      void execute();
4.  }
5.  interface Y {}
6.  interface Z extends X, Y {
7.      public void execute(String str);
8.  }
```

A.　2行目でコンパイルエラーが発生する
B.　3行目でコンパイルエラーが発生する
C.　6行目でコンパイルエラーが発生する

D.　7行目でコンパイルエラーが発生する

E.　コンパイルは成功する

→ P437

**63.** boolean型変数の初期化として、正しい記述を選びなさい。（1つ選択）

A.　`boolean a = 1;`

B.　`boolean b = 0;`

C.　`boolean c = null;`

D.　`boolean d = (10 % 2 == 0);`

→ P438

**64.** 次のプログラムをコンパイル、実行したときの結果として、正しいものを選びなさい。（1つ選択）

```
1.  public class Main {
2.      public static void main(String[] args) {
3.          Sample[] array = {
4.              new Sample(10),
5.              new Sample(20)
6.          };
7.          Sample[] array2 = new Sample[2];
8.          System.arraycopy(array, 0, array2, 0, array.length);
9.          array2[1].num = 10;
10.         System.out.println(array[1].num);
11.     }
12. }
```

```
1.  class Sample {
2.      int num;
3.      Sample(int num) {
4.          this.num = num;
5.      }
6.  }
```

A.　0が表示される

B.　10が表示される

C.　コンパイルエラーが発生する

D.　実行時に例外がスローされる

→ P438

**65.** 次のプログラムをコンパイル、実行したときの結果として、正しいもの
を選びなさい。(1つ選択)

```
1.  public class Main {
2.      void main() {
3.          System.out.println("A");
4.      }
5.      static void main(String args) {
6.          System.out.println("B");
7.      }
8.      public static void main(String[] args) {
9.          System.out.println("C");
10.     }
11.     void main(Object[] args) {
12.         System.out.println("D");
13.     }
14. }
```

A. Aが表示される
B. Bが表示される
C. Cが表示される
D. Dが表示される
E. コンパイルエラーが発生する
F. 実行時に例外がスローされる

➡ P438

**66.** 次のプログラムをコンパイル、実行したときの結果として、正しいもの
を選びなさい。(1つ選択)

```
1.  class A {
2.      void hello() {
3.          System.out.println("A");
4.      }
5.  }
```

```
1.  class B extends A {
2.      void hello() {
3.          System.out.println("B");
4.      }
5.  }
```

```
1. class C extends A {
2.     void hello() {
3.         System.out.println("C");
4.     }
5. }
```

```
1. public class Main {
2.     public static void main(String[] args) {
3.         A a = new B();
4.         B b = (B) a;
5.         C c = (C) b;
6.         c.hello();
7.     }
8. }
```

A. Aが表示される
B. Bが表示される
C. Cが表示される
D. コンパイルエラーが発生する
E. 実行時に例外がスローされる

➡ P439

**67.** 次のプログラムをコンパイル、実行したときの結果として、正しいもの
を選びなさい。(1つ選択)

```
1. public class Main {
2.     public static void main(String[] args) {
3.         String str = "Hello World";
4.         System.out.println(str.charAt(11));
5.     }
6. }
```

A. 何も出力されない
B. dが出力される
C. StringIndexOutOfBoundsExceptionがスローされる
D. ArrayIndexOutOfBoundsExceptionがスローされる
E. NullPointerExceptionがスローされる
F. StringArrayIndexOutOfBoundsExceptionがスローされる

➡ P440

第10章

総仕上げ問題①（問題）

391

**68.** 次のように出力したい。

```
A:constructor
B:sample
A:sample
```

**Main**クラスの空欄①～③に入るコードの組み合わせとして正しいものを選びなさい。（1つ選択）

```
1.  public class Main {
2.      public static void main(String[] args) {
3.          ①
4.          ②
5.          ③
6.      }
7.  }
```

```
1.  class A {
2.      public A() {
3.          System.out.println("A:constructor");
4.      }
5.      public void sample() {
6.          System.out.println("A:sample");
7.      }
8.  }
```

```
1.  class B extends A {
2.      public B() {
3.          super();
4.      }
5.      public B(String str) {
6.          System.out.println("B:constructor");
7.      }
8.      public void sample() {
9.          super.sample();
10.     }
11.     public void sample(String str) {
12.         System.out.println("B:sample");
13.     }
14. }
```

A. ① B b = new B("test");
② b.sample("test");
③ b.sample();

B. ① B b = new B("test");
② b.sample();
③ b.sample("test");

C. ① B b = new B();
② b.sample();
③ b.sample("test");

D. ① B b = new B();
② b.sample("test");
③ b.sample();

E. ① B b = new B();
② b.sample();
③ b.sample();

➡ P440

**69.** 多次元配列のインスタンス化と初期化のコードとして、正しいものを選びなさい。（2つ選択）

A. `int[][] array = {{1,2,3},{4,5,6}};`
B. `int[][][] array = {{1,2},{3,4},{5,6}};`
C. `int[][] array = {0, 1};`
D. `int[][] array = new int[][2];`
`array[0][0] = 1;`
`array[0][1] = 2;`
`array[1][0] = 3;`
`array[1][1] = 4;`
E. `int[] array = {0, 1};`
`int[][][] array2 = new int[2][2][2];`
`array2[0][0] = array;`
`array2[0][1] = array;`
`array2[1][0] = array;`
`array2[1][1] = array;`

➡ P441

**70.** 次のプログラムをコンパイル、実行したときの結果として、正しいものを選びなさい。（1つ選択）

```
 1.  public class Main {
 2.      public static void main(String[] args) {
 3.          int num = 1;
 4.          x:
 5.          for (int i = 0; i < 3; i++) {
 6.              y:
 7.              for(int j = 0; j < 5; j++) {
 8.                  if ( j==1 ){
 9.                      continue;
10.                  }
11.                  if ( j==3 ) {
12.                      break x;
13.                  }
14.                  num += i;
15.              }
16.          }
17.          System.out.println(num);
18.      }
19.  }
```

- A. 1が表示される
- B. 2が表示される
- C. 3が表示される
- D. 4が表示される
- E. 5が表示される

➡ P442

**71.** 次のプログラムをコンパイル、実行したときの結果として、正しいもの
を選びなさい。（1つ選択）

```
1.  public class Sample {
2.      private char a;
3.      private int b = 1;
4.      String test(char a, int b) {
5.          return a + ", " + b;
6.      }
7.      public static void main(String[] args) {
8.          Sample app = new Sample();
9.          System.out.println(app.test('A'));
10.     }
11. }
```

- A. 「A, 0」と表示される
- B. 「A, 1」と表示される
- C. 「A, null」と表示される
- D. コンパイルエラーが発生する

**➡ P443**

**72.** 次のプログラムをコンパイル、実行したときの結果として、正しいもの
を選びなさい。（1つ選択）

```
1.  public class Main {
2.      public static void main(String[] args) {
3.          int a = 10;
4.          if (a++ > 10)
5.          if (a < 100) a--;
6.          else a--;
7.          else a++;
8.          System.out.println(a);
9.      }
10. }
```

- A. 8が表示される
- B. 9が表示される
- C. 11が表示される
- D. 12が表示される

第10章

総仕上げ問題①（問題）

395

E. コンパイルエラーが発生する

F. 実行時に例外がスローされる

➡ P444

**73.** 次のプログラムをコンパイル、実行したときの結果として、正しいものを選びなさい。（1つ選択）

```
1.  public class Main {
2.      public static void main(String[] args) {
3.          try {
4.              hello();
5.          } catch(Exception e) {
6.              System.out.print("A");
7.          } finally {
8.              System.out.print("B");
9.          }
10.         System.out.print("C");
11.     }
12.     public static void hello() throws Exception {
13.         try {
14.             throw new Exception();
15.         } finally {
16.             System.out.print("D");
17.         }
18.     }
19. }
```

A. 「ABC」と表示される

B. 「DABC」と表示される

C. 「ADBC」と表示される

D. コンパイルエラーになる

➡ P444

**74.** 次のプログラムを確認してください。

```
1. public class A {
2.     public void hello() {
3.         System.out.println("hello");
4.     }
5. }
```

```
1. public class B extends A {
2.     public void bye() {
3.         System.out.println("bye");
4.     }
5. }
```

これらのクラスを利用する以下のプログラムを、コンパイル、実行したときの結果として、正しいものを選びなさい。(1つ選択)

```
1. public class Main {
2.     public static void main(String[] args) {
3.         A a = new B();
4.         a.bye();
5.     }
6. }
```

A. 「bye」と表示される
B. 「null」と表示される
C. 何も表示されない
D. コンパイルエラーが発生する
E. 実行時に例外がスローされる

➡ P445

**75.** 次のプログラムをコンパイル、実行したときの結果として、正しいもの
を選びなさい。（1つ選択）

```
1.  public class Main {
2.      public static void main(String[] args) {
3.          int data = 1;
4.          switch(data) {
5.              default:    System.out.print("C");
6.              case 0:     System.out.print("A");
7.                          break;
8.              case 10:    System.out.print("B");
9.                          break;
10.         }
11.     }
12. }
```

   A.    Aが表示される

   B.    Cが表示される

   C.    CAが表示される

   D.    CABが表示される

   E.    コンパイルエラーが発生する

➡ P445

**76.** 次のプログラムをコンパイル、実行したときの結果として、正しいもの
を選びなさい。（1つ選択）

```
1.  public class Main {
2.      public static void main(String[] args) {
3.          int[] array = {1, 2, 3};
4.          for (int num : array) {
5.              int i = 1;
6.              while (i <= num);
7.                  System.out.print(i++);
8.          }
9.      }
10. }
```

   A.    「111」と表示される

   B.    「123」と表示される

C. 「112123」と表示される

D. コンパイルエラーが発生する

E. 無限ループになり、123が表示され続ける

F. 無限ループになり、何も表示されない

➡ P446

**77.** 次のプログラムをコンパイル、実行したときの結果として、正しいものを選びなさい。（1つ選択）

```java
1.  import java.util.ArrayList;
2.  import java.util.List;
3.
4.  public class Main {
5.      public static void main(String[] args) {
6.          List list = new ArrayList();
7.          list.add("A");
8.          list.add(null);
9.          list.add("B");
10.         System.out.println(list.size());
11.     }
12. }
```

A. 2が表示される

B. 3が表示される

C. コンパイルエラーが発生する

D. 実行時に例外がスローされる

➡ P446

# 第 10 章　総仕上げ問題①

# 解　答

## 1.　A ➡ P348

static変数についての問題です。

**static変数**はインスタンスではなく、static領域に作られる変数です。インスタンスごとに値を保持するわけではないことに注意しましょう。

設問のコードでは、インスタンスごとに値を保持するインスタンスフィールドとstatic変数の両方を持ったSampleクラスを定義しています。また、Sampleクラスに定義されているtestメソッドは、2つの変数の値をインクリメントしながら増やしていきます。繰り返し回数は、インスタンス変数iが0から始まり、3よりも小さい間、つまり変数iの値が0、1、2の間繰り返すため、合計3回です。

mainメソッドでは、2つのSampleクラスのインスタンスを作成し、それぞれのtestメソッドを呼び出しています。最初のtestメソッドを呼び出した段階で、static変数numの値は3まで増えます。次の行でもう一度testメソッドを呼び出すと、static変数numの値はさらに3増えて6になります。

その後、mainメソッドでは「a.num」と「b.num」を出力していますが、どちらもstatic領域に確保された同じ変数の値を出力しているだけです。以上のことから、コンソールには「6：6」と表示されます。よって、選択肢**A**が正解です。

【第6章：問題7】

## 2.　C ➡ P348

Javaの実行環境についての問題です。

Javaのプログラム（クラスファイル）を実行するには、JVMを含む実行環境（ランタイム環境）が必要です。Javaのプログラムは、実行環境がインストールされているプラットフォームでのみ実行可能です。コンパイル済みのクラスファイルがあればコンパイラは実行に必要ありません。以上のことから、選択肢**C**が正解です。

## 3. C

**→ P349**

Stringクラスのメソッドについての問題です。

設問のコードでは、3つの文字列を持つString配列型のarrayから1つずつ文字列を取り出し、その文字列から1文字目〜4文字目にある文字列だけを抽出して新しいString配列に代入しています。

最初の文字列は、「abcde」です。Stringクラスの**substringメソッド**は、第1引数から第2引数の間にある文字列を抽出します。次の図のように文字の間に線を引いて0から番号を振ると、抽出する範囲がわかりやすくなります。

**【substringメソッドで抽出する文字列①】**

| a | b | c | d | e |
0   1   2   3   4   5

この図からわかるとおり、「bcd」の部分が切り出されてString配列型のarray2の1つ目の要素に代入されます。次の文字列は「fgh」ですが、次の図のように3番目までしか文字がないため、4文字目が取り出せません。そのため、この文字列から抽出したタイミングでStringIndexOutOfBoundsExceptionという例外がスローされます。

**【substringメソッドで抽出する文字列②】**

| f | g | h |
0   1   2   3

その結果、for文を抜けて、コンソールには「Error」と表示されます。この時点で、3つの要素を持つString配列型のarray2には「bcd」「null」「null」という要素が入っていることになります。そのため、その後のfor文ではこれらの要素が順に表示されることになります。以上のことから、選択肢**C**が正解です。

【第9章：問題5】

## 4. C

**→ P350**

エントリーポイントについての問題です。

設問のコードでは、mainメソッドが**オーバーロード**されて3つ定義されています。3つとも引数の型が異なるため、オーバーロードの条件は満たしています。よって、コンパイルエラーが発生することはないため、選択肢Dは誤りです。

Javaプログラムのエントリーポイントとなるmainメソッドは、その定義が決まっています。変更できるのは引数の変数名だけで、その他は変更できません。エントリーポイントになるのは、String配列型の引数を受け取るものだけです。よって、設問のコードを実行すると「C」と表示されます。以上のことから、選択肢**C**が正解です。

【第1章：問題8】

## 5. B, D ➡ P350

for文の種類についての問題です。
**for文**には、従来からある標準for文と、Java SE 5で導入された拡張for文の2種類があります。**拡張for文**は、集合から1つずつ取り出しながら順に処理をしていくことを簡易な構文で書くことを実現していますが、一方で**標準for文**ほど細かい制御はできません。拡張for文の特徴は、次のとおりです。

・ 拡張for文は、順方向にしか処理できない（逆方向はできない）
・ 拡張for文は、1つずつしか処理できない（1つおきなどはできない）

よって、拡張for文では条件aは実現できますが、bとcは実現できません。以上のことから、選択肢**D**が正解で、選択肢Aが誤りです。

標準for文は、順方向はもちろん、逆順や1つおきに処理することが可能です。よって、選択肢**B**が正解で、CとEが誤りです。

【第5章：問題4、11】

## 6. D ➡ P351

例外の種類についての問題です。
Javaの例外には、**検査例外**と**非検査例外**、**エラー**の3つがあります。検査例外と非検査例外の違いは、try-catchを強制するか否かです。エラーは、プログラムでは対処できないようなトラブルが発生したことを意味します。

設問のコードでは、ArrayListのインスタンスを生成して、"hello" という文字列を追加しています。問題は、while文の条件がtrueとなっているため、無限ループになる点です。ArrayListのインスタンスには無限に "hello" という文字列が追加されるため、使えるメモリをいずれ使い切ってしまい、やがて次のようなエラーが発生することになります。

```
Exception in thread "main" java.lang.OutOfMemoryError: Java heap space
```

エラーは前述のとおり、検査例外や非検査例外とは異なるものです。そのた

め、ExceptionやRuntimeExceptionをキャッチするcatchブロックではキャッチすることはできません。以上のことから、「実行時に例外がスローされる」とした選択肢**D**が正解です。

【第8章：問題22】

## 7.　C、D　　　　　　　　　　　　　　　　　　→ P351

ポリモーフィズムの特徴についての問題です。

**ポリモーフィズム**のメリットは、実際に動作しているインスタンスの型を意識する必要がないことです。ポリモーフィズムを使えば、宣言した変数の型でさまざまな種類のインスタンスを扱えるため、インスタンスを使っているコードは、たとえインスタンスの種類が変わっても影響を受けません。その結果、変更時に修正するコードが減るため、変更に強いソフトウェアを設計することが可能になります。

ポリモーフィズムを使えば、動作するインスタンスの種類を、条件によって実行時に変更することも可能です。選択肢**C**の「動的なコード」とは、実行時に変更可能なコードという意味であるため、ポリモーフィズムのメリットを表しています。

また、変数の型と実行するインスタンスの型を分けて考えることができるポリモーフィズムは、両者の型を合わせなければいけないような従来の言語に比べて圧倒的に柔軟な設計が可能です。よって、選択肢**D**も正解です。

ポリモーフィズムは、変更に強い設計をするためのものです。高速に動作させたり、CPUやメモリなどのコンピュータリソースを有効活用するためのものではありません。よって、選択肢AとBは誤りです。

選択肢Eは、finalクラスの説明です。finalで修飾されたクラスは、継承したサブクラスを作ることができません。これによって、不用意な機能拡張を防ぐ設計が可能になりますが、ポリモーフィズムとは無関係です。よって、選択肢Eは誤りです。

## 8.　B、C　　　　　　　　　　　　　　　　　　→ P352

StringBuilderとStringクラスのメソッドについての問題です。
範囲を指定して文字列を切り出すには、次の図のように文字と文字の間に線を引くと範囲がわかりやすくなります。

【文字列の切り出しのイメージ】

```
|0|3|-|1|2|3|4|-|5|6|7|8|
 0 1 2 3 4 5 6 7 8 9 10 11 12
```

第10章

総仕上げ問題①（解答）

403

設問のように電話番号下4桁を抜き出すには、図のとおり8～12の範囲の文字列を抜き出せばよいことがわかります。

A. **StringBuilder**の**subSequenceメソッド**は、内部の文字列から引数で指定された範囲の文字列を表すCharSequenceオブジェクトを戻すメソッドです。抽出された文字列は、この新しいオブジェクトが持っており、元のStringBuilder内の文字列は変化しません。そのため、選択肢Aを実行すると、「**-****-03-1234-5678」のようにアスタリスクの後ろに電話番号がそのままつながって表示されます。

B. Stringの**substringメソッド**を使って文字列を抜き出しています。抜き出した文字列「5678」は文字列「**-****-」と連結されて表示されるため、その結果は設問の条件に合致します。

C. StringBuilderのインスタンスを生成するときに文字列「**-****-」を与えています。そのインスタンスの**appendメソッド**を使って範囲を指定して追加しているため、文字列「**-****-」の後ろに抜き出した文字列「5678」が追加され、設問の条件に合致する結果となります。

D. StringBuilderのインスタンスを生成するときに文字列「03-1234-5678」を与えています。そのインスタンスの0番目の位置、つまり先頭に文字列「**-****-」を挿入しています。そのため、結果は「**-****-03-1234-5678」となり、設問の条件に合致しません。

以上のことから、選択肢**B**と**C**が正解です。

【第9章：問題5、15、20】

## 9. A　　　　　　　　　　　　　　　　　　　　　　➡ P352

オブジェクト指向概念についての問題です。
オブジェクト指向では、基礎的な設計の流れとして、次のような手順を踏みます。

1. 関係するデータをまとめる（**データ抽象**）
2. そのデータを必要とする処理をまとめてモジュール化する（**カプセル化**）
3. モジュール内のデータを外部からアクセスできないようにする（**データ隠蔽**）
4. 関係するモジュール同士をまとめる（**抽象化**）
5. モジュールの公開範囲を決める（**情報隠蔽**）

3番目のデータ隠蔽は、2番目のカプセル化を維持するために不可欠なものです。そのため、カプセル化とデータ隠蔽はセットで扱うのが一般的です。設

問では、「クラス内で変数を隠蔽する」とあるため、カプセル化に関する出題です。よって、選択肢**A**が正解です。

その他の選択肢については、以下のとおりです。

B.　継承は、機能や役割を引き継ぐものです。
C.　抽象化は、関係するモジュール同士を共通部分でまとめて扱うことです。
D.　インスタンス化は、クラスから動作するモジュールを生成することです。
E.　ポリモーフィズムは、「抽象化」や「多態性」と呼ばれることもあります。共通部分を持つインスタンスを、同じように扱えることから、関係するモジュール同士をまとめるために使われます。

【第6章：問題20】

## 10.　D　　→ P353

配列に関する問題です。
オブジェクト型の配列のインスタンスを生成しても、配列で扱いたい要素のインスタンスが生成されるわけではありません。あくまで配列のインスタンスが生成されるだけで、要素の中身は空、つまりnullです。

設問のコードでは、2つの要素を持つString配列型のインスタンスを生成しています。ここで作られたのは、2つのStringを扱うことができる配列のインスタンスであって、Stringのインスタンスができたわけではないことに注意しましょう。そのため、配列の要素はnullのままです。

拡張for文で、配列の要素を取り出していますが、変数sにはnullが入っています。そのため、次の行でconcatメソッドを呼んだタイミングでNullPointerExceptionがスローされます。以上のことから、選択肢**D**が正解です。

【第4章：問題5、第8章：問題17】

## 11.　A、C、E　　→ P353

Javaの例外処理の特徴についての問題です。
Javaでは、想定される例外に対応した例外クラスが用意されています。ただし、発生し得るエラー「すべて」に対して用意されているわけではないため、作成される特定のプログラムに合わせて新たに作ることもできます。その場合、あらかじめ用意されている例外クラスを利用することも、それらを継承した独自の例外クラスを定義することも可能です。以上のことから、選択肢Bは誤りで、選択肢**E**が正解です。

Javaの**例外処理**は「構造化例外処理」と呼ばれ、行いたい処理と例外処理を

第10章

総仕上げ問題①（解答）

405

分離して記述できます。分離することによって、行いたい処理の中に不要な例外処理が混在するのを防ぐことができるので、コードが読みやすく、理解しやすくなるメリットがあります。よって、選択肢**A**は正解です。

例外が発生した場合、その発生したメソッド内でキャッチして例外を処理することも、また、throwsを宣言して再スローすることもできます。再スローすることで、例外を処理する場所を一元管理する柔軟な設計が可能です。よって、選択肢**C**は正解で、選択肢**D**は誤りです。

## 12. B　　　　　　　　　　　　　　　　　　　　　　　　　→ P354

for文の条件指定についても問題です。
「135」と表示するには、配列の0番目から2番、4番という順番に表示すればよいことになります。しかし、選択肢CとDの変数iの初期化では1番目から始めてしまっています。よって、選択肢CとDは誤りです。

選択肢Aでは、変数iの値は0から始まって4まで順番に1つずつ増えていきます。そこで、配列の0番目の要素から始め、1つおきに表示するには、更新文で1つ加算するのではなく、2つ加算します。以上のことから、選択肢**B**が正解です。

【第5章：問題4】

## 13. D　　　　　　　　　　　　　　　　　　　　　　　　　→ P354

2次元配列と二重ループに関する問題です。
設問の配列は、次のような構造を持つ**2次元配列**です。

【設問の配列の構造】

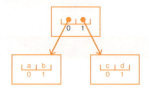

この配列のすべての要素をコンソールに出力するには、次のコードのようなループが必要です。

**例** 配列の要素を出力する拡張for文

```java
for (int i = 0; i < 2; i++) {
    for (int j = 0; j < 2; j++) {
        System.out.print(array[i][j]);
    }
}
```

このような二重ループが出題された場合は、内側のループが何をするコード
なのかを見定めます。上記のコードでは、内側のループは2次元目の要素を
コンソールに出力しています。そこで、次のように簡略化すると、複雑に見
える二重ループであっても理解しやすくなります。

**例** 二重ループを簡略化した形

```java
for (int i = 0; i < 2; i++) {
    // 2次元目の要素を表示する（内側のループ）
}
```

本設問で重要なポイントは、2つの要素を持つ配列が2つある2次元配列を扱っ
ているため、1つ目の配列の0番目と1番目、2つ目の配列の0番目と1番目を順に
表示しなければいけない点です。しかし、選択肢Aは初期値を0からではなく
1から始めています。そのため、2つ目の配列の1番目の要素しか出力されませ
ん。以上のことから、選択肢Aは誤りです。

また、上記の正しいコード例では、変数iとjの値、またそのときの結果の関係
は次の表のとおりとなります。

| 変数i | 変数j | 結果 |
|---|---|---|
| 0 | 0 | aが表示される |
| 0 | 1 | bが表示される |
| 1 | 0 | cが表示される |
| 1 | 1 | dが表示される |

選択肢Bは、初期値は外側のループも内側のループも0から始まっていますが、
内側の条件式が「j < i」となっているため、次のように条件を表にすると、
すべての要素が表示されるわけではないことがわかります。

※次ページに続く

第10章

総仕上げ問題①（解答）

| 変数i | 変数j | 結果 |
|---|---|---|
| 0 | 0 | 条件に一致しないのでループの内側を抜ける |
| 0 | 1 | 実行されない |
| 1 | 0 | cが表示される |
| 1 | 1 | 条件に一致しないのでループの内側を抜ける |

また、拡張for文では2次元配列の1次元目だけを取り出して繰り返すことはできません。よって、選択肢Cは誤りです。

選択肢Dは更新文がないため、一見すると間違いに思えますが、更新文は必須でなく省略可能です。選択肢Dのコードではループ中にインクリメントをしているため、変数iとjは両方とも1回ごとに1ずつ増えており、更新文がなくても正しく動作します。以上のことから、選択肢**D**が正解です。

【第4章：問題7、第5章：問題9】

## 14.  C  → P355

Stringクラスの特徴についての問題です。
**Stringクラス**は**Immutable**なクラスであり、一度生成した文字列は変更されることはありません。そのため、Stringクラスの**trimメソッド**は、空白を除去した新しい文字列を戻します。よって、変更前の文字列を保持している変数strを使って、ブランク文字列と同値であるかを調べたり、isEmptyメソッドを使って空文字であるかを調べても、どちらもの場合も結果はfalseとなります。よって、選択肢**C**が正解です。

【第9章：問題6】

## 15.  B  → P356

デフォルトコンストラクタについての問題です。
コンストラクタは、インスタンスの準備をするために欠かせません。そのため、もしもプログラマーがコンストラクタを定義しなくても、コンパイラによって**デフォルトコンストラクタ**が自動的に追加されます。ただし、プログラマーが明示的にコンストラクタを定義した場合は、デフォルトコンストラクタは追加されません。

設問のItemクラスは、オーバーロードされた2つのコンストラクタを持ちます。そのため、コンパイラがデフォルトコンストラクタを追加することはありません。5行目のコードは**this**を使って、引数を持たない別のコンストラクタを呼び出しています。しかし、このような引数を持たないコンストラクタは、このItemクラスには存在しないため、コンパイルエラーが発生します。

9行目のコードは、文字列を受け取るコンストラクタを呼び出しています。文字列を受け取るコンストラクタは定義されているため、このコードはコンパイルエラーにはなりません。

以上のことから、5行目のみコンパイルエラーになるとした選択肢**B**が正解です。

【第6章：問題15、16】

## 16.　A
**➡ P357**

インクリメントを後置したときの加算タイミングについての問題です。

**後置インクリメント**の場合、式が実行し終わったあとに加算された値で変数の値が上書きされます。そのため、設問のコードの条件式は、加算される前の値で比較され、条件式の評価が終わったタイミングで変数の値が変更されます。よって、コンソールには加算後の値である10が表示されます。以上のことから、選択肢**A**が正解です。

【第3章：問題4】

## 17.　C
**➡ P357**

StringBuilderクラスのinsertメソッドに関する問題です。

**StringBuilder**に関する問題のポイントは、appendメソッドとinsertメソッドの使い分けです。**appendメソッド**は「後ろに追加」、**insertメソッド**は「任意の場所に挿入」と覚えましょう。

設問のコードでは、StringBuilderに「Java」という文字列を追加したあと、その文字列よりも前に「Hello 」という文字列を挿入しなければいけません。任意の位置に文字列を挿入するには、insertメソッドを使います。以上のことから、選択肢**C**が正解です。

なお、選択肢AやBのようなメソッドは、StringBuilderには存在しません。

【第9章：問題15、16】

## 18.　A、C
**➡ P358**

例外のスローとthrows宣言についての問題です。

Exceptionクラスとそのサブクラスは、検査例外に分類される例外です。メソッド内で検査例外が発生する場合、その例外をメソッド内でキャッチするか、もしくはthrows宣言で再スローすることを宣言しなければいけません。

設問のprintメソッドは、処理中にIOExceptionを発生させます。このIOExceptionは、Exceptionクラスを継承しており、検査例外の一種です。そのため、printメソッド内でキャッチするか、またはprintメソッドでthrows宣言をするかの

**第10章**

総仕上げ問題①（解答）

どちらかをしなければいけません。printメソッド内でキャッチする選択肢はないため、選択肢Cのthrows宣言をするメソッド宣言への置き換えが必要です。よって、選択肢**C**は正解です。

検査例外が発生する可能性のあるメソッドを使った場合もキャッチ、もしくはthrows宣言のいずれかが必要です。

設問のmainメソッドでは、先ほどの選択肢Cに伴って、printメソッドを使っている箇所で発生する例外をキャッチするか、もしくはthrowsの宣言をしなければいけません。

選択肢Bは、一見すると正しくキャッチしているように見えますが、キャッチする例外の順番が誤っています。catchブロックで宣言する例外の型の宣言はポリモーフィズムが働いてしまうので、Exceptionをキャッチするcatchブロックを、そのサブクラスをキャッチするcatchブロックよりも先に記述すると、すべての例外をキャッチしてしまい、サブクラスをキャッチするcatchブロックが到達不可能なコードになってしまいます。このような到達不可能なコードは記述できないため、コンパイルエラーとなります。以上のことから、選択肢Bは誤りです。

キャッチする選択肢が誤りとなったため、throwsの宣言を追加する選択肢を選びます。mainメソッドにthrows宣言を追加しているのは選択肢Aです。よって、選択肢**A**は正解です。

【第8章：問題10】

## 19.　C　　　　　　　　　　　　　　　　　　　　➡ P359

条件分岐に関する問題です。

選択肢Aは、1つ目のif文で90より大きい場合に、変数aに0.5を代入しています。しかし、設問の条件は、90以上となっており、90も含みます。よって、誤りです。

選択肢Bは、1つ目の三項演算子で変数bの値が90以上であるため、変数aには0.5が代入されます。しかし、2つ目の三項演算子でも変数bの値は80よりも大きいため、変数aの値は0.2に書き換えられてしまいます。よって、誤りです。

選択肢Cは、ネストした三項演算子ですが、次のように改行してみるとわかりやすくなります。

410

### 例 入れ子の三項演算子を分けた形

```
a = (b >= 90) ? 0.5    // 1つ目の条件がtrueのとき
  : (b > 80)  ? 0.2    // 2つ目の条件がtrueのとき
  : 0;                 // どちらもfalseだったとき
```

変数bの値が90だった場合には、要件どおりに0.5が戻されます。また、変数bの値が81や89だった場合には、要件どおり0.2が戻されます。もし変数bの値が80だった場合には0が戻されるので、要件に完全一致します。以上のことから、選択肢**C**が正解です。

なお、このように変数bにどのような値が入っていたときにどうなるかを考えるには、変数bの値のパターンを考えるとよいでしょう。どのような値を使えばよいかは、次の図のように値が切り替わる境界を考えます。

【設問のコードで値の意味が変わるところ】

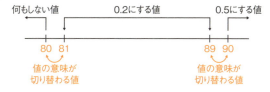

設問の要件では、80より大きい値、90未満の値、90以上の値という3つの値が使われているので、図のように値が切り替わる場所の前後の数を使います。つまり、80、81、89、90という値を使って、コードが条件どおりに動くかどうかを確かめます。

なお、このようなデータの割り出し方は「境界値分析」と呼ばれ、ソフトウェアのテスト用データを割り出すための方法として、もっとも一般的な手法の1つです。試験には直接関係ありませんが、実際の開発では不可欠な方法論ですので、ほかの書籍などを通じて、ぜひとも身につけておきましょう。

選択肢Dは、2つのif文で条件分岐を実現しています。1つ目のif文の条件式は、bの値が80より大きく、かつ90より小さい場合には変数aに0.2を代入します。これは2つ目の要件に合致します。次に、2つ目のif文の条件式では、bの値が90以上だった場合に変数aに0.5を代入します。このように条件式の結果がtrueのときだけに着目すると2つの要件に合致するように見えますが、条件式がfalseを戻すときも同時に考慮しなければいけません。

※次ページに続く

そこで、前述の4つの値を順番に変数bに入れて確認をします。たとえば変数bの値が80だったとき、1つ目のif文の条件式はfalseを戻します。2つ目の条件式も同様にfalseを戻すため、変数aの値は0になります。これは条件のとおりであり、問題ありません。

次に変数bの値が81だった場合について検討します。1つ目のif文の条件式はtrueを戻すため、変数aの値は0.2になります。これは条件のとおりです。しかし、2つ目のif文の条件式がfalseを戻すため、else文が実行されて変数aの値は0に上書きされてしまいます。これは条件を満たしていません。以上のことから、選択肢Dは誤りです。

選択肢EもCのように三項演算子を使っているので、次のように改行してみます。

**例 三項演算子を分けた形**

```
a = (b > 80)    ? 0.2    // 1つ目の条件がtrueだったとき
  : (b >= 90)   ? 0.5    // 2つ目の条件がtrueだったとき
  : 0;                   // どちらもfalseだったとき
```

この場合も、選択肢Dと同じように前述の4つの値を使います。変数bの値が80だったとき、1つ目の条件はfalse、2つ目の条件もfalseとなるため、変数aには0が代入されることになります。

変数bの値が81だったとき、1つ目の条件がtrueとなるため、変数aには0.2が代入されます。変数bの値が89のときも同様です。しかし、変数bの値が90だったとき、1つ目の条件がtrueとなるため、このときも0.2になります。これは1つ目の要件を満たしていません。以上のことから、選択肢Eも誤りです。

【第3章：問題17、22】

## 20. A → P360

配列のlengthに関する問題です。
設問のコードでは、Stringの2次元配列のインスタンスを作っています。この2次元配列は、1次元目に2つの要素を扱うことができ、2次元目には2つの要素を持つ配列と5つの要素を持つ配列のインスタンスへの参照が格納されています。

この2次元配列のlengthは、1次元目の要素数を戻します。つまり、設問のコードでは1次元目の要素数は2つなので、2が戻されます。そのため、2次元配列に値を代入している二重ループは、次のような固定値に置き換えることができます。

**例** 設問のコード7〜12行目

```
for (int a = 0; a < 2; a++) {
    for (int b = 0; b < 2; b++) {
        array[a][b] = "" + i;
        i++;
    }
}
```

変数aとbが使われている箇所を考えると、外側のループが1次元目、内側の
ループが2次元目の要素を指定するために使われていることがわかります。
どちらのループも初期値が0から始まり、条件式の上限が2となっているので、
2回ループがまわることになります。よって、次の表のように変数iには、合
計4つの値が配列に代入されることになります。

| a | b | i |
|---|---|---|
| 0 | 0 | 97 |
| 0 | 1 | 98 |
| 1 | 0 | 99 |
| 1 | 1 | 100 |

2次元配列の1次元目には2つのString配列への参照が代入されています。1つ
目は2つ、2つ目は5つの要素を持つ配列です。1つ目のString配列には、97と98
という2つの文字列が代入されていますが、2つ目のString配列は最初の2つに
99と100という文字列が代入されるものの、残りの3つの要素はデフォルト値
のままです。String配列のデフォルト値はnullであるため、2つ目のString配列
の要素は、99、100、null、null、nullとなります。

以上のことから、選択肢**A**が正解です。

配列が出題された場合、NullPointerExceptionやArrayIndexOutOfBoundsException
の発生がないかを確認する必要があります。2次元配列の1次元目だけ初期化
されており、2次元目が初期化されていない場合には、NullPointerExceptionが
発生します。また、ArrayIndexOutOfBoundsExceptionは、宣言した要素数以上
の要素番号にアクセスした場合に発生します。設問のコードではどちらも問
題ありません。よって、選択肢DとEは誤りです。

【第4章：問題8】

第10章

総仕上げ問題①（解答）

413

## 21. B                                                    → P360

static変数についての問題です。

**static変数**は、インスタンスではなく、static領域に作られる変数です。イン
スタンスごとに値を保持するわけではないことに注意しましょう。

設問のSampleクラスでは、int型の引数を受け取ります。また、設問では、
Sampleのインスタンスが3つ生成され、それぞれコンストラクタには10、30、
20の順に値が与えられています。Sampleクラスのコンストラクタでは、受け
取った引数が変数bの値よりも大きければ、変数aとbに受け取った値を代入
します。このとき、条件式で使われる変数bはstatic変数であり、前に代入し
た値を持ったままであることに注意しましょう。

1つ目のSampleのインスタンスが生成されたとき、コンストラクタには10が
渡されます。変数bの値はデフォルト値である0のままなので、条件式はtrue
を戻します。そのため、10が変数aとbの両方に代入されます。

2つ目のSampleのインスタンスが生成されたときのコンストラクタへの引数は
30です。変数bの値は、1つ目のインスタンス生成時に代入した10なので、条
件式はtrueを戻します。そのため、30が変数aとbの両方に代入されます。

3つ目のSampleのインスタンスが生成されたときのコンストラクタへの引数
は20です。変数bの値は、2つ目のインスタンス生成時に代入した30なので、
条件式はfalseとなり、変数bの値が変わることはありません。変数aの値も変
わることなく、デフォルト値である0のままです。

その後、それぞれのインスタンスが持っている変数aの値と、static変数bの値
をコンソールに出力しています。このタイミングで、変数bの値は2つ目のイ
ンスタンス生成時に代入した30のままです。よって、変数bの値に10が出力
されている選択肢CとDは誤りです。

また、変数aはインスタンス変数なので、インスタンスごとに異なる値を持っ
ています。3つのインスタンスを生成するときに、それぞれコンストラクタ
には10、30、20の順に値が与えられていますが、前述のとおり、3つ目のインス
タンス生成時には変数aの値はデフォルト値のままです。そのため、変数aの
値は10、30、0の順に出力されることになります。以上のことから、10、30、20
の順に出力されている選択肢Aは誤りで、選択肢**B**が正解です。

【第6章：問題7】

## 22. C → P362

同一性と同値性についての問題です。

**同一性**は、2つの変数が同じインスタンスを参照していることです。同一性の判定には**==演算子**を使います。設問のコードでは、2つのItemのインスタンスを生成し、それぞれ変数aとbに参照を代入しています。その後、変数cを宣言して変数aの参照をコピーしています。そのため、変数aとcは同一ですが、変数aとbは同一ではありません。よって、変数aとbを比較した結果はfalseとなります。

**同値性**は、変数の参照先にあるインスタンスが同じ値を持っていることです。同値性の判定には**equalsメソッド**を使います。変数aとbの参照先にある2つのインスタンスのnameフィールドの値はどちらも「pen」です。そのため、このフィールド同士を比較した結果はtrueになります。
以上のことから、選択肢**C**が正解です。

【第3章：問題8、9】

## 23. E → P362

コンストラクタに関する問題です。

**コンストラクタ**は、インスタンスの準備をするために欠かせません。そのため、もしもプログラマーが明示的にコンストラクタを定義しなくても、コンパイラによって**デフォルトコンストラクタ**が自動的に追加されます。ただし、設問のSampleクラスのようにコンストラクタが明示的に定義されている場合、デフォルトコンストラクタは追加されません。

コンパイラの役割は、コンストラクタが定義されていないときにデフォルトコンストラクタを追加するだけではありません。クラスが継承関係にある場合、スーパークラスのインスタンスから先に準備を始めなければいけません。そのため、サブクラスのコンストラクタの先頭行には、スーパークラスのコンストラクタ呼び出しのコードが必要です。もし、プログラマーが明示的にスーパークラスのコンストラクタ呼び出しのコードを記述しなかった場合、コンパイラは引数なしのスーパークラスのコンストラクタ呼び出しのコードを自動的に追加します。そのため、設問のSubSampleクラスは、コンパイルすると次のようなコードに変換されています。

※次ページに続く

第10章

総仕上げ問題①（解答）

**例** super()が追加されたSubSampleクラス

```
public class SubSample extends Sample {
    int price;
    public SubSample(int price) {      // line A
        super();
        this.price = price;
    }
    public SubSample(String name, int num, int price) {
        super(name, num);
        this(price);        // line B
    }
}
```

しかし、スーパークラスであるSampleクラスには、2つの引数を取るコンストラクタは定義されているものの、引数なしのコンストラクタは存在しません。また、コンストラクタが明示的に定義されているため、前述のようにデフォルトコンストラクタが追加されることもありません。そのため、line Aでコンパイルエラーが発生します。

また、SubSampleクラスはコンストラクタがオーバーロードされており、3つの引数を受け取るコンストラクタも定義されています。このコンストラクタでは、明示的にスーパークラスのコンストラクタを呼び出していますが、次の行で**this**を使ってオーバーロードしたコンストラクタを呼び出しています。このとき、前述のようにスーパークラスのコンストラクタ呼び出しのコードが追加されているため、このコンストラクタでは2回もスーパークラスのコンストラクタを呼び出すことになります。このような事態を防ぐため、スーパークラスのコンストラクタ呼び出し後に、オーバーロードしたコンストラクタを呼び出すことができないようになっています。よって、line Bでもコンパイルエラーが発生します。
以上のことから、選択肢**E**が正解です。

【第7章：問題17】

## 24. C  ➡ P364

Listインタフェースのaddメソッドについての問題です。
**List インタフェース**にはコレクションに要素を追加する**addメソッド**が用意されています。このメソッドはオーバーロードされており、1つしか引数を渡さなければその要素は末尾に追加され、挿入したい位置と要素を引数に渡せば、指定の位置に要素が挿入されます。指定した位置の要素が置き換わるわけではないことに注意しましょう。

設問のコードでは、コレクションにA、B、Cの順に文字列を追加しています。その後0番目、つまり先頭にDを挿入しています。そのため、コレクションはD、A、B、Cの順で要素を持つことになります。以上のことから、選択肢**C**が正解です。

【第9章：問題33】

## 25.　C　　　　　　　　　　　　　　　　　→ P364

パッケージのインポートに関する問題です。
異なるパッケージに属するクラスを利用するには、**完全修飾クラス名**でクラスを記述するか、**import文**を宣言しなければいけません。設問のMainクラスでは、異なるパッケージに属するSampleクラスやTestクラスを完全修飾クラス名ではなく、クラス名だけで記述しているため、インポート宣言が必要です。

なお、java.langパッケージに属するクラスはインポートする必要はありません。このパッケージは、Javaプログラミングで必要な基本的なクラスがまとめられているため、インポート宣言を省略できるようになっています。よって、選択肢AやDのようにjava.langパッケージをインポートする必要はありません。

インポート宣言では、完全修飾クラス名を指定するか、パッケージ名とクラス名の**ワイルドカード**を指定するかのどちらかの方法を使います。パッケージ名をワイルドカードにすることはできません。そのため、選択肢Aのように「com.*」をインポートするとcomパッケージに属するクラスだけがインポートされます。しかし、設問のSampleクラスとTestクラスは、それぞれ「com.sample」と「com.sample.test」というパッケージに属しているため、この宣言ではインポートできません。よって、選択肢Aは誤りです。

選択肢Bは、「com.sample.*」をインポートしているため、com.sampleパッケージに属するクラスだけをクラス名で表記できます。Testクラスは、「com.sample.test」というパッケージに属しているため、この宣言ではインポートできません。よって、選択肢Bは誤りです。

選択肢Dは、java.langパッケージのみインポートしており、「com.sample」と「com.sample.test」の2つのパッケージをインポートしていません。よって、誤りです。

以上のことから、正しくインポート宣言が記述されている選択肢Cが正解です。

【第1章：問題2、問題4】

第10章

総仕上げ問題①（解答）

417

## 26. E  → P365

三項演算子の書式についての問題です。

設問でインクリメントと後置が繰り返し表れるのは、いわゆる引っかけです。**三項演算子**を使った式が出題されたら、まず「**?**」と「**:**」が交互に表れているかどうかを確認しましょう。設問の三項演算子は、?、?、:、?、:の順になっており、「?」と「:」が交互に表れていません。よって、このコードはコンパイルエラーとなります。以上のことから、選択肢**E**が正解です。

【第3章：問題21】

## 27. C  → P366

複数のcatchブロックのある例外処理に関する問題です。

設問のコードでは、**複数のcatchブロック**を記述して、スローされる例外の種類に応じて異なる例外処理ができるようになっています。**継承関係**にある複数の例外クラスをcatchブロックで指定する場合、必ず**サブクラスのcatchブロック**を先に記述しなければなりません。

設問のコードの5〜7行目にはExceptionクラスが指定されたcatchブロックが記述されているため、すべてのExceptionクラスのサブクラスがここでキャッチされます。そのため、ExceptionクラスのサブクラスであるRuntimeExceptionをキャッチするcatchブロックに処理が到達することはありません。このように到達不可能なコードを記述するとコンパイルエラーが発生します。したがって、選択肢**C**が正解です。

【第8章：問題3】

## 28. A  → P366

do-while文についての問題です。

**do-while文**は、必ず1回は繰り返し処理をするための構文です。設問のコードでは、配列の要素を順に表示しています。このとき、条件式が「配列の要素数-1」となっているため、4-1で3よりも変数iの値が小さいときだけ繰り返しを続けます。

変数iは0から始まり、繰り返し構文の中でインクリメントされて1つずつ増えていきます。配列の0番目〜2番目までを表示したあと、インクリメントされて変数iの値が2から3に増えます。そのため、変数iの値が3よりも小さいときだけ繰り返すという条件に一致しなくなり、do-while文を抜けます。よって、コンソールには、123の3つの数字が表示されることになります。以上のことから、選択肢**A**が正解です。

【第5章：問題2】

## 29. E ➡ P367

配列のlengthと文字列のlengthメソッドについての問題です。
**配列のlength**は、宣言した要素数を戻します。宣言した要素数であるため、要素に値が入っているかどうかは関係ない点に注意をしてください。また、**文字列のlengthメソッド**は、文字数を戻すメソッドです。

設問のコードでは、4つの要素を持つ配列を初期化演算子を使って生成しています。そのため、1つ目の出力は4となります。次の出力では、配列の2番目「mango」の文字数を出力しています。よって、2つ目の出力は5です。以上のことから、選択肢**E**が正解です。

【第4章：問題8、第9章：問題8】

## 30. B ➡ P367

Stringクラスのメソッドについての問題です。
**String**クラスの**trimメソッド**は、文字列の前後にある空白を取り除きます。文字列の間にある空白は対象にはなりません。よって、設問の文字列「Hello Java」はtrimメソッドを実行しても変わりません。

Stringクラスの**indexOfメソッド**は、引数で指定された文字列が何文字目に出現するかを調べるためのメソッドです。次の図のように文字の間に線を引いて0から番号を振ると何番目か数えやすくなります。

**【indexOfメソッドで調べる文字列のイメージ】**

|H|e|l|l|o| |J|a|v|a|
0 1 2 3 4 5 6 7 8 9 10

この図からわかるように空白が出現するのは、5番目です。よって、コンソールには5が表示されます。以上のことから、選択肢**B**が正解です。

【第9章：問題4、6】

## 31. C ➡ P368

検査例外と非検査例外の違いについての問題です。
Javaの例外には、検査例外と非検査例外、エラーの3つがあります。検査例外と非検査例外の違いは、try-catchを強制するか否かです。検査例外がスローされるメソッドを利用しているにもかかわらず、try-catchブロックで括らなければ、throwsで宣言しない限りコンパイルエラーとなります。

※次ページに続く

第10章

総仕上げ問題①（解答）

419

設問のtestメソッドは、Exceptionクラスをスローする可能性のあるメソッドです。Exceptionクラスは検査例外のルートクラスで、このクラス、もしくはこのクラスを継承したサブクラスがスローされる場合はtry-catchブロックで括るか、throwsで再スローする必要があります。

しかし、設問のmainメソッドでは、testメソッドを呼び出す際にtry-catchブロックで括ったり、throwsで再スローしたりはしていません。そのため、10行目でコンパイルエラーが発生します。よって、選択肢**C**が正解です。

設問のhogeメソッドは、RuntimeExceptionをスローする可能性のあるメソッドです。このクラスはExceptionクラスのサブクラスですが、非検査例外のルートクラスになるものです。そのため、このクラス、もしくはこのクラスを継承したサブクラスがスローされるメソッドをたとえ使っていても、try-catchブロックで括る必要はありません。そのため、11行目でコンパイルエラーが発生することはありません。よって、選択肢DとEは誤りです。

また、RuntimeExceptionはtry-catchを強制しないだけであって、try-catchブロックで括ることもthrowsでスローする可能性を宣言することもできます。よって、選択肢Bのように5行目でコンパイルエラーが発生することもありません。

【第8章：問題10】

## 32. B ➡ P368

三項演算子についても問題です。
実行時の起動パラメータに「Hello」という文字列が指定されています。そのため、if文の条件式で使われているequalsメソッドはtrueを戻します。しかし、**三項演算子**によってtrueの場合はfalse、falseの場合はtrueを戻すとなっているため、falseが戻されます。よって、elseブロックが実行されてコンソールにはBが表示されます。以上のことから、選択肢**B**が正解です。

【第3章：問題21】

## 33. C ➡ P369

型変換についての問題です。
設問のコードでは、short型の変数s1とInteger型の変数s2を用意し、それぞれ10と20の値を代入しています。整数リテラルはデフォルトではint型として解釈されますが、short型の範囲（-32768〜32767）であれば自動的に型変換されて代入されます。また、Integer型の変数にint型の値を代入するときには、オートボクシングによって自動的にIntegerのインスタンスが生成されます。

次にs1とs2を加算していますが、まずs1がlong型へのキャスト式によってshort

型からlong型に変換されます。その後、long型に変わった値とs2の足し算が実行されますが、そのタイミングでs2がアンボクシングされてint型に変換され、long型とint型の足し算になります。このように大きな数値型と小さな数値型の演算では、小さな型が大きな型に変換されてlong型とlong型の足し算として扱われます。よって、5行目の「(long) s1 + s2」の結果はlong型になります。その演算結果を受け取る変数はLong型であるため、long型の演算結果がオートボクシングされてLong型に変換されます。以上のことから、5行目でコンパイルエラーが発生することも、実行時に例外がスローされることもありません。よって、選択肢BとDは誤りです。

6行目では、s3とs2を足し算し、その結果をString型にキャストしようとしています。s3はLong型、s2はInteger型で互換性はありませんが、アンボクシングすることでlong型とint型の足し算になります。前述のとおり、このように大きな数値型と小さな数値型の演算では、小さな型が大きな型に変換されてlong型とlong型の足し算として扱われます。そのため、足し算は問題なく実行できます。しかし、その後のlong型からString型へのキャストができないため、互換性がないとしてコンパイルエラーが発生します。以上のことから、選択肢**C**が正解です。

【第7章：問題12】

---

## 34. C  ➡ P370

変数のスコープについての問題です。
設問のコードは、valというフィールドを持ちますが、同じ名前のローカル変数がdoStuffメソッドにも宣言されています（6行目）。ただし、このローカル変数はtryブロックの中で宣言されているため、tryブロックの外で使うことはできません。そのため、tryブロックの外ではフィールドの値が使われ、コンソールに表示されるvalの文字列は「7」となります。

一方、doStuffメソッド内のtryブロックで使われる変数valは、引数で渡した文字列「9」です。そのため、parseIntメソッドで数値変換された値も9です。以上のことから、コンソールには「val = 7, num = 9」と表示されます。よって、選択肢**C**が正解です。

【第2章：問題12】

---

## 35. D  ➡ P370

演算子の優先順位と文字列連結についての問題です。
文字列と数値を**＋演算子**で演算すると、数値は文字列に変換されて、文字列連結されます。そのため、設問のmainメソッドの最初のコンソール表示は、まず「"5 + 2 = " + 3」が実行されて「"5 + 2 = 3"」という文字列になり、

第10章

総仕上げ問題①（解答）

421

次に「"5 + 2 = 3" + 4」が実行されるため、「5 + 2 = 34」という文字列が表示されます。

次の行では、＋演算子よりも優先順位が高い「()」が使われているため、先に「(3 + 4)」が実行されて、「"5 + 2 = " + 7」という文字列連結が実行されることになります。そのため、コンソールには「5 + 2 = 7」が表示されます。よって、選択肢**D**が正解です。

【第3章：問題7、第9章：問題12】

---

## 36.　A　　　　　　　　　　　　　　　　　　　　→ P371

LocalDateクラスに関する問題です。

**LocalDateクラス**のtoStringメソッドの基本的な書式は「**yyyy-MM-dd**」という4桁の年、2桁の月と日をハイフンでつないだものです。設問のようにnowメソッドやofメソッド、parseメソッドで作られたインスタンスをprintlnメソッドに渡すと、すべて同じ書式でコンソールに日付が表示されます。以上のことから、選択肢**A**が正解です。

LocalDateの**ofメソッド**は、年、月、日の3つの引数を渡して、指定した日付を表すインスタンスを生成するためのメソッドです。このメソッドでコンパイルエラーが発生するのは、引数の数が足りないなど、オーバーロードされたメソッドが存在しない場合です。また、実行時に例外がスローされるのは、「2015年8月32日」のような存在しない日付を指定した場合です。

LocalDateのparseメソッドは、解析対象の日付を表す文字列と書式（DateTimeFormatterの定数）の2つの引数を受け取ります。このメソッドでコンパイルエラーが発生するのは、引数の数が異なるか、型が異なるかのいずれかです。また、実行時に例外がスローされるのは、年月日までしか値がないにもかかわらず、DateTimeFormatter.ISO_DATE_TIMEのような時刻まで含む書式を指定した場合が考えられます。

ofメソッド、parseメソッドのいずれにおいても、コンパイルエラーや実行時に例外がスローされることはないため、選択肢CとDは誤りです。

【第9章：問題26】

---

## 37.　A、D　　　　　　　　　　　　　　　　　　　→ P371

ArrayListの特徴に関する問題です。

**ArrayList**は「動的配列」とも呼ばれ、多数のインスタンスを管理するために配列の代わりに頻繁に使われるクラスの1つです。配列が使いにくい理由の1つとして、扱える要素数が決まってしまう点が挙げられます。もし、あらかじめ用意した数よりも多くの要素を扱いたい場合には、新しい配列を用意し、

既存の配列から要素を移し替える必要があるからです。ArrayListは、必要に応じて要素数を自動的に増やすため、このようなことを意識する必要がありません。以上のことから、選択肢**D**は正解です。

Javaの標準クラスライブラリには、ArrayListのほかにも配列の代わりに多数のインスタンスを管理するための便利なクラスがいくつも用意されています。これらのクラスの利用法を定めたインタフェースも用意されており、インタフェースに定められたAPIを理解していれば、共通した方法でこれらのクラスを扱えるようにもなっています。このようなインタフェース群をひとまとめにして「**コレクションAPI**」と呼びます。ArrayListは、**java.util.Listインタフェース**というコレクションAPIを実装したクラスです。以上のことから、選択肢**A**も正解です。

ArrayListと同じようにjava.util.Listインタフェースを実装したクラスに**java.util.Vector**があります。VectorもArrayListも複数のインスタンスを順番に番号で管理するという点では同じですが、**マルチスレッド**に対応するか否かが異なります。Vectorは、マルチスレッド環境下でも安全に使えるよう実装されています。一方、ArrayListはマルチスレッド環境下での使用を考慮していません。Vectorのほうが安全に使える反面、ArrayListよりもパフォーマンス面で劣ります。シングルスレッドプログラムか、マルチスレッドプログラムかで使い分けられるようになっているのです。以上のことから、選択肢Bは誤りです。

ArrayListは、要素のあるなしにかかわらず、バッファ（空き）を持っています。要素を次々と追加していって空きが少なくなると、自動的にバッファを作ります。そのため、要素数があらかじめ決まっている配列に比べれば、余分にメモリを使ってしまうことになります。以上のことから、選択肢Cも誤りです。なお、メモリ使用量のことを「メモリフットプリント」と呼びます。

【第9章：問題31】

## 38.　D　　→ P372

staticコンテキストについての問題です。
フィールドはデフォルト値で初期化されますが、ローカル変数はプログラマーが明示的に初期化しなければいけません。もし、初期化されていない変数を使うと、そのコードはコンパイルエラーとなります。
設問のコードでは、mainメソッド内でdouble型の変数x,、a、bを宣言しています。この変数は続くifブロック内で初期化されていますが、if文の条件に合致しなかった場合には初期化されずに、11行目の式を実行することになります。そのため、11行目でコンパイルエラーが発生します。よって、選択肢**D**が正解です。

【第6章：問題17】】

## 39.　C
→ P372

Objectクラスのエ toStringメソッドに関する問題です。
**System.out.println**は、SystemクラスのstaticなPrintStream型のoutフィールドのprintlnメソッドを呼び出しているコードです。このメソッドは、引数の型がプリミティブ型のデータであればそのままコンソールに出力し、オブジェクト型であればそのオブジェクトのtoStringメソッドを呼び出し、その結果をコンソールに出力します。

toStringメソッドは、すべてのクラスのスーパークラスであるObjectクラスに定義されているため、すべてのクラスのインスタンスが持っているメソッドです。デフォルトの実装は「クラス名@ハッシュコード」を戻すようになっており、任意の値を戻したい場合にはオーバーライドしなければいけません。

設問のItemクラスは、toStringメソッドをオーバーライドしていません。よって、もしこのクラスのインスタンスへの参照をprintlnメソッドに渡すと「Item@ハッシュコード」のような書式でコンソールには表示されます。

設問のmainメソッドでは、初期化演算子を使ってItem配列型のインスタンスを生成しながら、同時に4つのItemのインスタンスも生成しています。配列もオブジェクトですが、toStringメソッドをオーバーライドしていません。そのため、配列のインスタンスへの参照をprintlnメソッドに渡すと「[L要素の型@ハッシュコード」のような書式でコンソールに表示されます。「[L」の部分が配列を表す文字列で、その後ろに配列が扱う型が続くのが特徴です。

設問では、配列、配列の3つ目の要素（Item）、最後に配列の3つ目の要素のpriceフィールドの値を順にコンソールに出力しています。そのため、「[LItem@ハッシュコード」「Item@ハッシュコード」「80」のような書式で出力されている選択肢**C**が正解です。

## 40.　A
→ P374

Listインタフェースのremoveメソッドについての問題です。
Listインタフェースのremoveメソッドは、コレクションから引数の要素を削除するメソッドです。また、このメソッドは削除ができたかどうかを真偽値で戻します。そのため、設問のコードのようにif文の条件式でremoveメソッドを使うことも可能です。

removeメソッドは、コレクション内に指定された要素がなかった場合には、falseを戻します。そのため、設問のように存在しない「d」を引数に渡しても実行時に例外がスローされることはありません。

設問では文字列bを削除していますが、この要素はコレクションに2つ追加されています。このような場合は、removeメソッドは、先に現れた要素だけを削除します。よって、この段階でコレクション内の要素は、a、c、bの3つです。以上のことから、選択肢**A**が正解です。

【第9章：問題35】

## 41. C  ➡ P374

インスタンスの生成に関する問題です。
staticで修飾されていないメソッドは「インスタンスメソッド」と呼ばれ、インスタンスを生成しない限り使うことはできません。設問のSampleクラスに定義されたtestメソッドは、インスタンスメソッドであるため、利用するにはSampleクラスのインスタンスを生成する必要があります。

インスタンスを生成するには、**new**キーワードに続いてコンストラクタを呼び出すコードを記述します。Sampleクラスのインスタンスを生成するには、次のようなコードが必要です。

**例** Sampleクラスのインスタンスを生成

```
new Sample();
```

選択肢Cのコードは、Sampleクラスのインスタンスの生成とtestメソッドの呼び出しをメソッドチェイン（第9章の解答9を参照）によって同時に記述しています。以上のことから、選択肢**C**が正解です。

選択肢Aは、インスタンスを生成せずにtestメソッドを呼び出しています。staticで修飾されたクラスメソッドであればこの書式が使えますが、testメソッドはインスタンスメソッドです。よって、選択肢Aは誤りです。

選択肢Bは、コンストラクタを呼び出していないため誤りです。

Mainクラスに定義されたクラスメソッドの呼び出しであれば、選択肢Dのように記述できますが、testメソッドはSampleクラスに定義されているメソッドです。よって、誤りです。

第10章

総仕上げ問題①（解答）

## 42. C ➡ P375

繰り返しの制御についての問題です。

設問のコードでは、4つの要素を持つString配列のインスタンスを生成し、それを順番に繰り返し表示しています。しかし、最初の文字「A」の次に「end」を表示し、その後、**break**で繰り返し処理を抜けてしまいます。そのため、コンソールには「A」と「end」だけが表示されます。よって、選択肢**C**が正解です。

【第5章：問題16】

## 43. A ➡ P376

ラッパークラスのメソッドについての問題です。

プリミティブ型に対応した**ラッパークラス**は、それぞれのプリミティブ型のデータを扱う便利なメソッドを備えています。parseXXXメソッドは、文字列から対応したプリミティブ型のデータに変換するメソッドです。また、valueOfメソッドは、文字列からラッパークラスのインスタンスを生成するメソッドです。

設問のコードでは、**parseInt**や**parseBooleanメソッド**を使って、文字列をプリミティブ型のデータに変換しています。ただし、その結果を受け取る変数aとbがラッパークラス型であるため、オートボクシングが行われてから代入されます。次に**valueOfメソッド**を使って、文字列からラッパークラスのインスタンスを生成しています。

parseXXXメソッドやvalueOfメソッドは、大文字・小文字の区別をしません。よって、設問のコードで「TRUE」という文字列を与えて変換していることは問題になりません。よって、TRUEという文字列からはtrueという真偽値や、trueを持ったBooleanのインスタンスが生成されます。以上のことから、選択肢**A**が正解です。

## 44. A ➡ P376

抽象クラスと抽象メソッドについての問題です。

**抽象クラス**は、抽象メソッドと具象メソッドの両方を記述できるクラスです。**抽象メソッド**は、次の2つのルールに従わなければいけません。

・ **abstract**で修飾すること
・ 実装を持つことはできない（中カッコは書けず、セミコロンで終わること）

選択肢AのcalcPriceメソッドはabstractで修飾され、かつ実装を持ちません。

よって、正しい抽象メソッドの定義です。

選択肢BのcalcPriceメソッドとprintメソッドは、両方とも実装を持ちません。しかし、どちらもabstractで修飾されていないため、具象メソッドとして解釈されます。具象メソッドは実装を持つ必要があるため、このコードはコンパイルエラーとなります。よって、誤りです。

選択肢CのcalcPriceメソッドは実装を持ちません。しかし、abstractで修飾されていないため、具象メソッドとして解釈され、コンパイルエラーとなります。よって、誤りです。

選択肢DのcalcPriceメソッドとprintメソッドは、両方とも実装を持ちます。しかし、どちらもabstractで修飾されており、抽象メソッドとして解釈されます。抽象メソッドは実装を持つことができないため、このコードはコンパイルエラーとなります。よって、誤りです。

【第7章：問題4】

## 45.　A　　　　　　　　　　　　　　　　　　　　➡ P377

メソッドのオーバーロードに関する問題です。
設問のコードでは、long型を受け取るメソッドとshort型を受け取るメソッドで**オーバーロード**しています。しかし、mainメソッド内のメソッド呼び出し時に渡している引数の型はint型で、どちらのメソッドの引数の型とも一致しません。

このような場合、**暗黙の型変換**によって解決できるメソッドが呼び出されます。もし、明示的にキャストしなければ対応できないメソッドしかなかった場合はコンパイルエラーになります。

設問のコードでは、int型のデータを引数に取るメソッドを呼び出しています。Sampleクラスには2つのmethodメソッドが用意されていますが、long型を取るメソッドはint型を暗黙的に型変換し、結果として「A」が表示されます。よって、選択肢**A**が正解です。

一方、short型を取るメソッドは明示的にキャストしなければ利用できません。よって、選択肢Bは誤りです。

【第6章：問題9、10】

**第10章**

総仕上げ問題①（解答）

**427**

## 46.　A　　　➡ P378

StringBuilderクラスのメソッドに関する問題です。
**StringBuilder**のappendメソッドとinsertメソッドの使い分けをよく覚えておきましょう。**appendメソッド**は「後ろに追加」、**insertメソッド**は「任意の場所に挿入」と覚えましょう。

設問では、「ava」という文字列の先頭に「j」という文字を挿入しなければいけません。任意の位置に文字を挿入するには、insertメソッドを使います。文字位置の指定は0から始まり、設問では文字列の先頭に文字を挿入しなければいけないため、insertメソッドの第1引数は0、第2引数は "j" となります。以上のことから、選択肢**A**が正解です。

【第9章：問題15、16】

## 47.　C　　　➡ P378

継承関係にあるクラスのコンストラクタに関する問題です。
サブクラスのコンストラクタでは、まずスーパークラスのコンストラクタを呼び出さなければいけません。スーパークラスのコンストラクタを呼び出すには、**super()**を使います。

選択肢Aのように、「`super.変数名`」と記述するとスーパークラスのインスタンスのフィールドにアクセスすることになります。スーパークラスのコンストラクタを呼び出したあとであれば問題ありませんが、このコードではまだ呼び出していません。よって、このコードはコンパイルエラーになります。

また、選択肢Dはsuper()を使ってスーパークラスのコンストラクタを呼び出していますが、先にサブクラスのインスタンスのフィールドに値を代入しています。スーパークラスのコンストラクタ呼び出しは、サブクラスのコンストラクタの処理よりも先に実行しなければいけません。よって、このコードはコンパイルエラーとなり、誤りです。

選択肢Bは、super()を使ってスーパークラスのコンストラクタを呼び出し、その後、**this()**を使って自クラスの別のコンストラクタを呼び出しています。しかし、SubSampleクラスには2つの引数を取るコンストラクタしか定義されていません。よって、このコードはコンパイルエラーとなります。なお、もしたとえ引数を1つ取るコンストラクタがオーバーロードされていたとしても、オーバーロードしたコンストラクタの先頭行でもスーパークラスのコンストラクタ呼び出しが実行されるため、2回呼び出すことになります。そのため、オーバーロードしたコンストラクタが存在していてもコンパイルエラーとなります。super()のあとにthis()は使えないことを覚えておきましょう。

以上のことから、選択肢Cが正解です。

【第7章：問題17】

## 48. D　　　　　　　　　　　　　　　　　　　　　　→ P379

ポリモーフィズムに関する問題です。
クラスの継承やインタフェースの実現が絡みあうと複雑な関係に見えますが、次のようにクラス図を描くとわかりやすくなります。**ポリモーフィズム**は、関係する上位のクラスやインタフェース型としてインスタンスを扱うことです。関係がなければポリモーフィズムは成り立ちません。

【設問のクラス・インタフェース間の関係】

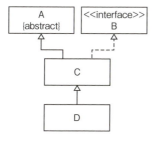

A. 抽象クラスAを扱うコレクションを用意し、そこにDのインスタンスを追加しています。DはCを継承しており、そのCはAを継承しています。よって、DはA型として扱うことが可能です。以上のことから、正しいコードです。

B. インタフェースBを扱うコレクションを用意し、そこにCのインスタンスを追加しています。CはAを継承するのと同時にBも実現しています。よって、CはB型として扱うことが可能です。以上のことから、正しいコードです。

C. インタフェースBを扱うコレクションを用意し、そこにDのインスタンスを追加しています。DはCを継承しており、そのCは、Aを継承するのと同時にBも実現しています。よって、CはB型として扱うことが可能です。以上のことから、正しいコードです。

D. Dクラスを扱うコレクションを用意し、そこにCのインスタンスを追加しています。ポリモーフィズムは下位に属するクラスが上位に位置する型で扱えるというものです。そのため、このように上位のクラスを下位の型で扱うことはできません。よって、コンパイルエラーが発生します。サブクラスのインスタンスは、スーパークラスの定義を持っていますが、スーパークラスはサブクラスの定義を持っていないことに注意してください。

E. 抽象クラスAを扱うコレクションを用意し、そこにCのインスタンスを追加しています。CはAを継承しているため、CのインスタンスをA型で扱うことが可能です。よって、正しいコードです。

【第7章：問題12】

## 49. B、C　　　　　　　　　　　　　　　　　　　　　　　　➡ P380

フィールドへのアクセス方法についての問題です。
インスタンスが持つフィールドには、**インスタンスへの参照**を使ってアクセスします。インスタンス外部からアクセスするには、インスタンスを生成し、その参照を使わなければいけません。一方、インスタンス内部からアクセスするには、フィールド名だけを記述するか、もしくはthisを使います。

選択肢Aは、「**変数名.フィールド名**」でアクセスしていますが、使われている変数が宣言されていません。変数sは、mainメソッドで宣言されている変数ですが、この変数をコンストラクタ内から参照することはできません。よって、選択肢Aは誤りです。

反対に選択肢Dは、フィールド名だけでアクセスしています。前述のとおり、インスタンスの参照を使ってしかインスタンスが持つフィールドにはアクセスできません。もし、アクセスするのであれば、次のようにインスタンスの参照を使う必要があります。

**例** インスタンスの参照を使ってフィールドにアクセス

```
s.a = "sample";
s.b = TRUE;
s.c = 100.0f;
```

また、mainメソッドは**static**で修飾されていますが、フィールドa、b、cはstaticで修飾されていません。staticコンテキストにあるメソッドから、非staticなフィールドにアクセスすることはできません。以上のことから、選択肢Dも誤りです。

**this()**を使ったオーバーロードしたコンストラクタの呼び出しは、コンストラクタから別のコンストラクタを呼び出すときだけ使えます。選択肢Eのようにmainメソッドからオーバーロードしたコンストラクタを呼び出すことはできません。

選択肢BとCの違いは、Cが**オートボクシング機能**によるアンボクシング（ラッパー型からプリミティブ型への変換）が行われているだけで、本質的には同

じコードです。2つの選択肢は、どちらもthisを使って、フィールドに値を代入しているコードで、問題はありません。以上のことから、選択肢**B**と**C**が正解です。

【第7章：問題14】

## 50. B ➡ P381

オーバーロードとリテラルのデフォルト型についての問題です。
異なる引数（種類、数、順番）であれば同じ名前のメソッドを複数定義することができる機能が**オーバーロード**です。実行するメソッドは、メソッド名だけで決まるのではなく、メソッド名と引数のセットであるシグニチャによって決まります。

設問のコードでは、4つのtestメソッドをオーバーロードしています。数値リテラルのデフォルトの型は、整数なら**int型**、浮動小数点数なら**double型**です。そのため、それぞれの型に応じたメソッドが選択されることになります。

int型の引数を受け取れるtestメソッドは2種類ありますが、Integer型を受け取るにはオートボクシングによる型変換が必要です。そのため、何もしなくても呼び出せるint型を受け取るメソッドが選択されます。よって、コンソールには「D」が表示されます。

double型の引数を受け取れるtestメソッドは1つしかありません。double型は64ビットであるにもかかわらず、float型は32ビットの幅しか値を表せません。よって、double型の値をfloatとして扱うとビット落ち（ビットが足りない）が発生してしまいます。以上のことから、選択肢**B**が正解です。

【第6章：問題10】

## 51. A、C ➡ P381

例外クラスに関する問題です。
**SecurityException**は、JVMのセキュリティポリシーに反した処理が実行されたときに発生する例外です。**IllegalArgumentException**は、不正な引数、または不適切な引数をメソッドに渡したときに発生する例外です。よって、選択肢**A**と**C**が正解です。DuplicatePathExceptionやToManyArgumentsExceptionという例外は、Javaの標準ライブラリには存在しません。

【第8章：問題15】

第10章

総仕上げ問題①（解答）

431

## 52. B → P382

デクリメント演算子の前置と後置によるタイミングの違いに関する問題です。**インクリメント演算子**や**デクリント演算子**は、前置と後置で加算や減算のタイミングが変わります。**前置**された場合は、加算や減算がされてから左右オペランドの処理が実行されます。一方、**後置**された場合は、左右オペランドの処理が実行されてから加算や減算が行われます。

設問のtestメソッドでは、int型の引数を受け取り、その値が0よりも大きいかどうかを判定してから、デクリメントが実行されます。つまり、デクリメントは判定に何ら影響を与えません。そのため、testメソッドは、次のコードと同じ意味です。

**例** 設問のtestメソッドと同等の内容のコード

```
public static boolean test(int x) {
    return x > 0 ? true : false;    ← デクリメントなし
}
```

このtestメソッドがtrueを戻せば、mainメソッドのwhile文は実行されます。しかし、選択肢Dのように条件式がtrueだったときにfalseを戻す三項演算では、while文が実行されることはありません。よって、選択肢Dは誤りです。

設問では、「54321」と表示しなければいけません。そのため、選択肢Aのように前置でデクリメントをしてしまうと、デクリメントが実行されてからコンソールに表示されてしまい、数列が4から始まることになります。また、選択肢Cも選択肢Aを2行に分けただけで、数列が4から始まることには変わりがありません。よって、選択肢AとCは誤りです。
以上のことから、選択肢**B**が正解です。

【第3章：問題4】

## 53. D → P382

LocalDateクラスのformatメソッドについての問題です。
**LocalDateクラスのparseメソッド**は、文字列からLocalDateのインスタンスを生成するメソッドです。設問では、2015年8月23日を表す文字列を使ってLocalDateクラスのインスタンスを生成しています。

LocalDateクラスの**formatメソッド**は、LocalDateのインスタンスを文字列に変換するためのメソッドです。変換の際に、どのような文字列にするか書式を指定します。設問のコードでは、DateTimeFormatterの定数ISO_DATE_TIME

により、日付と時間を持った書式を指定しています。しかし、parseメソッドで変換したLocalDateのインスタンスは、時刻に関する情報を持っていません。そのため、実行時にjava.time.temporal.UnsupportedTemporalTypeExceptionがスローされてしまいます。よって、選択肢**D**が正解です。

もし、時刻まで文字列にしたい場合は、LocalDateTimeクラスを使うようにしましょう。

【第9章：問題30】

## 54.　C　　　　　　　　　　　　　　　　　　　　　→ P383

継承関係にあるクラスのコンストラクタの呼び出し順についての問題です。継承関係にあるサブクラスのインスタンスを生成するには、そのクラスのコンストラクタだけでなく、継承元であるスーパークラスのコンストラクタも実行しなければいけません。このとき、スーパークラスのコンストラクタから処理され、その処理後にサブクラスのコンストラクタが処理されます。順番を間違えないようにしましょう。

設問のコードはAを継承したBを定義し、さらにBを継承したCを定義しています。そしてCのインスタンスを生成していますが、前述のとおり、コンストラクタはスーパークラスから順に処理されるため、A、B、Cの順に処理されることになります。よって、選択肢**C**が正解です。

【第7章：問題11】

## 55.　C　　　　　　　　　　　　　　　　　　　　　→ P384

ラムダ式についての問題です。
設問のMainクラスのtestメソッドは、引数にコレクションとPredicate型のラムダ式を受け取ります。この**Predicate**の**testメソッド**の定義は、次のようにジェネリックスで指定した型の引数を受け取ります。

```
boolean test(T)
```

Mainクラスのtestメソッドが受け取るPredicate型のラムダ式は、Sample型のジェネリックスが指定されているため、ラムダ式ではSample型の引数を宣言する必要がありますが、選択肢Aのラムダ式は引数が省略されています。よって、選択肢Aのコードはコンパイルエラーとなります。

ラムダ式の引数宣言では、カッコ「()」を省略することができます。ただし、カッコを省略できるのは、引数が1つのときだけで、2つ以上の引数を受け取るメソッドでは省略できません。また、カッコを省略したときには、変数名

第10章

総仕上げ問題①（解答）

433

だけが宣言可能で、データ型を記述することはできません。よって、データ型を宣言している選択肢Bもコンパイルエラーとなります。

ラムダ式で実行したい処理は中カッコ「{ }」で括りますが、省略することも可能です。中カッコの有無についてのルールは次のとおりです。

●中カッコあり
　・複数の処理を記述できる
　・戻り値を戻すにはreturnが必要

●中カッコなし
　・1つしか処理がない
　・戻り値を戻すにはreturnを省略

選択肢Dは、ラムダ式として実行したい処理を中カッコで括っています。しかし、中カッコで括った場合には、戻り値がある処理はreturnを記述する必要があります。Predicateのtestメソッドはboolean型を戻すため、returnを記述していない選択肢Dはコンパイルエラーとなります。正しくは次のように記述しなければいけません。

**例** 選択肢Dを正しく記述した場合のコード

```
test(list, (Sample s) -> { return s.getNum() > 20; });
```

以上のことから、選択肢**C**が正解です。

【第9章：問題22】

---

## 56.　C　　　　　　　　　　　　　→ P385

コンパイルと実行のコマンドに関する問題です。
**javaコマンド**や**javacコマンド**の引数は間違えやすいので注意しましょう。
javacコマンドの引数はファイル名を指定します。つまり、拡張子を含みます。一方、javaコマンドの引数には、クラス名を指定するので、拡張子を含みません。したがって、選択肢**C**が正解です。

選択肢Aは、javacコマンドを使ってコンパイルするときにファイル名ではなく、クラス名を指定しています。正確なファイル名はMain.javaであるため、このようなファイルはないとしてエラーが発生します。よって、誤りです。

選択肢Dは、javaコマンドを使ってJVMを起動し、読み込むクラス名を指定しなければいけないところを、ファイル名を指定しています。そのため、エラー

が発生します。よって、誤りです。

プログラムの実行時に起動パラメータとしてデータを渡すことができますが、選択肢Bのようにコンパイル時にデータを指定するのは正しくありません。よって、誤りです。

【第1章：問題9】

## 57.　C → P385

変数とインスタンスのデータ型に関する問題です。
変数のデータ型は、変数のサイズを決めるだけでなく、その値をどのように扱いたいかを指示するものでもあります。参照型変数の場合は、参照先にあるインスタンスを何型で扱いたいかを指示するものです。たとえば、次のように記述すれば、ItemのインスタンスをObject型として扱いたいと記述したことになります。

例 ItemのインスタンスをObject型として扱う

```
Object obj = new Item();
```

設問の文は、ArrayListのインスタンスをList型で扱いたいという意味になります。以上のことから、選択肢**C**が正解です。

【第7章：問題10】

## 58.　E → P386

**演算子の優先順位**についての問題です。数学の計算順と同じように考えて解きましょう。

設問の計算式は、まずカッコ「( )」で括られた掛け算から実行されます。実行後の式は次のとおりです。

例 設問のコード3行目実行後の式①

```
int result = 30 - 12 / 10 + 1;
```

数学と同様、加算や減算よりも除算（割り算）が優先されます。**数値リテラル**はデフォルトで**int型**として扱われるため、12÷10の結果は、小数点以下が切り捨てられて1になります。

※次ページに続く

**例** 設問のコード3行目実行後の式②

```
int result = 30 - 1 + 1;
```

加算と減算は同じ優先順位なので、そのまま計算すると、変数resultには30が代入されます。以上のことから、選択肢**E**が正解です。

【第3章：問題7】

## 59. B　　　　　　　　　　　　　　　　　　　　　➡ P386

例外の種類とキャッチについての問題です。
設問のMyExceptionクラスは**RuntimeExceptionクラス**のサブクラスです。よって、このMyExceptionクラスは**非検査例外**の1つとして扱われます。非検査例外は、たとえスローされてもキャッチしたり、throwsで再スローを宣言したりする必要がありません。

設問のtestメソッドでは、ランダムに発生させた乱数が0.5よりも大きければMyExceptionがスローされます。このコードをtry-catchブロックで囲み、RuntimeException型をキャッチできるようにcatchブロックが記述されています。前述のとおり、MyExceptionはRuntimeExceptionのサブクラスであるため、もしMyExceptionがスローされても、このcatchブロックでキャッチされ、コンソールにはBが表示されることになります。よって、testメソッドを呼び出しているmainメソッドに例外がスローされることはありません。以上のことから、選択肢**B**が正解です。

【第8章：問題3】

## 60. C　　　　　　　　　　　　　　　　　　　　　➡ P387

instanceof演算子を使った条件判定に関する問題です。
**instanceof演算子**は、指定した型でインスタンスを扱えるかどうかを調べるための演算子です。

設問のMainクラスの6行目では、変数aの参照先にあるインスタンスをC型で扱えるかどうかを調べています。変数aには、3行目で生成したCクラスのインスタンスへの参照を代入しています。そのため、instanceof演算子はtrueを戻し、コンソールには「a」が表示されます。

7行目では、変数bの参照先にあるインスタンスをA型で扱えるかどうかを調べています。CクラスはBクラスを継承しており、BクラスはAインタフェースを実装しています。そのため、CクラスのインスタンスをA型で扱うことは可能です。よって、instanceof演算子はtrueを戻して、コンソールには「b」が

表示されます。

最後に、8行目で変数cの参照先にあるインスタンスをA型で扱えるかどうかを調べています。変数cには、DクラスのインスタンスへのA参照が入っていますが、DクラスはAインタフェースを実装していません。また、BクラスやCクラスも継承していません。よって、instanceof演算子はfalseを戻して、if文の分岐処理は実行されません。

以上のことから、選択肢**C**が正解です。

## 61. D　　　　　　　　　　　　　　　　　　　　　➡ P388

繰り返しの制御についての問題です。
**continue**は、繰り返し処理の途中に現れると、それ以降の処理をスキップします。そのため、設問のコードでcontinueの次の行に記述されている変数cntのインクリメントは実行できないコードです。このような実行できない到達不可能なコードがあった場合はコンパイラエラーになります。よって、選択肢**D**が正解です。

【第5章：問題15】

## 62. E　　　　　　　　　　　　　　　　　　　　　➡ P388

インタフェースの宣言に関する問題です。
インタフェース内には、メソッド本体のない抽象メソッドを定義できます。また、インタフェース内で宣言されるフィールドは暗黙的に**public static final**で修飾された定数となり、必ず**初期化**しなければなりません。

インタフェースを継承する場合には、クラスの継承と同様に**extendsキーワード**を使用しますが、クラスとは違って**多重継承**（カンマ区切りで指定）が可能です。スーパーインタフェースで定義されているメソッドはサブインタフェースに継承されるため、記述してもしなくてもかまいません。

7行目のメソッドは新たに定義されているオーバーロードメソッドであり問題ありません。
以上のことから、選択肢**E**が正解です。

【第7章：問題3】

第10章

総仕上げ問題①（解答）

437

## 63.　D　　　➡ P389

Javaのプリミティブ型の1つであるbooleanに関する問題です。
**boolean**は、**true**か**false**のどちらかを取るデータ型です。選択肢AやBのように数値を代入することはできません。また、booleanはプリミティブ型の1つであり、参照がないことを示すnullを代入することもできません。以上のことから、選択肢A、B、Cは誤りです。

選択肢Dは、代入演算子の右オペランドの式の結果を代入しています。この式は10を2で割った余りが0と等しいかどうかを判定した結果であるtrueを戻します。よって、選択肢**D**が正解です。計算式を代入しているわけではなく、計算結果を代入している点を間違えないようにしましょう。

【第2章：問題1、6】

## 64.　B　　　➡ P389

arraycopyメソッドを使った配列のコピーに関する問題です。
**System.arraycopy**は、配列を簡単にコピーするために用意されているstaticなクラスメソッドです。このメソッドには、コピー元配列、コピー元の開始の添字、コピー先配列、コピー先の開始の添字、コピーする要素数の順で引数を渡します。

設問のMainクラスの8行目では、arraycopyメソッドを使ってコピー元配列（配列型変数arrayの参照）の0番目から最後までの要素をコピー先配列（配列型変数array2の参照）の0番目の要素からコピーします。これにより2つの配列型変数は同じインスタンスを参照することになるため、9行目の`array2[1].num`に10が代入されたあと、10行目の`array[1]`も10になります。以上のことから、選択肢**B**が正解です。

【第4章：問題11】

## 65.　C　　　➡ P390

mainメソッドに関する問題です。
**main**メソッドは、プログラムのエントリーポイント（開始場所）になるメソッドです。JVMは、javaコマンドで指定されたクラスを読み込み、その中からmainメソッドを探し出して処理を始めます。そのため、mainメソッドにはいわゆる「お決まりの書式」があります。

**例** mainメソッドの書式

```
public static void main(String[] args) {
    // do something
}
```

間違えやすいポイントは、**戻り値**と**引数**の2つです。ほかのプログラミング言語では、int型を戻すエントリーポイントがありますが、Javaのエントリーポイントは戻り値を戻せません。また、引数は起動パラメータを受け取るためにString配列型と決められています。

設問は、2つのポイントのうち、引数について問うものです。mainという同じ名前のメソッドが4つ定義されていますが、すべて**シグニチャ**が異なります。このうちエントリーポイントとしての条件を備えているのは、コンソールに「C」を表示するものだけです。

エントリーポイントは、上記2つのポイントに加えて、**publicでかつstatic**でなければいけません。publicでなければJVMからアクセスできないこと、staticでなければインスタンスを生成しなければいけなくなり、リソースを無駄に消費することなどが理由です。これもお決まりの書式として、しっかりと覚えておきましょう。

コンソールに「C」を表示するmainメソッドは、publicでかつstaticで修飾されています。よって、選択肢**C**が正解です。

【第1章：問題8】

**第10章**

**総仕上げ問題①（解答）**

## 66.　D
➡ P390

キャストに関する問題です。
設問のコードでは、BクラスとCクラスは共にAクラスを継承しています。しかし、Aクラスを継承しているという共通点があるだけで互換性はありません。**キャスト**は、安全に型変換を行えることの保証をプログラマーの責任で明示するもので、キャスト演算子「( )」を用いて行います。継承関係や実現関係がないクラス間ではキャストはできません。また、キャスト可能かどうかはコンパイル時に判断されます。設問のコードでは、コンパイルエラーが発生します。よって、選択肢**D**が正解です。

【第7章：問題12】

## 67.　C

→ P391

charAtメソッドの文字列の扱い方と例外クラスに関する問題です。

**charAtメソッド**は、引数で指定された位置にある文字を文字列から取り出すメソッドです。設問では、「Hello World」という文字列から11番目の文字を取り出そうとしています。

charAtメソッドが扱う文字列の文字番号は0から始まるため、合計11文字の「Hello World」は0～10番までの文字番号の範囲内で、引数を指定します。しかし、設問では存在しない11番目の文字を指定しているため、実行時に**StringIndexOutOfBoundsException**がスローされます。以上のことから、選択肢**C**が正解です。

【第9章：問題3】

## 68.　D

→ P392

継承関係にあるクラスのコンストラクタやメソッドの呼び出しについての問題です。

問題文の条件を確認すると、Aクラスのコンストラクタ、Bクラスのsampleメソッド、Aクラスのsampleメソッドの順に実行する必要があることがわかります。

選択肢は、どれもBクラスのインスタンスを生成するものばかりです。したがって、BクラスのコンストラクタでAクラスのコンストラクタを呼び出すものを探します。Bクラスのコンストラクタは、オーバーロードされて2種類用意されています。引数なしのコンストラクタは、Aクラスのコンストラクタを呼び出すだけですが、引数ありのコンストラクタは、コンパイラが追加するAクラスのコンストラクタ呼び出しを実行したあとに、コンソールに「B:constructor」と表示します。設問の条件では、このような文字列は出力されていないため、呼び出しているのは引数なしのコンストラクタということになります。よって、選択肢AとBは誤りです。

次にsampleメソッドの呼び出しですが、BクラスにはAクラスから継承で引き継いだ引数なしのsampleメソッドに加えて、引数ありのsampleメソッドを追加しています。引数なしのsampleメソッドはコンソールに「A:sample」と表示し、引数ありのsampleメソッドはコンソールに「B:sample」と表示します。設問の条件を満たすためには、引数ありのsampleメソッドのあとに引数なしのsampleメソッドを実行しなければいけません。よって、選択肢**D**が正解です。

【第6章：問題16、第7章：問題17】

## 69. A、E　　　　　　　　　　　　　　　→ P393

多次元配列の問題では、変数の次元数と、配列インスタンスの次元数が一致しているかどうかを確認しましょう。

初期化演算子「{ }」を使った配列インスタンス生成では、中カッコがいくつネストされているかで次元数を数えることができます。たとえば、次のように中カッコの中に中カッコがあれば2次元配列のインスタンスです。

```
{{}, {}}
```

3次元であれば、次のように中カッコの中に中カッコが、さらにその中に中カッコが入ります。

```
{{{},{}}, {{},{}}}
```

選択肢Aは、2次元配列型の変数を宣言しています。また、生成している配列のインスタンスを見ても中カッコの中に中カッコがあるので、2次元配列であることがわかります。変数の次元数と配列インスタンスの次元数は一致しているため正しいコードです。
一方、選択肢Bは3次元配列型の変数を用意していますが、生成している配列インスタンスは2次元です。また、選択肢Cは2次元配列型の変数と1次元の配列インスタンスの組み合わせなので、次元数が一致しません。そのため、選択肢BとCは誤りです。
多次元配列は、要素として配列への参照を持つ配列のことです。

【2次元配列】

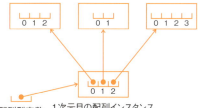

多次元配列のインスタンスを生成するとき、1次元目の要素数は必ず指定しなければいけません。しかし、2次元目以降の配列インスタンスはあとから生成して、1次元目の配列の要素に参照を代入できるため、要素数をあらかじめ宣

言する必要はありません。

> **例** 2次元配列の生成

```
int[][] array = new int[3][];
```

選択肢Dは、1次元目の要素数は指定せずに、2次元目の要素数を指定しています。そのため、配列型変数が参照する配列インスタンスを生成できません。よって、このコードはコンパイルエラーになります。

選択肢Eは、3次元配列を扱っています。3次元配列は、1次元目の配列インスタンスには2次元目への参照が、2次元目の配列インスタンスには3次元目への参照が入る配列のことです。

【3次元配列】

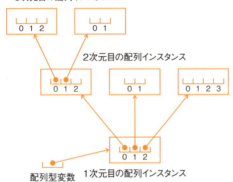

そのため、2次元目の配列の要素には、3次元目の配列への参照を代入します。選択肢Eは、2次元目の要素に変数arrayが保持している参照を代入しています。変数arrayの参照先にあるのは1次元配列のインスタンスであるため、正しく3次元の構造を持つ配列となります。以上のことから、選択肢**E**も正解です。

【第4章：問題4、7】

## 70. A　　→ P394

continueとラベル付きbreakに関する問題です。
continue文もbreak文もラベル指定がない場合には、その文を含むループの処理をスキップしたり、ループそのものを抜けたりする働きがあります。

設問のコードは、for文の**二重ループ**になっています。このような二重ループ

の問題では、内側のループから処理の流れを追うようにしましょう。

内側のループでは、continueとbreakの両方が使われています。continueには
ラベル指定がありませんが、breakにはラベルxへの指定がある点が異なりま
す。そのため、continueが実行されたときには、内側のループで以降の処理
をスキップしますが、breakが実行された場合にはラベルxが付けられたルー
プ、つまり外側のループを抜けることになります。

内側のループは、変数jが0〜4の間繰り返し処理を実行しますが、2つ目のif文
で変数jの値が3のときにbreakするため、実質上、変数jが0〜2のときだけ変
数numへの加算が行われます。

また、変数jが1のときにはcontinueされるため、変数jが0と2のときだけ変数
numへの加算が行われます。したがって、変数numに加算されるタイミング
は2回です。

内側のループの処理の流れがわかったところで、外側のループを確認しま
しょう。外側のループは、変数iの値が0〜2までの間繰り返し処理を実行しま
す。しかし、変数iが0のとき、内側のループを実行すると、変数iの値（つま
り0）を2回変数numに代入したあと、breakによって外側のループを抜けてし
まいます。

したがって、変数numの値は「1」のまま変わりません。よって、選択肢Aが
正解です。

【第5章：問題17】

## 71.　D
→ P395

メソッドの呼び出しとシグニチャに関する問題です。

JVMは、実行するメソッドをメソッド名と引数のセットから成る**シグニチャ**
で見分けます。設問のtestメソッドは、「char型とint型の引数を受け取るtest
メソッド」というシグニチャです。しかし、9行目ではchar型の値を1つだけ受
け取るtestメソッドを呼び出そうとしています。このようなシグニチャを持
つメソッドはSampleクラスには存在しません。よって、コンパイルエラーが
発生します。以上のことから、選択肢**D**が正解です。

JVMは、名前ではなく、シグニチャでメソッドを見分けていることを忘れな
いようにしましょう。

【第6章：問題9、10】

第10章

総仕上げ問題①（解答）

443

## 72.　D

➡ P395

if-else文を使った条件分岐に関する問題です。

if文の**中カッコは省略**できます。省略した場合は次の1文だけがif文の条件に合致したときの処理として実行されます。これは、if-else文でも同様です。もし、if-else文が入れ子になっている場合、elseは、対応するelseを持たない直前のif文に対応します。

設問のコードのmainメソッドを中カッコ付きで表記すると、次のようになります。

**例** 設問のコード2〜9行目を中カッコ付きにした場合

```
public static void main(String[] args) {
    int a = 10;
    if( a++ > 10 ) {
        if( a < 100 ) {
            a--;
        } else {
            a--;
        }
    } else {
        a++;
    }
}
```

設問のコード3行目で、変数aは10で初期化されています。その後、4行目の条件式で分岐の判定が行われますが、このときの後置インクリメントがポイントです。後置インクリメントは、条件判定が終わってからインクリメントが実行されるため、4行目の条件式はfalseを返し、インクリメントしてから7行目のelseに制御が移ります。そこでさらにインクリメントされるため、変数aの値は12となります。以上のことから、選択肢**D**が正解です。

【第3章：問題4、16】

## 73.　B

➡ P396

try-catch-finally文を使った例外処理に関する問題です。

catchとfinallyは必須ではなく、設問のコードのhelloメソッドのようにcatchブロックを省略することが可能です。ただし、tryブロックだけを記述することはできず、tryとcatch、あるいはtryとfinallyのどちらかの組み合わせが最低限必要です。

444

**try-catch-finally**は、例外発生時には必ずこの順序で動作します。まずtryブロックが実行され、例外が発生すればcatchブロックへ、そしてcatchブロックでの処理が終わればfinallyブロックへと処理が遷移します。例外が発生しなかった場合は、catchブロックが実行されないだけで、それ以外の処理順は同じです。

設問のコードでは、まずhelloメソッドのtryブロックで例外がスローされ、helloメソッドのfinallyブロックが実行されます。その後、mainメソッドのcatchブロックが実行され、finallyブロックが実行されます。その結果、「DABC」の順に表示されます。よって、選択肢**B**が正解となります。

【第8章：問題2】

---

## 74.　D　　　　　　　　　　　　　　　　　　　　➡ P397

ポリモーフィズムを使った問題です。
変数の<u>型</u>は、参照で保持しているインスタンスを何型で扱いたいかを指定するものです。設問のコードでは、Bクラスのインスタンスを生成し、そのインスタンスへの参照をA型の変数に代入しています。そのため、BのインスタンスはAとして扱われます。これは、インスタンスの型を変更しているのではなく、その時点での扱い方を限定しているだけです。

Aクラスにはhelloメソッドが定義されていて、このメソッドはサブクラスであるBクラスにも引き継がれています。Bクラスは、このメソッドのほかにbyeメソッドを持っています。このメソッドはBクラス独自のものです。そのため、BのインスタンスをAとして扱っている間は、このメソッドを呼び出すことはできません。よって、設問のコードはコンパイルエラーが発生します。以上のことから、選択肢**D**が正解です。
このような問題では、インスタンスを扱っている「型」（この場合はAクラス）に、呼び出しているメソッドが定義されているかどうかを確認してください。

【第7章：問題8】

---

## 75.　C　　　　　　　　　　　　　　　　　　　　➡ P398

switch文のdefaultに関する問題です。
**switch文のdefault**は、どのcaseにも当てはまらなかったときに実行する処理を記述するものです。多くの場合、最後のcaseを記述したあとにdefaultを記述しますが、これは文法で決まっているものではなく慣例に過ぎません。defaultはどこに記述してもよく、設問のコードのようにcaseより先に記述することも可能です。

caseやdefault内に**breakキーワード**が見つからない場合、見つかるまで、以降

---

第10章

総仕上げ問題①（解答）

445

のcase内の文を実行し続けます。これを「**フォールスルー**」と呼びます。設問のコードでは、どのcaseにも条件式の値が当てはまらないため、defaultが実行されます。まずここで「C」が表示されます。

次に、defaultにはbreakが記述されていないため、6行目のcase内の処理が実行されます。ここで「A」が表示され、breakが実行されてswitch文が終了します。よって、選択肢**C**が正解です。

条件に一致するcase式が見つかるということは「入り口が見つかる」ということに過ぎません。breakしない限りフォールスルーが発生することを覚えておきましょう。

【第3章：問題18、20】

## 76.　F　　　　　　　　　　　　　　　　　　　　　　　➡ P398

無限ループに関する問題です。
ループに関する問題では、中カッコを省略した引っかけ問題に気を付けましょう。そのような問題では、「何が繰り返されるのか」を見極める必要があります。

設問のコードでは、while文がセミコロン「;」で終わっています。セミコロンは文の終わりを表すため、このwhile文は繰り返す処理を何も持たないということがわかります。そのため、変数iの値が変わることはありません。よって、無限ループになり、何も表示されません。以上のことから、選択肢**F**が正解です。

【第5章：問題3、10】

## 77.　B　　　　　　　　　　　　　　　　　　　　　　　➡ P399

ArrayListに関する問題です。
ArrayListに限らず、Listインタフェースを実装したクラスの特徴に「**nullを許容する**」があります。つまり、nullも1つの要素としてカウントします。Listは、番号を付けてインスタンスを管理するコレクションです。nullにも番号を付けて、要素として扱います。
設問のコードでは、addメソッドを使って2つの文字列と、nullをリストに追加しています。前述のとおり、nullも1つの要素としてカウントするため、sizeメソッドの戻り値は3となります。以上のことから、選択肢**B**が正解です。

【第9章：問題31】

446

# 第11章

## 総仕上げ問題②

- ■ 試験番号：1Z0-808
- ■ 問題数：77問
- ■ 試験時間：150分

**1.** 次のプログラムを実行して「0」と表示したい。Mainクラスの4行目に
入るコードとして正しいものを選びなさい。（3つ選択）

```
1.  class Test {
2.      public int num;
3.      public Test(int num) {
4.          this.num = num;
5.      }
6.      public int getNum() {
7.          return num;
8.      }
9.      public void modify(int x) {
10.         num += x;
11.     }
12. }
```

```
1.  public class Main {
2.      public static void main(String[] args) {
3.          Test t = new Test(100);
4.          ┌─────────────────┐
5.          System.out.println(t.getNum());
6.      }
7.  }
```

A.   this.num = 0;

B.   num = 0;

C.   t(0);

D.   t.num = 0;

E.   t.getNum() = 0;

F.   t.modify(0);

G.   t.modify(-t.num);

H.   t.modify(-t.getNum());

➡ P495

**2.** カプセル化に関する説明として、正しいものを選びなさい。（1つ選択）

A. オブジェクトの特定のフィールドやメソッドにのみ、ほかのオブジェクトからアクセスできるよう設計することができる

B. メソッドが継承可能になるように設計できる

C. 一部のフィールドやメソッドをabstractと宣言してクラスを設計できる

D. たとえサブクラス型であっても、引数として受け取れる汎用性の高いメソッドを持ったクラスを設計する

➡ P496

**3.** 次のプログラムのifブロックを置き換えるコードとして、正しいものを選びなさい。（1つ選択）

```
1.  public class Sample {
2.      public static void main(String[] args) {
3.          String a = "A";
4.          String b = null;
5.
6.          if (a.equals("A")) {
7.              b = "test";
8.          } else if (a.equals("B")) {
9.              b = "sample";
10.         } else {
11.             b = "none";
12.         }
13.
14.         System.out.println(b);
15.     }
16. }
```

A. `b = a.equals("A") ? "test" : a.equals("B") ? "sample" : "none";`

B. `b = a.equals("A") ? a.equals("B") ? "test" : "sample" : "none";`

C. `b = a.equals("A") ? "test" else a.equals("B") ? "sample" : "none";`

D. `a.equals("A") ? b = "test" : a.equals("B") ? b = "sample" : b = "none";`

➡ P496

**4.** 次のプログラムをコンパイル、実行したときの結果として、正しいものを選びなさい。（1つ選択）

```
1.  interface Function {
2.      void process();
3.  }
```

```
1.  class Sample implements Function {
2.      protected void process() {
3.          System.out.println("A");
4.      }
5.  }
```

```
1.  public class Main extends Sample {
2.      public void process() {
3.          System.out.println("B");
4.      }
5.      public static void main(String[] args) {
6.          Sample s = new Main();
7.          Sample s2 = new Sample();
8.          test(s);
9.          test(s2);
10.     }
11.     public static void test(Function f) {
12.         f.process();
13.     }
14. }
```

A. A
   A

B. B
   A

C. Sampleクラスでコンパイルエラーが発生する

D. Mainクラスでコンパイルエラーが発生する

E. SampleクラスとMainクラスの両方でコンパイルエラーが発生する

➡ P497

450

**5.** 次のプログラムを実行し、「**true**」と表示したい。5行目に入るコードとして正しいものを選びなさい。（1つ選択）

```
1.  public class Main {
2.      public static void main(String[] args) {
3.          StringBuilder sb = new StringBuilder("apple");
4.          String a = sb.toString();
5.          
6.          System.out.println(a == b);
7.      }
8.  }
```

A.　　String b = a;
B.　　String b = new String(a);
C.　　String b = sb.toString();
D.　　String b = "apple";

➡ P498

**6.** 次のプログラムの「**// insert code here**」に入るコードとして、正しいものを選びなさい。（3つ選択）

```
public abstract class Item {
    int num;
    // insert code here
}
```

A.　　public void print();
B.　　public int calculate() {
　　　　　　return num * 2;
　　　　}
C.　　public abstract int getNum() {
　　　　　　return num;
　　　　}
D.　　public abstract int test();
E.　　public static void sample() {
　　　　　　// some codes
　　　　}

➡ P498

第11章

総仕上げ問題②（問題）

451

**7.** Javaのクラスに関する説明として正しいものを選びなさい。（2つ選択）

A. mainメソッドを宣言する必要がある

B. Objectクラスがクラス階層のルートである

C. 最上位レベルのクラスはアクセス修飾子private、publicまたはprotectedで宣言できる

D. クラスには、少なくとも1つのインスタンス変数宣言と1つの空のコンストラクタが含まれていなければいけない

E. 正常にコンパイルして実行するには、クラスがパッケージに保存されている必要がある

F. mainメソッドはオーバーロードできる

**➡ P499**

**8.** 次のプログラムをコンパイル、実行したときの結果として、正しいものを選びなさい。（1つ選択）

```
1.  public class Sample {
2.      public static final int NUM = 1;
3.      public static void main(String[] args) {
4.          int x = args.length;
5.          if (check(x)) {
6.              System.out.println("A");
7.          } else {
8.              System.out.println("B");
9.          }
10.     }
11.     private static boolean check(int x) {
12.         return (x >= NUM) ? true : false;
13.     }
14. }
```

A. 「A」と表示される

B. 「B」と表示される

C. コンパイルエラーが発生する

D. 実行時に例外がスローされる

**➡ P500**

**9.** 次のプログラムをコンパイル、実行したときの結果として、正しいものを選びなさい。（1つ選択）

```
1.  public class Sample {
2.      public static void main(String[] args) {
3.          String a = "A";
4.          a = a.concat("B");
5.          String b = "C";
6.          a = a.concat(b);
7.          a.replace('C', 'D');
8.          a = a.concat(b);
9.          System.out.println(a);
10.     }
11. }
```

A. 「ABCD」と表示される
B. 「ACD」と表示される
C. 「ABCC」と表示される
D. 「ABD」と表示される
E. 「ABDC」と表示される

➡ P500

**10.** 次のプログラムを実行して「135」と表示するために、4行目の空欄に入るコードとして正しいものを選びなさい。（1つ選択）

```
1.  public class Sample {
2.      public static void main(String[] args) {
3.          int[] array = {1, 2, 3, 4, 5};
4.          for ( [          ] ) {
5.              System.out.print(array[i]);
6.          }
7.      }
8.  }
```

A. int i = 0; i <= 4; i++
B. int i = 0; i < 5; i = i + 2
C. int i = 1; i <= 5; i = i + 1
D. int i = 1; i < 5; i += 2

➡ P501

第11章

総仕上げ問題②（問題）

453

**11.** 次のプログラムをコンパイル、実行したときの結果として、正しいもの
を選びなさい。（1つ選択）

```
1.  public class Sample {
2.      public static void main(String[] args) {
3.          String str = "apple";
4.          String[] array = {"a", "p", "p", "l", "e"};
5.          String result = "";
6.          for(String val : array) {
7.              result = result + val;
8.          }
9.          boolean a = str == result;
10.         boolean b = str.equals(result);
11.         System.out.println(a + ":" + b);
12.     }
13. }
```

A. true : false

B. false : true

C. true : true

D. false : false

➡ P501

**12.** 次のプログラムをコンパイル、実行したときの結果として、正しいもの
を選びなさい。（1つ選択）

```
1.  class A {
2.      public A() {
3.          System.out.print("A");
4.      }
5.  }
```

```
1.  class B extends A {
2.      public B() {
3.          System.out.print("B");
4.      }
5.  }
```

```
1. class C extends B {
2.     public C() {
3.         System.out.print("C");
4.     }
5. }
```

```
1. public class Sample {
2.     public static void main(String[] args) {
3.         new C();
4.     }
5. }
```

A. 「ABC」と表示される
B. 「C」と表示される
C. 「CBA」と表示される
D. コンパイルエラーが発生する

➡ P502

**13.** 次のプログラムをコンパイル、実行したときの結果として、正しいもの
を選びなさい。（1つ選択）

```
1.  public class Main {
2.      int num;
3.      private static void test() {
4.          num++;
5.          System.out.println(num);
6.      }
7.      public static void main(String[] args) {
8.          Main.test();
9.          Main.test();
10.     }
11. }
```

A. 「1」「2」の順に表示される
B. 1が2回表示される
C. testメソッドでコンパイルエラーが発生する
D. mainメソッドでコンパイルエラーが発生する
E. 実行時に例外がスローされる

➡ P503

**14.** 次のプログラムをコンパイル、実行したときの結果として、正しいものを選びなさい。（1つ選択）

```
1. class Item {
2.     String name;
3.     public Item(String name) {
4.         this.name = name;
5.     }
6. }
```

```
1. public class Sample {
2.     public static void main(String[] args) {
3.         Item[] items = new Item[3];
4.         items[1] = new Item("A");
5.         items[2] = new Item("B");
6.         for (Item item : items) {
7.             System.out.println(item.name);
8.         }
9.     }
10. }
```

A.   A
     B
B.   null
     A
     B
C.   コンパイルエラーが発生する
D.   ArrayIndexOutOfBoundsExceptionがスローされる
E.   NullPointerExceptionがスローされる

➡ P503

**15.** 例外の処理に関する説明として正しいもの選びなさい。（3つ選択）

A.   RuntimeExceptionクラスのすべてのサブクラスはキャッチ、もしくはスロー宣言する必要がある
B.   RuntimeExceptionクラスを除くExceptionクラスのすべてのサブクラスは検査例外である
C.   catchブロック内のパラメータはThrowable型である
D.   RuntimeExceptionクラスのすべてのサブクラスは復旧可能である

E. Errorクラスのすべてのサブクラスはチェック例外であり、復旧可能である

F. 非検査例外のみ再度スローできる

➡ P503

**16.** 次のプログラムをコンパイル、実行したときの結果として、正しいものを選びなさい。（1つ選択）

```
1.  public class Sample {
2.      public static void main(String[] args) {
3.          StringBuilder sb = new StringBuilder(5);
4.          String str = "";
5.          if (sb.equals(str)) {
6.              System.out.println("A");
7.          } else if (sb.toString().equals(str.toString())) {
8.              System.out.println("B");
9.          } else {
10.             System.out.println("C");
11.         }
12.     }
13. }
```

A. 「A」と表示される

B. 「B」と表示される

C. 「C」と表示される

D. コンパイルエラーが発生する

E. 実行時にNullPointerExceptionがスローされる

➡ P504

**17.** 2つのint型の引数を受け取って、その積をint型の値で戻すメソッドを定義したい。メソッド定義として正しいものを選びなさい。（1つ選択）

A. `int calc(int a, int b) { a * b; }`

B. `int calc(int a, b) { return a * b; }`

C. `calc(int a, int b) { return a * b; }`

D. `int calc(int a, int b) { return a * b; }`

E. `void calc(int a, int b) { return a * b; }`

➡ P505

第11章

総仕上げ問題②（問題）

457

**18.** 次のプログラムをコンパイル、実行したときの結果として、正しいものを選びなさい。（1つ選択）

```java
1.  import java.util.List;
2.  import java.util.ArrayList;
3.
4.  public class Main {
5.      public static void main(String[] args) {
6.          String[] array = {"apple", "banana", "orange"};
7.          List<String> list = new ArrayList<>(Arrays.asList(array));
8.          if (list.removeIf((String s) -> {return s.length() == 5;})) {
9.              System.out.println(s);
10.         }
11.     }
12. }
```

A. apple
B. コンパイルエラーが発生する
C. 実行時にUnsupportedOperationExceptionがスローされる
D. プログラムはコンパイルされるが、何も表示されない

➡ P506

**19.** 次のプログラムをコンパイル、実行したときの結果として、正しいものを選びなさい。（1つ選択）

```java
1.  public class Sample {
2.      public static void main(String[] args) {
3.          short a = 97;
4.          int b = 98;
5.          System.out.print((char) a + " ");
6.          System.out.print((char) b);
7.      }
8.  }
```

A. 「a b」と表示される
B. 「a」と表示されたあとに例外が発生する
C. コンパイルエラーが発生する
D. ClassCastExceptionがスローされる

➡ P506

**20.** 次のプログラムをコンパイル、実行したときの結果として、正しいものを選びなさい。（1つ選択）

```
1.  public class Main {
2.      public static void main(String[] args) {
3.          String[] array = {"A", "B"};
4.          int i = 0;
5.          while( i < array.length ) {
6.              int j = 0;
7.              do {
8.                  ++j;
9.              } while ( j < array[i].length() );
10.             System.out.println(array[i] + ":" + j);
11.             i++;
12.         }
13.     }
14. }
```

A.　A:2
　　B:2

B.　A:1
　　B:3

C.　A:1
　　B:1

D.　実行時に例外がスローされる

➡ P507

**21.** 次のプログラムの「// insert code here」に入るコードとして、正しいものを選びなさい。（1つ選択）

```
public class Sample {
    public static void main(String[] args) {
        // insert code here
        array[0] = 2;
        array[1] = 3;
        System.out.println(array[0] +  "," + array[1]);
    }
}
```

A.　　int[] array = new int[2];
B.　　int[] array;
　　　 array = int[2];
C.　　int array = new int[2];
D.　　int array[2];

**➡ P507**

**22.** 次のプログラムをコンパイル、実行したときの結果として、正しいもの
を選びなさい。（1つ選択）

```
 1.  public class Main {
 2.      public static void main(String[] args) {
 3.          B obj1 = new A();
 4.          T obj2 = new A();
 5.          B a = obj2;
 6.          T t = obj1;
 7.          t.test();
 8.          a.doIt();
 9.      }
10.  }
```

```
 1.  class B {
 2.      public void doIt() {
 3.          System.out.println("B");
 4.      }
 5.  }
```

```
 1.  interface T {
 2.      public void test();
 3.  }
```

```
 1.  class A extends B implements T {
 2.      public void test() {
 3.          System.out.println("A");
 4.      }
 5.  }
```

460

A. 「A」「B」と表示される

B. 「A」「A」と表示される

C. 「B」「B」と表示される

D. コンパイルエラーが発生する

E. 実行時に例外がスローされる

➡ P508

**23.** 次のプログラムをコンパイル、実行したときの結果として、正しいものを選びなさい。（1つ選択）

```
1.  public class Main {
2.      public static void main(String[] args) {
3.          int num = 0;
4.          String[] array = {"A", "B", "C", "D"};
5.          for (String s : array) {
6.              switch(s) {
7.                  case "D":
8.                  case "A":
9.                      num -= 1;
10.                     break;
11.                 case "B":
12.                     num++;
13.                 case "C":
14.                     num += 2;
15.             }
16.         }
17.         System.out.println(num);
18.     }
19. }
```

A. 3が表示される

B. 4が表示される

C. -1が表示される

D. コンパイルエラーが発生する

➡ P508

**24.** 次のプログラムをコンパイル、実行したときの結果として、正しいもの
を選びなさい。（1つ選択）

```
1.  public class Sample {
2.      public static void main(String[] args) {
3.          Test a = new Test();
4.          Test b = new Test();
5.          a.sample();
6.          b.sample();
7.          System.out.println(a.value + ", " + b.value);
8.      }
9.  }
```

```
1.  class Test {
2.      static int value = 0;
3.      int count = 0;
4.      public void sample() {
5.          while(count < 5) {
6.              count++;
7.              value++;
8.          }
9.      }
10. }
```

A. 「10, 10」と表示される
B. 「5, 5」と表示される
C. 「5, 10」と表示される
D. コンパイルエラーが発生する

➡ P509

**25.** オブジェクトとクラスに関する説明として、正しいものを選びなさい。
（3つ選択）

A. オブジェクトは再利用できない
B. サブクラスはスーパークラスを継承できる
C. オブジェクトは、ほかのオブジェクトと動作を共有できる
D. パッケージには複数のクラスが含まれている必要がある
E. Objectはすべてのクラスのルートクラスである
F. 各クラスでmainメソッドを宣言する必要がある

➡ P510

**26.** 次のプログラムをコンパイル、実行したときの結果として、正しいもの
を選びなさい。（1つ選択）

```
1.  public class Main {
2.      public static void main(String[] args) {
3.          int a = 10;
4.          int b = 20;
5.          int c = b += a / 5;
6.          System.out.println(a + b + c);
7.      }
8.  }
```

A.　52が表示される

B.　54が表示される

C.　38が表示される

D.　46が表示される

➡ P511

**27.** 次のプログラムをコンパイル、実行したときの結果として、正しいもの
を選びなさい。（1つ選択）

```
1.  public class Main {
2.      public static void main(String[] args) {
3.          int a = 0;
4.          int b = 7;
5.          for (a = 0; a < b - 1; a = a + 2) {
6.              System.out.print(a);
7.          }
8.      }
9.  }
```

A.　24が表示される

B.　0246が表示される

C.　024が表示される

D.　コンパイルエラーが発生する

➡ P512

第11章

総仕上げ問題②（問題）

**28.** Bクラス内からAクラスにアクセスするコードとして、正しいものを選びなさい。（1つ選択）

```
package sample;
public class A {
    // ...
}
```

```
package sample.sub;
public class B {
    // ...
}
```

A. String val = sample.A.getVal();
B. import sample.*;
C. import sample.sub.*;
D. String val = A.getVal();

➡ P512

**29.** 次のプログラムをコンパイル、実行したときの結果として、正しいものを選びなさい。（1つ選択）

```
1. import java.time.LocalDate;
2.
3. public class Main {
4.     public static void main(String[] args) {
5.         LocalDate date = LocalDate.of(2015, 1, 32);
6.         date.plusDays(10);
7.         System.out.println(date);
8.     }
9. }
```

A. 「2015-02-10」と表示される
B. 「2015-02-11」と表示される
C. コンパイルエラーが発生する
D. 実行時に例外がスローされる

➡ P512

**30.** 次のプログラムをコンパイル、実行したときの結果として、正しいもの
を選びなさい。（1つ選択）

```
1.  public class Main {
2.      public static void main(String[] args) {
3.          C c = new D();
4.          c.test();
5.      }
6.  }
```

```
1.  interface A {
2.      public void sample();
3.  }
```

```
1.  interface B extends A {
2.      public void test();
3.  }
```

```
1.  abstract class C implements B {
2.      public void test() {
3.          System.out.println("A");
4.      }
5.  }
```

```
1.  class D extends C {
2.      public void test() {
3.          System.out.println("B");
4.      }
5.  }
```

A. 「A」と表示される
B. 「B」と表示される
C. Bインタフェースでコンパイルエラーが発生する
D. Cクラスでコンパイルエラーが発生する
E. Dクラスでコンパイルエラーが発生する

➡ P513

**31.** 次のプログラムをコンパイル、実行したときの結果として、正しいもの
を選びなさい。(1つ選択)

```
1.  public class Sample {
2.      int a, b;
3.      public Sample(int a, int b) {
4.          init(a, b);
5.      }
6.      public void init(int a, int b) {
7.          this.a = a * a;
8.          this.b = b * b;
9.      }
10.     public static void main(String[] args) {
11.         int a = 2, b = 3;
12.         Sample s = new Sample(a, b);
13.         System.out.println(a + ", " + b);
14.     }
15. }
```

A.    4, 9が表示される
B.    0, 0が表示される
C.    2, 3が表示される
D.    コンパイルエラーが発生する

➡ P513

**32.** 次のプログラムをコンパイル、実行したときの結果として、正しいもの
を選びなさい。(1つ選択)

```
1.  public class Sample {
2.      public static void main(String[] args) {
3.          Test a = new Test();
4.          a.num2 = 30;
5.          System.out.println(a);
6.          Test b = new Test();
7.          b.num = 30;
8.          System.out.println(b);
9.      }
10. }
```

466

```
1.  class Test {
2.      static int num = 10;
3.      int num2 = 20;
4.      public String toString() {
5.          return num2 + ": " + num;
6.      }
7.  }
```

- A. 30:10
     20:30
- B. 30:30
     20:30
- C. 30:0
     0:30
- D. 20:30
     20:30

➡ P514

**33.** 次のプログラムをコンパイル、実行したときの結果として、正しいもの
を選びなさい。（1つ選択）

```
1.  public class Sample {
2.      public static void main(String[] args) {
3.          int a = 2;
4.          int b = 1;
5.          if (a++ > ++b) {
6.              System.out.print("A ");
7.          } else {
8.              System.out.print("B ");
9.          }
10.         System.out.println(a + ":" + b);
11.     }
12. }
```

- A. A 2:1が表示される
- B. A 3:2が表示される
- C. B 2:1が表示される
- D. B 3:2が表示される

➡ P514

第11章

総仕上げ問題②（問題）

467

**34.** 次のプログラムがコンパイルできるようにするには、どのように修正すればよいか。修正方法として正しいものを選びなさい。(2つ選択)

```
1.  abstract class Sample {
2.      protected void doProcess() {}
3.      abstract void doTest();
4.  }
```

```
1.  public class Test extends Sample {
2.      void doProcess() {}
3.      protected void doTest() {}
4.  }
```

A. Sampleクラスの2行目のメソッドをpublicにする
B. Sampleクラスの3行目のメソッドをpublicにする
C. Testクラスの2行目のメソッドをpublicにする
D. Testクラスの2行目のメソッドをprotectedにする
E. Testクラスの3行目のメソッドをpublicにする

➡ P515

**35.** 次のプログラムをコンパイル、実行したときの結果として、正しいものを選びなさい。(1つ選択)

```
1.  public class Main {
2.      public static void main(String[] args) {
3.          int[] arrayA = new int[3];
4.          int[] arrayB = {1, 2, 3, 4, 5};
5.          arrayA = arrayB;
6.          for (int i : arrayA) {
7.              System.out.print(i);
8.          }
9.      }
10. }
```

A. 12345が表示される
B. 123が表示される
C. コンパイルエラーが発生する
D. 実行時に例外がスローされる

➡ P515

**36.** 次のプログラムをコンパイル、実行したときの結果として、正しいもの
を選びなさい。（1つ選択）

```
1. class A {
2.    public void sample() {
3.        System.out.println("A");
4.    }
5. }
```

```
1. class B extends A {
2.    public void sample() {
3.        System.out.println("B");
4.    }
5. }
```

```
1. public class C extends A {
2.    public void sample() {
3.        System.out.println("C");
4.    }
5.    public static void main(String[] args) {
6.        A a1 = new A();
7.        A a2 = new C();
8.        a1 = (A) a2;
9.        A a3 = (B) a2;
10.       a1.sample();
11.       a2.sample();
12.    }
13. }
```

第11章

総仕上げ問題②（問題）

- A. A
     B
- B. A
     C
- C. C
     C
- D. Cクラスの8行目でのみClassCastExceptionがスローされる
- E. Cクラスの9行目でのみClassCastExceptionがスローされる

**➡ P515**

469

**37.** 次のプログラムの空欄に入るコードとして、正しいものを選びなさい。
（1つ選択）

```
1.  public class Main {
2.      public static void main(String[] args) {
3.          int[] array = {10, 20, 30, 15, 8, 29, 42, 5};
4.          int num = test(array);
5.      }
6.      [                              ] {
7.          int num = 0;
8.          // some code
9.          return num;
10.     }
11. }
```

A.    static int test(int[] array)
B.    final int test(int[])
C.    static int[] test(int num)
D.    public int test(int[] array)

➡ P516

**38.** 次のプログラムをコンパイル、実行したときの結果として、正しいもの
を選びなさい。（1つ選択）

```
1.  class TestString {
2.      String val;
3.      public TestString(String val) {
4.          this.val = val;
5.      }
6.  }
```

```
1.  public class Main {
2.      public static void main(String[] args) {
3.          System.out.println(new StringBuilder("Java"));
4.          System.out.println(new TestString("Java"));
6.      }
7.  }
```

A.　　Java

　　　　Java

B.　　java.lang.StringBuilder@<<hashcode>>

　　　　TestString@<<hashcode>>

C.　　Java

　　　　TestString@<<hashcode>>

D.　　コンパイルエラーが発生する

**➡ P516**

**39.** 次のプログラムの説明として、正しいものを選びなさい。（1つ選択）

```
1.  package test;
2.  public class Sample {
3.      int a;
4.      private int b;
5.      protected int c;
6.      public int d;
7.  }
```

```
1.  import test.Sample;
2.  public class Main extends Sample {
3.      public static void main(String[] args) {
4.          Sample s = new Main();
5.
6.      }
7.  }
```

A.　　Mainクラスからはaとdの両方にアクセスできる

B.　　Mainクラスからはdのみアクセスできる

C.　　Mainクラスからはcとdの両方にアクセスできる

D.　　Mainクラスからはa、c、およびdにアクセスできる

**➡ P517**

**40.** 戻り値を戻さず、String型の引数を受け取るtestメソッドの定義として、正しいものを選びなさい。（1つ選択）

A.　　Void test(String str) {}

B.　　void test() {}

C.　　void test(String str) { return null; }

D.　　void test(String str) {}

**➡ P517**

**471**

**41.** 次のプログラムに関する説明として正しいものを選びなさい。(1つ選択)

```java
public class Main {
    public static void main(String[] args) {
        Item a = new Item();
        Item b = new Item();
        Item c = new Item();
        a = c;
        c = b;
        b = null;    // line n1
        // do something ...
    }
}
class Item {
    String name;
}
```

A. line n1の実行後、3つのオブジェクトがガーベージコレクションの対象になる

B. line n1の実行後、2つのオブジェクトがガーベージコレクションの対象になる

C. line n1の実行後、1つのオブジェクトがガーベージコレクションの対象になる

D. line n1の実行後、どのオブジェクトもガーベージコレクションの対象にならない

➡ P518

**42.** ExceptionInInitializerErrorの説明として、正しいものを選びなさい。(1つ選択)

A. メソッド内で同じメソッドを呼び出し、再帰呼び出しが無限に繰り返されたときに発生する

B. 実行対象のクラスファイルが見つからなかったときに発生する

C. staticイニシャライザ内で例外が発生したときに発生する

D. ヒープメモリが足りなくなったときに発生する

➡ P519

**43.** 次のプログラムの3行目に入るコードとして、正しいものを選びなさい。
（3つ選択）

```
 1.  public class Sample {
 2.      public static void main(String[] args) {
 3.          ┌─────────────┐
 4.          switch (a) {
 5.              case 1:
 6.                  System.out.println("A");
 7.                  break;
 8.              default:
 9.                  System.out.println("B");
10.          }
11.      }
12.  }
```

- A.　byte a = 1;
- B.　short a = 1;
- C.　String a = "1";
- D.　long a = 1;
- E.　double a = 1;
- F.　Integer a = new Integer("1");

➡ P519

**44.** 配列のインスタンス化、および初期化として、有効な記述であるものを選びなさい。（2つ選択）

- A.　int[] array;
  array = new int[]{2, 3, 4};

- B.　int[] array;
  array = {2, 3, 4};

- C.　int[] array;
  array = new int[3];

- D.　int[] array;
  array[0] = 2;
  array[1] = 3;
  array[2] = 4;

➡ P519

第11章

総仕上げ問題②（問題）

473

**45.** 次のプログラムをコンパイル、実行したときの結果として、正しいもの
を選びなさい。（1つ選択）

```
1.  public class Main {
2.      public static void main(String[] args) {
3.          String str = "a b 3 d e";
4.          String[] array = str.split("¥¥d");
5.          System.out.println(array.length);
6.      }
7.  }
```

A. 1が表示される
B. 2が表示される
C. 5が表示される
D. コンパイルエラーが発生する
E. 実行時に例外がスローされる

➡ P520

**46.** 次のプログラムをコンパイル、実行したときの結果として、正しいもの
を選びなさい。（1つ選択）

```
1.  import java.time.LocalDateTime;
2.  import java.time.format.*;
3.
4.  public class Main {
5.      public static void main(String[] args) {
6.          LocalDateTime date = LocalDateTime.of(2015, 9, 15, 1, 1);
7.          date.plusDays(30);
8.          date.plusMonths(1);
9.          System.out.println(date.format(DateTimeFormatter.ISO_DATE));
10.     }
11. }
```

A. 「2015-09-15」と表示される
B. 「09-15-2014」と表示される
C. 「2015-11-14」と表示される
D. 実行時に例外がスローされる

➡ P521

474

**47.** 次のプログラムをコンパイル、実行したときの結果として、正しいもの
を選びなさい。（1つ選択）

```
1.  public class Main {
2.      public static void main(String[] args) {
3.          int[][] array = new int[2][4];
4.          array[0] = new int[]{1, 2, 3, 4};
5.          array[1] = new int[]{1, 2};
6.          for (int[] a : array) {
7.              for (int b : a) {
8.                  System.out.print(b);
9.              }
10.             System.out.println();
11.         }
12.     }
13. }
```

A.    1234
      12
B.    12
      12
C.    12
      1200
D.    コンパイルエラーが発生する
E.    実行時に例外がスローされる

➡ P521

**48.** 次のプログラムをコンパイル、実行したときの結果として、正しいもの
を選びなさい。（1つ選択）

```
1.  public class Main {
2.      public static void main(String[] args) {
3.          for (int i = 0; i < 4; i++) {
4.              System.out.println(i);
5.              i += 1;
6.          }
7.      }
8.  }
```

A. 「0」「2」と表示される

B. 「0」「1」「2」「3」と表示される

C. 何も表示されない

D. コンパイルエラーが発生する

➡ P522

**49.** 次のプログラムを実行して「54321」と表示するために、5行目に入るコードとして正しいものを選びなさい。(2つ選択)

```
1.  public class Main {
2.      public static void main(String[] args) {
3.          int[] array = {1, 2, 3, 4, 5};
4.          int x = array.length;
5.          [            ]
6.      }
7.  }
```

A.
```
while( 0 <= x ) {
    System.out.println(array[x]);
    x--;
}
```

B.
```
do {
    x--;
    System.out.println(array[x]);
} while( 0 <= x );
```

C.
```
do {
    System.out.println(array[x]);
    x--;
} while( 0 <= x );
```

D.
```
while (0 < x) {
    x--;
    System.out.println(array[x]);
}
```

E.
```
while (0 < x) {
    System.out.println(array[--x]);
}
```

➡ P523

**50.** Sampleクラスの6行目の空欄に記述するとコンパイルエラーとなる
コードを選びなさい。（2つ選択）

```
1. class A {
2.     int num;
3. }
```

```
1. class B extends A {
2.     int val;
3. }
```

```
1. class C extends B {
2.     int test;
3. }
```

```
1. public class Sample {
2.     public static void main(String[] args) {
3.         A a = new A();
4.         B b = new B();
5.         C c = new C();
6.         
7.     }
8. }
```

- A. a.num = 50_000;
- B. b.num = 80_000;
- C. a.val = 200_000;
- D. b.val = 1_000_000;
- E. b.test = 500;
- F. c.test = 1_000;

➡ P524

477

**51.** 次のプログラムをコンパイル、実行したときの結果として、正しいもの
を選びなさい。（1つ選択）

```
1. class Test {
2.     int num;
3.     static void test(int a) {
4.         a = a * a;
5.     }
6.     static void sample(StringBuilder a) {
7.         a.append(" " + a);
8.     }
9. }
```

```
1. public class Sample {
2.     public static void main(String[] args) {
3.         Test t = new Test();
4.         t.num = 3;
5.         StringBuilder sb = new StringBuilder("A");
6.         Integer i = 2;
7.         Test.test(i);
8.         Test.sample(sb);
9.         Test.test(t.num);
10.         System.out.println(i + " " + sb + " " + t.num);
11.     }
12. }
```

A. 「2 A 3」と表示される
B. 「4 A A 9」と表示される
C. 「4 A 9」と表示される
D. 「2 A A 9」と表示される
E. 「2 A A 3」と表示される

➡ P525

**52.** 変数cの参照型と、参照しているインスタンスの型の説明として、正しいものを選びなさい。

```
1.  public class A implements C {
2.      B b = new B();
3.      A a = b;
4.      C c = a;
5.  }
6.  class B extends A {}
7.  interface C {}
```

    A.     参照型はC、インスタンスの型はCである

    B.     参照型はB、インスタンスの型はBである

    C.     参照型はC、インスタンスの型はBである

    D.     参照型はA、インスタンスの型はCである

➡ P525

**第11章**

**総仕上げ問題②（問題）**

**53.** 次のプログラムが正しくコンパイルされるようにするには、どのように修正すればよいか。修正方法として正しいものを選びなさい。（1つ選択）

```
1.  public class Main {
2.      public static void main(String[] args) {
3.          int a = 10;
4.          float b = 10.0f;
5.          double c = 20;
6.          a = b;
7.          b = a;
8.          c = b;
9.          c = a;
10.     }
11. }
```

    A.     6行目を「a = (int) b;」に置き換える

    B.     7行目を「b = (float) a;」に置き換える

    C.     8行目を「c = (double) b;」に置き換える

    D.     9行目を「c = (double) a;」に置き換える

➡ P526

**54.** 次のプログラムをコンパイル、実行したときの結果として、正しいもの
を選びなさい。（1つ選択）

```
1.  import java.util.ArrayList;
2.  import java.util.List;
3.
4.  public class Main {
5.      public static void main(String[] args) {
6.          List<String> list = new ArrayList<>();
7.          list.add("A");
8.          list.add("B");
9.          list.add("C");
10.         list.add("A");
11.         list.remove(new String("A"));
12.         for (String str : list) {
13.             System.out.println(str);
14.         }
15.     }
16. }
```

A.　「A」「B」「C」「A」と表示される
B.　「B」「C」「A」と表示される
C.　「B」「C」と表示される
D.　コンパイルエラーが発生する
E.　実行時に例外がスローされる

➡ P526

**55.** 次のプログラムをコンパイル、実行したときの結果として、正しいもの
を選びなさい。（1つ選択）

```
1.  public class Main {
2.      public static void main(String[] args) {
3.          boolean flgA = (5.0 != 6.0) && (4 != 5);
4.          boolean flgB = (4 != 4) || (4 == 4);
5.          System.out.println(flgA);
6.          System.out.println(flgB);
7.      }
8.  }
```

480

A. 「false」「true」と表示される

B. 「true」「true」と表示される

C. 「true」「false」と表示される

D. 「false」「false」と表示される

➡ P527

**56.** 次のプログラムをコンパイル、実行したときの結果として、正しいものを選びなさい。（1つ選択）

```
1.  public class Main {
2.      private String val;
3.      private int num;
4.      public Main(int num) {
5.          this.num = num;
6.      }
7.      public Main() {
8.          this.val = "test";
9.          this.num = 10;
10.     }
11.     public static void main(String[] args) {
12.         Main m = new Main(20);
13.         System.out.println(m.val + ", " + m.num);
14.     }
15. }
```

A. 「null, 20」と表示される

B. 「test, 20」と表示される

C. コンパイルエラーが発生する

D. 実行時に例外がスローされる

➡ P527

**57.** StringBuilderのもっとも効率的な使い方ができるコードを選び、6行目の空欄に当てはめなさい。（1つ選択）

```
1.  public class Main {
2.      public static void main(String[] args) {
3.          String name = "Java";
4.          int version = 7;
5.          StringBuilder sb = new StringBuilder();
6.          ┌─────────────────────────────────────┐
            └─────────────────────────────────────┘
7.      }
8.  }
```

A.    sb.append(name + " SE " + version);

B.    sb.insert(name).append(" SE " + version);

C.    sb.insert(name).insert(" SE ").insert(version);

D.    sb.append(name).append(" SE ").append(version);

➡ P528

**58.** 次のプログラムをコンパイルすると、何行目でコンパイルエラーになるか。（1つ選択）

```
1.  public class Main {
2.      public static void main(String[] args) {
3.          String val = "A";
4.          int num = 10;
5.          if ( "A".equals(val) ) {
6.              int result = num + 10;
7.          } else if ( "B".equals(val) ) {
8.              int result = num + 20;
9.          } else if ("C".equals(val)) {
10.             int result = num + 30;
11.         }
12.         System.out.println(result);
13.     }
14. }
```

482

A.　5行目

B.　8行目

C.　10行目

D.　12行目

➡ P528

**59.** 次のプログラムをコンパイル、実行したときの結果として、正しいものを選びなさい。（1つ選択）

```
1.  public class Main {
2.      private static int num;
3.      static {
4.          num = 10;
5.      }
6.      static {
7.          num = 20;
8.      }
9.      static void test(int num) {
10.         num = num * num;
11.     }
12.     public static void main(String[] args) {
13.         test(num);
14.         System.out.println(num);
15.     }
16. }
```

A.　10が表示される

B.　20が表示される

C.　100が表示される

D.　400が表示される

E.　コンパイルエラーが発生する

➡ P528

**60.** 次のプログラムをコンパイル、実行したときの結果として、正しいもの
を選びなさい。（1つ選択）

```
1.  public class Main {
2.      public static void main(String[] args) {
3.          String val = "1";
4.          int num = 10;
5.          if ((num = num + 10) == 100)
6.              val = "A";
7.          else if ((num = num + 29) == 50)
8.              val = "B";
9.          else if ((num = num + 200) == 10)
10.             val = "C";
11.         else
12.             val = "F";
13.         System.out.println(val + ":" + num);
14.     }
15. }
```

- A. A:10
- B. C:10
- C. A:20
- D. B:29
- E. C:249
- F. F:249

➡ P529

**61.** 次のプログラムを確認してください。

```
1.  public class Sample {
2.      public String name = "";
3.      public int num = 0;
4.      public String val = "sample";
5.      public boolean flg = true;
6.  }
```

このクラスを利用する以下のプログラムを、コンパイル、実行したとき
の結果として、正しいものを選びなさい。（1つ選択）

```
1.  public class Main {
2.     public static void main(String[] args) {
3.         Sample s = new Sample();
4.         s.name = "test";
5.         s.num = 18;
6.         s.version = 2;
7.     }
8.  }
```

A. versionに2が設定される
B. s.versionに2が設定される
C. 実行時に例外がスローされる
D. コンパイルエラーが発生する

➡ P529

**62.** 次のプログラムをコンパイル、実行したときの結果として、正しいもの
を選びなさい。（1つ選択）

```
1.  import java.util.ArrayList;
2.  import java.util.List;
3.
4.  public class Main {
5.     public static void main(String[] args) {
6.         List<String> list = new ArrayList<>();
7.         list.add("A");
8.         list.add("B");
9.         list.add("C");
10.        list.remove(1);
11.        System.out.println(list.get(1));
12.     }
13. }
```

A. Aが表示される
B. Bが表示される
C. Cが表示される
D. nullが表示される

➡ P530

**63.** 次のプログラムをコンパイルすると、何行目でコンパイルエラーになる
か。（1つ選択）

```
1.  public class Main {
2.      public static void main(String[] args) {
3.          sample();
4.          int a = b;
5.          int b = num;
6.      }
7.      private static void sample() {
8.          System.out.println(num);
9.      }
10.     static int num;
11. }
```

A.　3行目
B.　4行目
C.　5行目
D.　8行目

➡ P530

**64.** 次のプログラムをコンパイル、実行したときの結果として、正しいもの
を選びなさい。（1つ選択）

```
1. class A {
2.     public A() {
3.         System.out.println("A");
4.     }
5. }
```

```
1. class B extends A {
2.     public B(String str) {
3.         System.out.println(str);
4.     }
5. }
```

```
1. public class Main {
2.    public static void main(String[] args) {
3.        new B("B");
4.    }
5. }
```

A. A、Bの順に表示される
B. B、Aの順に表示される
C. Bが表示される
D. コンパイルエラーが発生する

**➡ P531**

**65.** 次のプログラムをコンパイル、実行したときの結果として、正しいもの
を選びなさい。（1つ選択）

```
1. public class Main {
2.    public static void main(String[] args) {
3.        try {
4.            String[] array = new String[5];
5.            array[1] = "A";
6.            array[2] = "B";
7.            array[3] = "C";
8.            for (String str : array) {
9.                System.out.println(str);
10.            }
11.        } catch (Exception e) {
12.            System.out.println("Error");
13.        }
14.    }
15. }
```

A. 「A」「B」「C」と表示される
B. 「null」「A」「B」「C」「null」と表示される
C. 「Error」と表示される
d. コンパイルエラーが発生する

**➡ P531**

**66.** 次のプログラムをコンパイルするとコンパイルエラーが発生する。修正方法として、正しいものを選びなさい。（2つ選択）

```
1.  public class Main {
2.      public static void main(String[] args) {
3.          try {
4.              if (args.length == 0) {
5.                  sample(null);
6.              } else {
7.                  sample(args[0]);
8.              }
9.          } catch (RuntimeException e) {
10.             System.out.println("error");
11.         }
12.     }
13.     private static void sample(String str) {
14.         if (str == null) throw new Exception();
15.         throw new RuntimeException();
16.     }
17. }
```

A. mainメソッドの宣言にthrows Exceptionを追加する

B. sampleメソッドの宣言にthrows Exceptionを追加する

C. mainメソッドとsampleメソッドの両方にthrows Exceptionを追加する

D. sampleメソッドの宣言にthrows Exceptionを追加し、catchブロックの型をExceptionに変更する

E. mainメソッドの宣言にthrows Exceptionを追加し、catchブロックの型をExceptionに変更する

➡ P532

**67.** Itemのインスタンスを初期化するコードとして、正しいものを選びなさい。（1つ選択）

A. `Item item;`

B. `Item item = Item.new();`

C. `Item item = new Item();`

D. `Item item = Item();`

➡ P532

488

**68.** 次のプログラムをコンパイル、実行したときの結果として、正しいもの
を選びなさい。（1つ選択）

```
1. public class Main {
2.     public static void main(String[] args) {
3.         System.out.println("result=" + 2 + 3 + 4);
4.         System.out.println("result=" + 2 + 3 * 4);
5.     }
6. }
```

A.　result=9
　　　result=24

B.　result=9
　　　result=20

C.　result=234
　　　result=212

D.　result=212
　　　result=212

➡ P533

**69.** 次のプログラムをコンパイル、実行したときの結果として、正しいもの
を選びなさい。（1つ選択）

```
1. public class Main {
2.     public static void main(String[] args) {
3.         char[] array = "HelloWorld".toCharArray();
4.         char[] array2 = new char[array.length];
5.         System.arraycopy(array, 1, array2, 1, array.length);
6.         System.out.println(array2);
7.     }
8. }
```

A.　「elloWorld」と表示される
B.　「HelloWorld」と表示される
C.　コンパイルエラーが発生する
D.　実行時に例外がスローされる

➡ P533

**70.** 次のプログラムをコンパイル、実行したときの結果として、正しいものを選びなさい。（1つ選択）

```java
1.  public class Main {
2.      public static void main(String[] args) {
3.          sample(2, 3);
4.      }
5.      private static void sample(int a, int b) {
6.          System.out.println(a + b);
7.      }
8.      private static void sample(int... num) {
9.          for (int i : num) {
10.             System.out.println(i);
11.         }
12.     }
13. }
```

A. 5が表示される
B. 2と3が表示される
C. コンパイルエラーが発生する
D. 実行時に例外がスローされる

**➡ P534**

**71.** publicクラス内のフィールドがprotectedで修飾されていたとき、このフィールドの説明として正しいものを選びなさい。（1つ選択）

A. ほかのクラスからは一切アクセスできない
B. ほかのクラスからフィールドの値を読み込むことはできるが、書き込みはできない
C. 同じパッケージのみで、サブクラスから読み込みと書き込みができる
D. 任意のパッケージに属するサブクラスから読み込みと書き込みができる

**➡ P534**

490

**72.** 次のプログラムをコンパイル、実行したときの結果として、正しいもの
を選びなさい。（1つ選択）

```
1.  public class Main {
2.      public static void main(String[] args) {
3.          int a = 4;
4.          int b = 8;
5.          int c = b += a / 2;
6.          System.out.println(a + ", " + b + ", " + c);
7.      }
8.  }
```

A. 「4, 10, 8」と表示される
B. 「4, 10, 10」と表示される
C. 「4, 10, 6」と表示される
D. 「4, 12, 6」と表示される

➡ P534

**73.** 次のプログラムをコンパイル、実行したときの結果として、正しいもの
を選びなさい。（1つ選択）

```
1.  public class Main {
2.      public static void main(String[] args) {
3.          new Main().test("a", 0, 0.0, false);
4.      }
5.      private void test(String str, int num, double val, boolean flg, Object obj) {
6.          System.out.println(str + num + val + flg + obj);
7.      }
8.  }
```

A. 「a00.0falsenull」と表示される
B. 「a00.0false」と表示される
C. コンパイルエラーが発生する
D. 実行時に例外がスローされる

➡ P535

**74.** 次のプログラムをコンパイル、実行したときの結果として、正しいものを選びなさい。（1つ選択）

```java
1.  public class Main {
2.      private int sample(double val) {
3.          System.out.println("A");
4.          return 0;
5.      }
6.      private String sample(double val) {
7.          System.out.println("B");
8.          return null;
9.      }
10.     private double sample(double val) {
11.         System.out.println("C");
12.         return 0.0;
13.     }
14.     public static void main(String[] args) {
15.         new Main().sample(1.0);
16.     }
17. }
```

A. Aが表示される
B. Bが表示される
C. Cが表示される
D. コンパイルエラーが発生する
E. 実行時に例外がスローされる

➡ P535

**75.** 次のプログラムを確認してください。

```java
1.  public class A {
2.      private int num;
3.      public A(int num) {
4.          this.num = num;
5.      }
6.  }
```

492

次のプログラムの空欄に入るコードとして、正しいものを選びなさい。
（1つ選択）

```
1.  public class B extends A {
2.      private String val;
3.      public B(String val, int num) {
4.          [          ]
5.      }
6.  }
```

A.　　this(num);
B.　　super(num);
C.　　this(val);
D.　　super(val);
E.　　super();

➡ P535

**76.** 次のプログラムをコンパイル、実行したときの結果として、正しいもの
を選びなさい。（1つ選択）

```
1.  public class Main {
2.      public static void main(String[] args) {
3.          int[] array = {2, 3, 4};
4.          int[] array2 = array.clone();
5.          array2[0] = 5;
6.          for (int i : array) {
7.              System.out.println(i);
8.          }
9.      }
10. }
```

A.　　「2」「3」「4」と表示される
B.　　「5」「3」「4」と表示される
C.　　コンパイルエラーが発生する
D.　　実行時に例外がスローされる

➡ P536

**77.** 次のプログラムをコンパイル、実行したときの結果として、正しいもの
を選びなさい。(1つ選択)

```
1.  public class Main {
2.      public static void main(String[] args) {
3.          String[] array = {"A","B","C","D","E"};
4.          for (String str : array) {
5.              if ("B".equals(str)) {
6.                  continue;
7.              }
8.              System.out.println(str);
9.              if ("C".equals(str)) {
10.                 break;
11.             }
12.         }
13.     }
14. }
```

A. 「A」「C」と表示される
B. 「A」「B」「C」と表示される
C. 「C」「D」と表示される
D. 「C」と表示される
E. コンパイルエラーが発生する

➡ P536

# 第 11 章　総仕上げ問題②
# 解　答

## 1.　D、G、H　　　　　　　　　　　　　　　　➡ P448

インスタンスへのアクセスに関する問題です。

インスタンスへのアクセス方法には、「フィールドに直接アクセスする」「メソッドを呼び出す」の2通りがあります。どちらの場合であっても、「**インスタンスへの参照.フィールド名**」や、「**インスタンスへの参照.メソッド名**」のようにインスタンスへの参照が不可欠です。

設問のコードでは、変数tが参照しているTestのインスタンスにアクセスします。選択肢Aは、変数tを使わずthisを使ってアクセスしようとしています。このthisは、呼び出し元のMainクラスへの参照を表しています。また、mainメソッドはstaticなメソッドなので、インスタンスへの参照を表すthisを使うことはできません。以上のことから、選択肢Aは誤りです。

選択肢Bは、変数名だけを記述しています。これではTestのインスタンスではなく、Mainクラスのフィールドにアクセスすることになります。よって、選択肢Bは誤りです。

選択肢Cは、メソッド名を記述していません。インスタンスが持つメソッドを呼び出すには、「**インスタンスへの参照.メソッド名**」のように記述しなければいけません。よって、誤りです。

選択肢**D**は、「**インスタンスへの参照.フィールド名**」の書式で、かつ変数tを使ってnumフィールドに0を代入しているため、正しい値の変更方法です。

選択肢Eは、変数tで参照できるインスタンスのgetNumメソッドの呼び出し結果に0を代入することを意味します。当然、戻り値に値を代入することはできないため、誤りです。

選択肢Fは、modifyメソッドを使ってnumフィールドの値を変更しようとしています。Testのインスタンスは、コンストラクタで100という数値を与えられ、変数numの値は100で初期化されています。そのため、numフィールドの値を0にしなければいけません。しかし、modifyメソッドは、受け取った引数をnumフィールドに加算代入しているので、「100+0」という式になってnumフィールドの値は100のままです。以上のことから、選択肢Fは誤りです。

※次ページに続く

**第11章**

**総仕上げ問題②（解答）**

**495**

選択肢Gはnumフィールドの値をマイナス演算子で反転させて-100にして、modifyメソッドの引数として渡しています。modifyメソッドは、受け取った引数をnumフィールドに加算代入しているので、「100+(-100)」という式になってnumフィールドの値は0になります。以上のことから、選択肢**G**は正解です。

選択肢Hは、選択肢Gのようにnumフィールドの値をマイナス演算子でプラス／マイナス反転させるのではなく、getNumメソッドの戻り値を反転させています。getNumメソッドは、numフィールドの値を戻すため、modifyメソッドでは「100+(-100)」という式が実行されて、numフィールドの値は0になります。以上のことから、選択肢**H**は正解です。

【第2章：問題9、第3章：問題2】

## 2. A　　→ P449

カプセル化に関する問題です。
**カプセル化**は、関係するデータとそのデータを必要とする処理を1つにまとめることです。カプセル化は、外部のモジュールから直接内部のデータにアクセスされないようにするための**データ隠蔽**とセットで使われます。よって、カプセル化の概念はデータ隠蔽とセットになっていることが多くあります。このような概念について説明されているのは選択肢**A**です。

選択肢Bは、公開するクラスや公開するメソッドと非公開にする範囲を決めてアクセス制御をかける情報隠蔽の一環で、サブクラスにどの程度までを公開するのかを設計する「情報隠蔽」の説明です。

選択肢Cは、抽象クラスの説明です。また、選択肢Dはポリモーフィズムを使ったメソッドの引数設計についての説明です。ポリモーフィズムについての出題や選択肢は、用語（多態性、抽象化、ポリモーフィズム）の違いに加え、説明の曖昧さがあるなど、複雑に感じやすいものがあります。用語を覚えるだけでなく、その意味や用法をしっかりと理解するようにしましょう。

【第6章：問題20】

## 3. A　　→ P449

三項演算子に関する問題です。
設問のif文は、変数aの値がAのときにはbにtestを、Bのときにはsampleを、それ以外ならnoneを代入するというものです。
**三項演算子**は、条件に一致した場合に戻す値を記述します。そのため、次の書式のようにその値を受け取る変数が必要です。

変数　=　三項演算子による処理

しかし、選択肢Dは、値を戻さず三項演算子の中で変数bに値を代入しようとしています。よって、選択肢Dは誤りです。

三項演算子の式は、次のような書式で記述します。

**書式**

条件式？真のとき：偽のとき

この書式で記述しているのは、選択肢Aだけです。よって、選択肢**A**が正解です。複数の条件を記述しなければいけない三項演算子では「?」と「:」が交互に出現することを覚えておきましょう。

【第3章：問題21、22】

## 4.　C

➡ P450

抽象メソッドの実装についての問題です。
インタフェースに定める**抽象メソッド**は、暗黙的に**public**で修飾されます。これは、インタフェースとは外部に公開することを目的としているものだからです。そのためコンパイラは、設問のFunctionインタフェースのprocessメソッドはpublicで修飾されていると解釈します。

設問のコードでは、Functionインタフェースを実現したSampleクラスを定義しています。このメソッドは具象クラスであるため、インタフェースに定義された抽象メソッドの実装を提供する必要があります。Sampleクラスはprocessメソッドを実装していますが、問題はこのメソッドのアクセス修飾子がprotectedになっている点です。このようにインタフェースを実現したクラスで具象メソッドを提供する場合は、アクセス修飾子を変更することはできません。

これはクラスの継承でも同様で、スーパークラスのメソッドをオーバーライドするときに、より厳しいアクセス修飾子で修飾することはできません。インタフェースを実現したクラスや、何らかのクラスを継承したサブクラスでメソッドを実装、もしくはオーバーライドするときは、より厳しいアクセス修飾子は使えないことを覚えておきましょう。以上のことから、選択肢**C**が正解です。

【第7章：問題4、7】

第11章

総仕上げ問題②（解答）

## 5.　A　　　　　　　　　　　　　　　　　　　　　　➡ P451

同一性についての問題です。

**==演算子**がtrueを戻すためには、左右オペランドの変数が同じ参照先を持っていなければいけません。aと同じ参照先であれば、6行目の「a == b」はtrueを戻します。==演算子の左オペランド（a）は、**StringBuilder**の**toStringメソッド**を実行するタイミングで作成されたStringインスタンスへの参照です。

選択肢Bは新しくStringインスタンスを生成しているため、同じ参照先ではありません。選択肢Aのように参照先を変数に代入することで同じ参照先になります。よって、選択肢**A**が正解で、選択肢Bは誤りです。

toStringメソッドは、呼び出されるたびに新しいStringインスタンスを生成します。そのため、選択肢Cは同じ参照先にはなりません。よって、誤りです。

文字列リテラルは、String型の定数として実行時にStringインスタンスが生成されます。よって、aとは同じ参照先ではないため、選択肢Dも誤りです。

【第3章：問題8】

## 6.　B、D、E　　　　　　　　　　　　　　　　　　　➡ P451

抽象クラスに関する問題です。

**抽象クラス**には、実装を持たない**抽象メソッド**と、実装を持つ**具象メソッド**の両方を定義できます。抽象メソッドを定義するときには、**abstract**で修飾しなくてはいけない点を忘れないようにしましょう。

A.　メソッドの宣言範囲を示す中カッコ「{ }」が省略されています。つまり、実装を持たない抽象メソッドとして定義をしていますが、abstractで修飾されていません。よって、コンパイルエラーとなります。

B.　実装を持つ具象メソッドです。中カッコ内に実施したい処理が記述されており、abstractで修飾されてもいません。よって、正しいコードです。

C.　実装を持つ具象メソッドです。しかし、abstractで修飾されているため、抽象メソッドとして解釈されます。抽象メソッドは、実装を持つことができないため、このコードはコンパイルエラーとなります。よって、誤りです。

D.　抽象メソッドです。abstractで修飾されており、かつメソッドの宣言範囲を示す中カッコが省略されています。よって、正しいコードです。

E. 具象メソッドです。中カッコ内に実施したい処理が記述されており、abstractで修飾されてもいません。よって、正しいコードです。

## 7. B、F　　　　　　　　　　　　　　　　　　　　➡ P452

クラスに関する問題です。

A. mainメソッドは、(通常、複数のクラスからなる) プログラムのエントリーポイントとなるメソッドです。1つのプログラムに複数のエントリーポイントがあると、JVMはどこから実行してよいかわからないため、すべてのクラスがmainメソッドを持つ必要はありません。よって、誤りです。

B. すべてのクラスが持つべき最低限の機能を定めたものがObjectクラスです。そのため、すべてのクラスの継承関係の最上位にはObjectクラスが位置します。もし、何も継承していなくても、暗黙的にObjectクラスを継承していると見なされます。よって、正しい説明です。

C. 最上位レベルのクラスとは、インナークラスではないクラスのことです。クラスをprivateで宣言すると、ほかのクラスから使うことができません。また、protectedで修飾することも許可されていません。最上位レベルのクラスを修飾できるのは、publicかデフォルト(修飾子なし)だけです。よって、誤りです。

D. オブジェクト指向の設計原則に従えば、基本的にクラスには関係するデータがまとまっているため、1つ以上のインスタンス変数を持つことになります。ただし、実装時は変数を持たないクラスが必要になる場合も多くあるため、Javaではこのようなルールはありません。よって、誤りです。

E. Javaでは、すべてのクラスは何らかのパッケージに属していなければいけません。しかし、学習用として名前のないデフォルトパッケージが用意されています。そのため、プログラマーが何らかのパッケージ宣言をしなくても自動的にデフォルトパッケージに属すると解釈されます。よって、誤りです。

F. mainメソッドは、オーバーロードして複数定義することができます。ただし、エントリーポイントとして呼び出されるのはString配列を受け取るmainメソッドだけです。よって、正しい説明です。

【第1章：解答2、8、第6章：解答20】

第11章

総仕上げ問題②(解答)

## 8. B ➡ P452

起動パラメータに関する問題です。

**起動パラメータ**として渡した引数は、mainメソッドのString配列として渡されます。もし、起動パラメータを指定せずにプログラムを実行すると、要素数0のString配列が作られて、mainメソッドに渡されます。

設問では、実行時の条件が指定されていません。そのため、起動パラメータなしで実行したものと考えます。mainメソッドでは引数のString配列の要素数を取得していますが、前述のとおり、起動パラメータなしの場合は要素数0の配列が渡されるため、変数xに代入されるのは0となります。

続くif文では、変数xを渡してcheckメソッドを呼び出しています。このメソッドでは、引数の値が定数NUM以上であればtrueを、NUMよりも小さければfalseを戻します。引数として渡した変数xの値は0であるため、このメソッドはfalseを戻します。以上のことから、if文はelseブロックに制御が移り、コンソールにはBが表示されます。よって、選択肢**B**が正解です。

【第1章：問題9】

## 9. C ➡ P453

Stringの特徴に関する問題です。

**String**は、Immutableなクラスです。つまり、メソッドを呼び出しても内部の文字列データを変更せず、別の新しい文字列を生成して戻します。

設問のコード3行目では、"A" という文字列を持つStringインスタンスを生成し、変数aでその参照を保持します。次に、**concatメソッド**を呼び出して文字列を連結し、"AB" という文字列を持つ新しいStringへの参照を戻します（4行目）。このコードでは、新しいStringへの参照で変数aを上書きしています。

次に "C" という文字列を持ったStringインスタンスを生成し、6行目では変数aで参照するインスタンスのconcatメソッドを呼び出して文字列を連結しています。concatメソッドは、"ABC" という新しい文字列を持つStringインスタンスへの参照を戻し、変数aを上書きします。

7行目では、変数aで参照するインスタンスのreplaceメソッドを呼び出し、インスタンスが持つ "ABC" という文字列のCをDに書き換えます。このとき、Stringは内部の "ABC" という文字列を変更せずに、CをDに書き換えた、"ABD" という文字列を持つ新しいStringインスタンスを生成して、その参照を戻します。しかし、7行目のコードでは、この参照を受け取っていません。また、変数aの参照先も変更されていないため、その参照先にあるStringインスタン

スの "ABC" という文字列は変わっていません。

8行目では、変数aで参照するインスタンスのconcatメソッドを呼び出して
文字列を連結しています。その結果、"ABCC" という新しい文字列を持った
Stringインスタンスへの参照が戻るので、この参照で変数aを上書きします。

よって、コンソールには「ABCC」と表示されます。以上のことから、選択肢
**C**が正解です。

【第9章：問題2】

---

## 10. B　　　　　　　　　　　　　　　　　　　　　　　⇒ P453

for文の制御に関する問題です。
設問のコードでは、1～5までの数値を持った配列を宣言し、それをfor文で繰
り返し処理をしています。1、3、5と1つおきに表示するには、1を加算するので
はなく、2を加算する更新文でなくてはいけません。よって、選択肢AとCは誤
りです。

選択肢BとDは、どちらも更新文で2を加算していますが、初期化式で初期化
している値が異なります。1～5までの数値を持った配列の最初の要素から始
めなければいけないため、カウンタ変数の初期化は0から始める必要があり
ます。選択肢Dのように1から始めると、2、4と表示されてしまいます。以上の
ことから、選択肢**B**が正解です。

【第5章：問題4】

---

## 11. B　　　　　　　　　　　　　　　　　　　　　　　⇒ P454

同一性と同値性についての問題です。
**同一性**は、2つの変数が同じインスタンスを参照しているかを確認することで
す。同一性の判定には**＝＝演算子**を使います。**同値性**は、変数が参照してい
るインスタンスが同じ値を持っていることです。同値性の判定には**equalsメ
ソッド**を使います。

設問のコードでは、"apple" という文字列への参照を持った変数strと、apple
を1文字ずつに分けたString配列型変数arrayを用意しています。この1文字ず
つに分けた配列は、その後の拡張for文で文字列連結されて "apple" という文
字列になります。

次に、変数strと変数resultを＝＝演算子で同一性を判定していますが、2つの変
数は同じ文字列を保持していても、参照しているStringのインスタンスは異
なります。同じ参照先ではないため、＝＝演算子はfalseを戻します。続いて、

第11章

総仕上げ問題②（解答）

501

equalsメソッドを使って同値性を判定しています。変数strと変数resultでは、同じ文字列を保持しているため、この結果はtrueを戻します。以上のことから、選択肢**B**が正解です。

【第3章：問題8】

## 12.　A　→ P454

コンストラクタチェーンに関する問題です。

継承関係にあるとき、サブクラスよりも**スーパークラスのコンストラクタ**から先に実行されます。設問のコードでは、Aクラスを継承したBクラス、そのBクラスを継承したCクラスを定義しています。そのため、Cクラスのインスタンスを生成したときのコンストラクタはA、B、Cの順に実行されます。よって、選択肢**A**が正解です。

何らかのクラスを継承したクラスを定義するとき、次のようにコンストラクタの先頭行にスーパークラスのコンストラクタ呼び出しのコードがコンパイラによって自動的に追加されることを覚えておきましょう。

**例** スーパークラスのコンストラクタ呼び出し

```java
class A {
    public A() {
        super();        ← Objectクラスのコンストラクタ呼び出し
        System.out.print("A");
    }
}
class B extends A {
    public B() {
        super();        ← Aクラスのコンストラクタ呼び出し
        System.out.print("B");
    }
}
class C extends B {
    public C() {
        super();        ← Bクラスのコンストラクタ呼び出し
        System.out.print("C");
    }
}
```

【第7章：問題16】

502

## 13. C ➡ P455

staticに関する問題です。

**static**で修飾されたメソッドからは、staticで修飾されたもの以外にはアクセスできません。設問のコードではstaticなmainメソッドから、testメソッドを呼び出していますが、これはstaticなメソッドからstaticなメソッドの呼び出しなので問題ありません。しかし、testメソッド内ではstaticでないnumフィールドをインクリメントしています。そのため、testメソッドでnumをインクリメントしている4行目でコンパイルエラーが発生します。以上のことから、選択肢**C**が正解です。

【第6章：問題8】

## 14. E ➡ P456

配列に関する問題です。

オブジェクト型の配列は、インスタンスを作っただけでは空（null）の状態です。要素を参照するインスタンスは別に作って、その参照を配列の要素として代入しなければいけません。

設問のコードでは、3つの要素を持つItem配列のインスタンスを生成しています（3行目）。この配列インスタンスはまだItemのインスタンスへの参照を1つも持っていないため、その要素はすべてnullの状態です。その後、配列の2つ目と3つ目の要素に作成したItemのインスタンスへの参照を代入しています。しかし、1つ目の要素（添字が0番）は依然としてnullのままです。そのため、拡張for文で要素を取り出し、その要素のnameフィールドの値を参照しようとしたタイミングで**NullPointerException**が発生します。
以上のことから、選択肢**E**が正解です。

【第4章：問題5】

## 15. B、C、D ➡ P456

例外についての問題です。

例外を扱うクラスには、**検査例外**と**非検査例外**の2種類があります。検査例外が発生する処理を利用する場合には、try-catchブロックで括るか、throwsで再スローの宣言をする必要があります。一方、非検査例外はこれらの制約がありません。

A. RuntimeExceptionは非検査例外のルートクラスです。そのため、try-catchで括ったり、throwsの宣言を必要としません。よって、説明は誤りです。

B. Exceptionは検査例外のルートクラスです。このクラスを継承したサブク

ラスのうち、RuntimeExceptionとそのサブクラスは非検査例外となります。よって、正しい説明です。

C. catchブロックは、発生した例外をキャッチし、処理するためのブロックです。このときキャッチできる例外はすべての例外のルートクラスとなるThrowable型です。そのため、catchブロックでは、ThrowableのサブクラスであるExceptionクラスだけでなく、Errorクラスなどもキャッチできます。よって、正しい説明です。

D. RuntimeExceptionは非検査例外ですが、キャッチして例外処理することで正常な処理に復帰させることが可能です。よって、正しい説明です。

E. Errorクラスは非検査例外で、かつプログラムから復帰できないような例外を表すためのクラスです。よって、説明は誤りです。

F. 例外はすべてthrowsで宣言して、再スロー可能です。よって、説明は誤りです。

以上のことから、選択肢**B**、**C**、**D**が正解です。

【第8章：問題10】

---

## 16.　B　　　　　　　　　　　　　　　　　　　　　→ P457

StringBuilderに関する問題です。

**StringBuilder**は、内部に文字列を保持するためのバッファを持っています。あらかじめバッファを持っておくことで、バッファ内であればStringBuilderのインスタンスに文字を素早く追加することができるからです。もし、バッファを持たなかった場合やバッファ以上の文字列を追加する必要がある場合には、バッファを新しく作り直して、既存の文字列を古いバッファから新しいバッファに移動する必要があるため、余計な処理コストがかかってしまいます。StringBuilderは、デフォルトでは16文字分のバッファを持って生成されます。もっと少ないバッファでメモリを節約したい場合やもっと大きな文字列を扱えるよう大きなバッファを持たせたいときには、コンストラクタでバッファとして持つ文字数を指定することができます。設問のコードでは、5文字分のバッファを持ったStringBuilderのインスタンスを生成しています（3行目）。

最初のif文では、5文字分のバッファを持つStringBuilderと空文字のStringが同じ値を持っているかどうかを比較しています。StringBuilderの**equalsメソッド**はオーバーライドされておらず、Objectクラスのequalsメソッドの定義をそのまま引き継いでいます。Objectクラスのequalsメソッドは、同じ参照かどうかだけしか比較しないため、この条件式はfalseを戻します。

次のelse if文ではStringBuilderのtoStringメソッドでStringBuilderを文字列に変換してから、空文字とequalsメソッドで同じ値を持っているかどうかを比較しています。StringBuilderは内部に文字列を持たず、バッファしかありません。そのため、toStringメソッドは空文字を戻します。空文字と空文字は同じ値であるため、この条件式はtrueを戻します。以上のことから、選択肢**B**が正解です。

【第3章：問題9、第9章：問題14】

## 17. D → P457

メソッド定義に関する問題です。メソッドの定義は、次の書式で記述します。

### 構文

```
アクセス修飾子 戻り値型 メソッド名( 引数の型 引数名 ) {
    // メソッドの処理
}
```

**引数**は、データ型と変数名のセットで宣言します。変数宣言の場合は、次のようにデータ型を指定すれば、変数名をカンマ「,」で区切って一度に複数の変数を宣言できます。

### 例 int型の変数aとbの宣言

```
int a, b;
```

しかし、メソッドの引数は、必ず**データ型**と**変数名**はセットで宣言しなくてはいけません。よって、選択肢Bは誤りです。

メソッドが何らかの処理結果を戻す場合、**戻り値型**にどのような種類の結果を戻すかを示すデータ型を記述します。もし、何の結果も戻さないのであれば、**void**とします。戻り値型の記述は必須で、省略することはできません。よって、選択肢Cのように戻り値型を記述しないと、コンパイルエラーが発生します。また、設問の条件では、「int型を戻す」となっています。よって、戻り値型がvoidとなっている選択肢Eは、設問の条件を満たしません。

選択肢Aは、メソッド宣言は正しく宣言ができていますが、処理内容で戻り値を戻すための**return**が記述されていません。何らかの戻り値を戻すと宣言したメソッドで、returnを省略するとコンパイルエラーが発生します。よって、選択肢Aも誤りです。

以上のことから、選択肢**D**が正解です。

【第6章：問題1、6】

第11章

総仕上げ問題②（解答）

505

## 18.　B

➡ P458

ラムダ式に関する問題です。

**ラムダ式**内で宣言した変数は、ラムダ式の中だけで有効です。設問のコードでは、ラムダ式でString型の引数sを受け取ると宣言していますが、この変数sはラムダ式の中でだけ有効です。

設問のラムダ式は、removeIfメソッドの引数として渡され、このラムダ式がtrueを戻せばコレクションの要素を削除します。**removeIfメソッド**は、削除ができればtrueを、できなければfalseを戻します。このremoveIfメソッドの結果を条件に分岐処理をしているのがif文です。つまりif文内の処理は、ラムダ式が判定をして、removeIfメソッドが削除処理をして、if文の条件に合致したときに実行されるものです。よって、if文内の処理で、ラムダ式内で宣言した変数sを使うことはできません。以上のことから、選択肢**B**が正解です。

【第9章：問題23】

## 19.　A

➡ P458

型変換に関する問題です。

数値型は文字に変換することが可能です。これは、文字が文字番号という数値で扱われているためです。数値を文字に変換するには、次のようにchar型の変数に直接数値を代入するか、数値型変数を用意してから**キャスト式**を記述するかのいずれかの方法を使います。

**例** 数値型から文字への変換

```
char t = 97;
int i = 97;
char j = (char) i;
```

数値型変数をキャスト式なしでchar型に代入することはできないので、注意しましょう。

設問のコードでは、97と98という値を持った数値型変数aとbを宣言しています。その後、それぞれをchar型へのキャスト式で型変換してからコンソールに出力しています。97はa、98はbという文字を表します。よって、コンソールには「a b」が出力されます。よって、選択肢**A**が正解です。

異なる型に変換する場合、int型からlong型への変換のように**暗黙の型変換**ができるものであればキャスト式は必要ありません。しかし、int型とchar型には本来互換性がないため、キャスト式を記述する必要があります。言い換え

れば、キャスト式は、安全に型変換が行えることをプログラマーが明示した
ことになるため、コンパイラは「問題なし」と判断して、実際に型変換が行
えるかどうかに関係なくコンパイルを完了してしまいます。このため、キャ
スト式が記述されている設問のコードでコンパイルエラーが発生することは
ありません。よって、選択肢Cは誤りです。

また、設問で扱われているshort型やint型、char型はプリミティブ型であり、
インスタンスの型変換ができなかったときに発生するClassCastExceptionがス
ローされることはありません。よって、選択肢Dは誤りです。

【第3章：問題3】

## 20. C  ➡ P459

二重ループに関する問題です。
設問では2つの要素を持つ配列を用意し、その要素数分だけ**while文**を回して
います。while文の中では0で初期化された変数jを宣言したあと、do-while文
でarrayの要素を1つずつ取り出しながら、その文字数を数えて繰り返し処理
の制御を行っています。

**do-while文**の特徴は、条件の評価をする前に必ず一度は繰り返し処理を実行
することです。そのため、変数jの値へのインクリメントが1回実行されてから、
条件式の評価を行います。arrayの要素の文字数を数えていますが、要素は1
文字しかないため、do-while文の条件式はfalseを戻し、do-while文を抜けてし
まいます。

変数arrayの要素は、"A" と "B" という1文字しかない文字列なので、do-while文
の繰り返し処理が一度実行されて、条件式で抜けることを繰り返すだけにな
ります。よって、jの値が1より大きくなることはありません。以上のことから、
選択肢**C**が正解です。

【第5章：問題1、2】

## 21. A  ➡ P459

配列の生成に関する問題です。
配列の生成に関する問題では、次の点に注意します。

1. 変数宣言時に[ ]があるか（省略不可）
2. 変数宣言時に要素数を指定していないか
3. インスタンスの生成でnewを記述しているか
4. インスタンス生成時に要素数の指定をしているか
5. [ ]以外のカッコを使っていないか

第11章

総仕上げ問題②（解答）

507

A. 上記に沿って、正しく記述されています。

B. インスタンス生成時にnewを記述しておらず、上記の2に反しています。配列はインスタンスなので、生成しない限り使えないことを忘れないようにしましょう。

C. 変数宣言時に、配列型変数であることを表す[ ]を記述していません。上記の1のとおり、[ ]を省略することはできません。

D. 変数宣言時に要素数を指定しているため、上記2に反しています。変数は配列のインスタンスへの参照を保持するための器に過ぎず、変数内に配列が作られるわけではありません。いくつの要素を扱うかという情報が必要なのは配列のインスタンスです。

以上のことから、選択肢**A**が正解です。

【第4章：問題2、7】

---

## 22. D → P460

ポリモーフィズムと型の互換性に関する問題です。

**ポリモーフィズム**を使えば、インスタンスを違う型で扱うことができます。ただし、どのような型でも扱えるわけではなく、**継承**、もしくは**実現**の関係でなければいけません。まったく無関係の型で扱えるわけではないことに注意しましょう。

設問のコードでは、BクラスとインタフェースTを定義し、それぞれを継承、実現したAクラスを定義しています。そのため、AのインスタンスをB型やT型で扱うことは可能です。設問では、AのインスタンスをB型のobj1という変数とT型のobj2という変数で扱っています（3、4行目）。これは問題ありません。しかし、次の行のようにT型のobj2をB型の変数aに代入しようとしても、BクラスとインタフェースTの間には継承や実現の関係がありません。よって、コンパイルエラーが発生します。以上のことから、選択肢**D**が正解です。

【第7章：問題11】

---

## 23. A → P461

switch文に関する問題です。

**switch文**の問題で気を付けるべきなのは**case式**で**break**がなかった場合に、あとに続くcase式の処理が次々と実行される点です。設問でもbreakを記述していないcase式があります。これに注意して、どのような動作をするかを考えましょう。

設問のコードでは、"A"、"B"、"C"、"D" の4つの文字列で初期化されたString配列を作成して、1つずつ取り出しながらswitch文で処理を振り分けています。

508

最初はAですが、Aのcase式ではnumの値を-1しています。numの値は0から始まるので、この時点で値は-1となります。次にBですが、Bのcase式では、numをインクリメントしてnumの値を-1から1増やして0にします。その後、breakがないためにCのcase式も続いて実行されて、numの値に2が加算されます。この時点でnumの値は2となります。続いてCですが、Cのcase式では、numの値に2が加算され、numの値が4に増えます。最後はDです。Dのcase式は何も処理がありませんが、breakしていないので、そのままAのcase式が実行されます。そのため、numの値が-1されて3に減ります。Aのcase式はbreakが記述されているので、caseの判定を終わります。以上のことから、コンソールには3が表示されます。よって、選択肢**A**が正解です。

【第3章：問題18】

## 24.　A　　　➡ P462

staticに関する問題です。

**static**なフィールドは、インスタンスごとに管理されるのではなく、クラス単位で管理されるフィールドです。そのため、staticフィールドはそのクラスから作られたすべてのインスタンスで共有されるフィールドであるともいえます。

設問のコードでは、staticフィールドを持つTestクラスのインスタンスを2つ作っています。その後、それぞれのsampleメソッドを呼び出していますが、このタイミングでwhile文によって5回インクリメントされます。このwhile文の制御に使っているcountフィールドはstaticではなく、インスタンスごとに保持するデータです。しかし、もう1つのvalueフィールドはstaticであるため、sampleメソッドが呼び出されるたびに5ずつ増えることになります。設問のコードでは、sampleメソッドを2回呼び出しているため、valueの値は5、10と増えていきます。よって、コンソールには10が2回表示されます。以上のことから、選択肢**A**が正解です。

なお、staticフィールドの参照は、インスタンスへの参照変数を使うように記述していても、コンパイル時に次のようなクラス名を使った参照に変更されることも忘れないようにしましょう。

**例** コンパイル前

```
System.out.println(a.value + ", " + b.value);
```

**例** コンパイル後

```
System.out.println(Test.value + ", " + Test.value);
```

【第6章：問題7】

## 25. B、D、E　　　➡ P462

オブジェクト指向の特徴に関する問題です。

A. オブジェクトという用語は、「クラス」を表すときと「インスタンス」を表すときの2通りの使い方があります。設問の選択肢はクラスについての説明なので、選択肢Aは「クラスは再利用できない」と考えることにします。一度作ったクラスは、ほかのプログラムでも再利用できます。よって、記述は誤りです。

B. オブジェクト指向では、あるクラスを継承したサブクラスを定義できます。このとき元になったクラスのことを「スーパークラス」と呼びます。よって、正しい記述です。

C. クラスは、フィールドとそのフィールドの値を必要とするメソッドのセットで設計されます。そのため、メソッドだけを分離してほかのクラスと共有することはできません。よって、記述は誤りです。

D. たくさんのクラスをまとめるにはパッケージを利用します。そのため、1つのパッケージには複数のクラスが含まれているのが一般的です。よって、正しい記述です。

E. Javaでは、すべてのクラスはObjectクラスのサブクラスになると決められています。そのため、何も継承していないクラスを定義したとしても、暗黙的にObjectクラスを継承しているものと解釈されます。よって、正しい記述です。

F. mainメソッドはプログラム（複数のクラスの集合体）のエントリーポイントです。そのため、プログラムのエントリーポイントとなるmainメソッドはプログラムに1つしか作れません。よって、記述は誤りです。

【第1章：問題1、2、8】

## 26. B
→ P463

演算の順番についての問題です。

演算は**右から順番に**行われます。設問のコードでは、変数aとbを宣言し、それぞれ10と20で初期化しています。5行目が問題のポイントですが、右端から順に評価していきます。

**例** 設問のコード5行目

```
int c = b += a / 5;
```

まず、次の下線の部分からですが、変数aの値は10なので、5で割るとその結果は2です。

**例** 設問のコード5行目の演算①

```
int c = b += a / 5;
```

そのため、次のような式に変化します。この式で次に評価されるのも下線の部分です。

**例** 設問のコード5行目の演算②

```
int c = b += 2;
```

これは「b = b + 2」を短縮形で表記しただけのものなので、20+2の結果である22が変数bに代入されます。このタイミングで、変数aは10、変数bは22になっています。最後に次の式が実行されるので、変数cも22になります。

**例** 設問のコード5行目の演算③

```
int c = b;
```

変数aは10、変数bは22、そして変数cも22なので、その合計は54となります。以上のことから、選択肢**B**が正解です。

【第3章：問題1】

第11章

総仕上げ問題②（解答）

## 27.　C
→ P463

for文による繰り返し制御に関する問題です。

設問の**for文**では、0から始まって0の値が6よりも小さい間繰り返します。つまり、変数aの値が0〜5の間です。また、更新文がインクリメントではなく、「a + 2」となっているため、0、1、2、3、4、5ではなく、1つおきに0、2、4が対象になります。以上のことから、選択肢**C**が正解です。

【第5章：問題4】

## 28.　A
→ P464

パッケージとアクセス制御に関する問題です。

設問のコードでは、AクラスとBクラスは異なる**パッケージ**に属しています。異なるパッケージに属しているクラスを利用するには、**import宣言**をするか、**完全修飾クラス名**で記述します。

sample.subパッケージに属するBクラスからsampleパッケージに属するAクラスにアクセスするには、sampleパッケージをimport宣言する必要があります。よって、sample.subパッケージをimportしている選択肢Cは誤りです。

選択肢Bは、使いたいクラスが所属するパッケージを正しく宣言できています。しかし、この宣言はクラスを完全修飾クラス名で記述することによってコードの可読性が著しく低下してしまうのを避けるため、短縮表記で宣言しているに過ぎません。つまり、設問の条件である「Bクラス内からAクラスにアクセスしている」ことにはなりません。選択肢BとDがセットで記述できれば、設問の条件を満たしますが、選択できる選択肢は1つだけです。

以上のことから、完全修飾クラス名でクラス名を記述している選択肢**A**が正解です。

【第1章：問題3、4】

## 29.　D
→ P464

LocalDateクラスに関する問題です。

**LocalDateクラス**に存在しない日付を与えると、実行時に**java.time.DateTime Exception**がスローされます。設問のコードは、2015年1月32日という存在しない日付を指定してLocalDateクラスのインスタンスを生成しようとしています。そのため、実行時に例外がスローされます。よって、選択肢**D**が正解です。

【第9章：問題26】

## 30. E  ➡ P465

抽象メソッドの実装に関する問題です。
インタフェースや抽象クラスに定義された**抽象メソッド**は、実現または継承した具象クラスが実装を定義しなければいけません。もし、すべての抽象メソッドが具象クラスで実装されなかった場合には、そのクラスは実行できないコードを持つためにコンパイルエラーとなります。

設問のコードでは、インタフェースAを継承したインタフェースBを定義し、さらにそのインタフェースを実現した抽象クラスC、そしてそれを継承した具象クラスDを定義しています。

【設問のクラスとインタフェース】

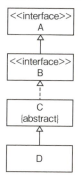

このような実現や継承関係のうち、抽象メソッドはインタフェースAのsampleメソッドとインタフェースBのtestメソッドの2つです。そのため、具象クラスであるDクラスは両方の実装を持たなければいけません。しかし、Dクラスに実装されているのはtestメソッドだけで、sampleメソッドはありません。よって、Dクラスはコンパイルエラーとなります。以上のことから、選択肢**E**が正解です。

なお、継承はクラス間だけでなく、インタフェース間でも行えます。インタフェースとクラスの間は継承ではなく、実現になるので混乱しないように注意しましょう。

【第7章：問題4、11】

## 31. C  ➡ P466

変数のスコープに関する問題です。
変数には、メソッド内で宣言する**ローカル変数**と、クラス内で宣言する**フィールド**の2種類があります。同じ名前の変数は宣言できませんが、種類が異な

れば宣言できます。設問のコードでは、フィールドとしてaとbを宣言していますが、同時にmainメソッドのローカル変数aとbを宣言しています。このように同名の変数を宣言した場合、thisを使わない限り、ローカル変数が優先されます。そのため、mainメソッドの最後の行でコンソールに出力しているのは、フィールドの値ではなく、ローカル変数の値です。

以上のことから、選択肢**C**が正解です。

【第7章：問題14】

## 32.　A → P466

staticに関する問題です。

**static**なフィールドは、インスタンスごとに管理されるのではなく、クラス単位で管理されるフィールドです。そのため、staticフィールドはそのクラスから作られたすべてのインスタンスで共有されるフィールドだともいえます。よって、設問のnumフィールドは複数のインスタンスで共有されます。

設問のコードは、Testのインスタンスを生成し、その参照を変数aに代入しています。その後、aのnum2フィールドに30を代入しています。このとき、numの値は初期値である10のままです。そのため、コンソールには「30:10」と表示されます。

次に、もう1つTestのインスタンスを生成し、その参照を変数bに代入しています。その後、numフィールドに30を代入しています。このとき、num2は初期値のままです。そのため、コンソールには「20:30」と表示されます。

以上のことから、選択肢**A**が正解です。

【第6章：問題7】

## 33.　D → P467

インクリメントの前置と後置に関する問題です。

**インクリメント演算子**や**デクリメント演算子**は、前置と後置では加算や減算のタイミングが変わります。**前置**の場合は、加算や減算がされてから左右オペランドの処理が実行されます。一方、**後置**の場合は、左右オペランドの処理が実行されてから加算や減算が行われます。

設問のコードでは、if文の条件式でインクリメント演算子が前置されたものと後置されたものが比較されています。変数aは後置、変数bは前置されているため、変数bの加算が終わったあとに比較され、そのあとに変数aの加算が実行されます。そのため、if文の条件式は、加算されて2になった変数bの値が2のままの変数aよりも小さいかを比較することになります。この結果はfalseとなるため、elseブロックが実行されてコンソールには「B」と表示されます。

条件式の評価が終わったタイミングで、変数aの値も加算されます。そのため、コンソールには加算後の「3:2」と表示されます。以上のことから、選択肢**D**が正解です。

【第3章：問題4】

## 34. C、D　　　　　　　　　　　　　　　　　⇒ P468

オーバーライド時のアクセス修飾子に関する問題です。
スーパークラスに定義されているメソッドをオーバーライドするとき、**アクセス修飾子**を緩くすることはできますが、厳しくすることはできません。設問のコードは、Sampleクラスに定義されているdoProcessメソッドをオーバーライドするとき、protectedをデフォルトに厳しく変更しているためにコンパイルエラーが発生しています。

このようなコンパイルエラーを解消するには、アクセス修飾子をprotectedに戻すか、緩く（つまりpublicに）します。以上のことから、選択肢**C**と**D**が正解です。

【第7章：問題7】

## 35. A　　　　　　　　　　　　　　　　　⇒ P468

配列への参照に関する問題です。
設問では、2つの配列を作っています（3行目、4行目）。1つ目の配列はインスタンスだけを作り、要素の中身は作っていません。2つ目の配列は、インスタンスの生成と要素の初期化を同時に行っています。
その後、2つ目の配列への参照を1つ目の変数にコピーして代入しています（5行目）。よって、arrayAとArrayBは、どちらも1、2、3、4、5という要素を持つ配列インスタンスを参照していることになります。そのため、arrayAであってもarrayBであっても、for文の結果は同じです。よって、選択肢**A**が正解です。

【第4章：問題7】

## 36. E　　　　　　　　　　　　　　　　　⇒ P469

型変換とキャスト式に関する問題です。
サブクラスはスーパークラス型として扱うことができます。ただし、同じスーパークラスを持つ別のサブクラス型で扱うことはできません。

設問のコードでは、Aクラスを継承したBクラスとCクラスを定義しています。そしてmainメソッドでは、AとCのインスタンスを生成し、それらをA型の変数a1とa2で扱っています。BとCはAを継承しているため、それぞれのインスタンスをA型で扱うことができます。

第11章

総仕上げ問題②（解答）

515

8行目では変数a2をa1に代入していますが、どちらも同じA型の変数なので問題ありません。また、変数a2の参照先はBのインスタンスですが、これも変数a1のA型と互換性があり、問題ありません。よって、実行時に例外がスローされることはありません。

しかし、9行目ではA型の変数a2をB型にキャストしてからA型の変数a3に代入しようとしています。変数a2には、Cのインスタンスへの参照が入っていますが、CとBには互換性がありません。そのため、実行時にB型に変換しようとしたタイミングで例外がスローされます。以上のことから、選択肢**E**が正解です。

【第7章：問題12】

---

## 37. A ➡ P470

メソッドの定義に関する問題です。
mainメソッドではint配列を作り、その後testメソッドを呼び出しています。そのため、6行目の空欄にはtestメソッドが入ることがわかります。

staticで修飾されたメソッドからはstaticで修飾されたものにしかアクセスできません。mainメソッドはstaticであるため、testメソッドもstaticでなくてはいけません。よって、選択肢BとDは誤りです。

mainメソッドでは、testメソッドを呼び出して、その戻り値をint型の変数で受け取っています。このため、testメソッドはint型の戻り値を戻さなければいけません。よって、選択肢**A**が正解です。

【第6章：問題8】

---

## 38. C ➡ P470

toStringメソッドに関する問題です。
**System.out.println**は、SystemクラスのstaticなPrintStream型のoutフィールドのprintlnメソッドを呼び出しているコードです。このメソッドは、引数の型がプリミティブ型のデータであればそのまま、オブジェクト型であればそのオブジェクトのtoStringメソッドを呼び出し、その結果をコンソールに出力します。

Objectクラスに定義されている**toStringメソッド**は、「クラス名@ハッシュコード」という書式の文字列を戻します。もし、ほかの文字列を戻す場合には、サブクラスでオーバーライドします。

**StringBuilder**は、文字列操作のためのクラスです。StringBuilderの**toStringメソッド**はオーバーライドされており、内部に保持している文字列を戻しま

す。そのため、設問のmainメソッドでは、「Java」と表示されます。

一方、同じようにコンソールに出力されるTestStringクラスは、toStringメソッドをオーバーライドしていません。そのため、Objectクラスに定義されたtoStringメソッドが実行され、「TestString@ハッシュコード」という書式で文字列が出力されます。以上のことから、選択肢**C**が正解です。

【第9章：問題14】

## 39.　C → P471

アクセス修飾子に関する問題です。
Javaには、アクセス制御を行うための修飾子が4つあります。このうち、異なるパッケージに属しているクラスがアクセス可能なのは、**public**と**protected**の2種類です。ただし、protectedについては、継承関係にあるときだけという条件がつきます。

設問のコードは、異なるパッケージに属するSampleクラスとMainクラスを定義しています。この2つのクラスは継承関係にあるため、Mainクラスからはpublicとprotectedで修飾されたものだけにアクセスすることができます。

Sampleクラスでpublic、もしくはprotectedで修飾されているのは、変数cとdの2つだけです。以上のことから、選択肢**C**が正解です。

【第6章：問題18】

## 40.　D → P471

メソッド定義に関する問題です。
**戻り値**を戻さない場合、戻り値型には**void**を指定します。選択肢Aは、「Void」と1文字目が大文字なので誤りです。選択肢Bは、引数を受け取りません。また、選択肢Cは、戻り値を戻さないという宣言をしているにもかかわらず、return文で値を戻そうとしています。そのため、このコードはコンパイルエラーが発生します。

設問の条件に合うメソッドの定義は、次の図のようになります。

```
void test(String str){}
```
戻り値を　　メソッド名　　String型を
戻さない　　はtest　　　　取る

以上のことから、選択肢**D**が正解です。

【第6章：問題1】

第11章

総仕上げ問題②（解答）

517

## 41. C

ガーベッジコレクションに関する問題です。

**ガーベッジコレクション**の対象になるのは、どこからも参照されなくなったインスタンスです。ガーベッジコレクションに関する問題が出題された場合は、変数がどのインスタンスを参照しているかを確認しましょう。

設問のコードでは、3つのItemのインスタンスを作り、それぞれa、b、cという3つの変数で参照を保持しています。次の行では、cの参照をaに代入しています。このタイミングで変数aで参照していたインスタンスへの参照は、どの変数でも持っていないことになります。そのため、このインスタンスはガーベッジコレクションの対象になります。

【参照の状態①】

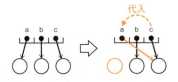

次の行では、さらに変数bの参照を変数cに代入しています。変数cの参照はこれで上書きされてしまいますが、前の行で変数aに同じ参照を代入しておいたので、インスタンスへの参照がなくなることはありません。

【参照の状態②】

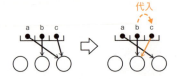

最後に変数bにnullを代入します。しかし、前の行で同じ参照を変数cに代入したので、インスタンスへの参照がなくなることはありません。

以上のことから、line n1実行後のタイミングでガーベッジコレクションの対象になるのは1つだけとなります。よって、選択肢**C**が正解です。

【第2章：問題11】

## 42. C
→ P472

例外クラスに関する問題です。

staticイニシャライザは、クラスを利用するときに一度だけ呼び出される初期化ブロックです。staticイニシャライザを利用することで、static変数の初期化が可能になります。

staticイニシャライザは、クラスを利用するときにJVMによって自動的に実行されるメソッドです。staticイニシャライザを処理している間に何らかのトラブルが発生したときには、そのことを通知する相手がいないため、JVMは**ExceptionInInitializerError**を発生させ、プログラムを強制終了させます。よって、選択肢**C**が正解です。

メソッド内で同じメソッドを呼び出し、再帰呼び出しが無限に繰り返されたときに発生するのは、StackOverflowErrorです。よって、選択肢Aは誤りです。実行対象のクラスファイルが見つからなかったときに発生するのはNoClassDefFoundErrorです。よって、選択肢Bも誤りです。

ヒープメモリが不足したときには、OutOfMemoryErrorが発生します。よって、選択肢Dも誤りです。

【第8章：問題19】

## 43. A、B、F
→ P473

switch文に関する問題です。

**switch文**の条件式が戻すべき型は、byte、short、int、charの4つのプリミティブ型に加えて、列挙型、String、Byte、Short、Integer、Characterだけです。long、doubleは使えません。よって、選択肢DとEは誤りです。

また、String型は条件式で使える型ですが、switch文のcase式が数値型となっているため、互換性がなく、コンパイルエラーとなります。よって、選択肢Cも誤りです。以上のことから、選択肢**A、B、F**が正解です。

【第3章：問題18、19】

## 44. A、C
→ P473

配列の初期化の方法に関する問題です。

配列インスタンスの初期化にはいくつかの方法があります。もっとも基本的なのが次の構文です。

**例** 配列インスタンスの初期化

```
int[] array = new int[3];
```

※次ページに続く

第11章

総仕上げ問題②（解答）

519

この例では、配列型変数arrayを宣言し、3つの要素を持った配列インスタンスを作り、参照を変数に代入しています。この文は、変数宣言とインスタンスの生成と配列型変数への代入を1行ずつ分けても問題ありません。よって、選択肢Cは正解です。

この方法では、配列インスタンスを生成してから、添字を使って次々と値を代入する必要があります。

このほかに、初期化演算子「{}」を使って一度に配列のインスタンス生成と、要素の初期化ができます。

例 **配列のインスタンス生成と要素の初期化**

```
int[] array = {1, 2, 3};
```

この方法は簡便ですが、**変数宣言と同時**にしか使えません。選択肢Bのように変数宣言と分けて記述すると、コンパイルエラーが発生します。

もし、変数の宣言後に配列インスタンスの生成と要素の初期化を同時に行いたい場合には、次のように記述します。

例 **配列インスタンスの生成と要素の初期化**

```
int[] array;
array = new int[]{1, 2, 3};
```

よって、選択肢Aは正解です。

【第4章：問題7】

## 45. B  ⮕ P474

Stringクラスのsplitメソッドに関する問題です。

**Stringクラスのsplitメソッド**は、文字列を分割するためのメソッドです。分割する箇所は**正規表現**で指定します。設問では、定義済み文字列クラスを使って文字列を分割しています。「**¥d**」は、0～9までの数字を表す定義済み文字列クラスです。そのため、設問の文字列は「3」を区切り文字として2分割されます。よって、コンソールには2が表示されます。以上のことから、選択肢**B**が正解です。

【第9章：問題10】

520

## 46. A  ➡ P474

LocalDateTimeに関する問題です。

設問のコードでは、2015年9月15日1時1分を指定して、**LocalDateTime**のインスタンスを生成しています。その後、**plusDaysメソッド**を使って30日、**plusMonthsメソッド**を使って1カ月日にちを進めています。ただし、LocalDateTimeはImmutableなクラスであり、内部のデータを一度設定すると変更することはありません。そのため、plusDaysメソッドやplusMonthsメソッドは、変更後の新しい日時を持ったLocalDateTimeのインスタンスを生成して、その参照を戻します。つまり、最初に作ったインスタンスの日付は2015年9月15日1時1分から変わっていません。

LocalDateTimeからStringに変換するには**formatメソッド**を使います。設問のコードでは、日付の書式としてDateTimeFormatter.ISO_DATEを指定しています。これは年、月、日の順にハイフン区切りで出力する書式です。以上のことから、選択肢**A**が正解です。

【第9章：問題30】

## 47. A  ➡ P475

2次元配列と拡張for文に関する問題です。

設問のコードでは、1次元目に2つ、2次元目に4つの要素を持つ2次元配列のインスタンスを生成しています。このタイミングで、次の図のようにすでに3つの配列のインスタンスが生成されています。

【設問の配列のイメージ①】

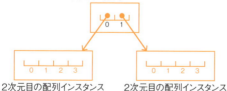

この2次元配列に、1次元目の1つ目の要素として4つの要素と2つの要素を持つ1次元配列を2つ生成し、要素を置き換えています。そのため、配列のイメージは次の図のとおりとなります。

※次ページに続く

【設問の配列のイメージ②】

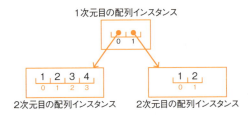

設問の二重ループは外側、内側とも拡張for文を使っています。拡張for文は、配列やコレクションから順番に要素を取り出し、取り出すべき要素がなくなるまで処理を繰り返します。外側の拡張for文では、2次元配列の1次元目を繰り返して取り出し、int配列型の変数aに代入しています。内側の拡張for文では、変数aで参照できる、元々は2次元目だった配列から1つずつ要素を取り出してコンソールに表示していきます。上図からわかるとおり、1つ目の2次元目の配列には1、2、3、4という値が入っており、2つ目の2次元目の配列には1、2という値が入っているため、「1234」と「12」が表示されます。よって、選択肢**A**が正解です。

2次元配列を扱うときは、2次元目の配列の要素数が揃っていないといけないように思いがちですが、設問のようにバラバラであっても問題はないため、選択肢Dのようにコンパイルエラーとなることはありません。

【第4章：問題8】

## 48. A　　　→ P475

for文に関する問題です。
**for文**は、初期化文→条件文→繰り返し処理→更新文→条件文へ…という順で処理されます。設問のコードでは、繰り返し処理の中で、0から始まる変数iの値をコンソールに表示し、その後1加算しています。この時点で変数iの値は1に増えます。for文の更新文では、インクリメントによってさらに1加算しているため、変数iの値は2に増えます。

条件文は「変数iの値が4よりも小さい間」となっているため、繰り返し処理が実行されて、コンソールに変数iの値である2を表示して、1増やして3にします。更新文でもさらに1増やして4にしているため、更新文が終わった段階で変数iの値は4に増えています。そのため条件に合致せず、この時点で繰り返し処理を終了します。よって、コンソールには0と2の2つの数字が表示されます。以上のことから、選択肢**A**が正解です。

【第5章：問題4】

## 49. D、E　　　　　　　　　　　　　　　　　　　　　➡ P476

while文とdo-while文に関する問題です。

**while文**と**do-while文**の違いは、条件判定をしてから繰り返し処理をするか、繰り返し処理をしてから条件判定をするかという、条件の評価タイミングの違いです。実際の試験では繰り返し構文についての問題は、すべての選択肢で1つずつ値を変更しながら見ている余裕はありません。そこで、条件式から考えられる端っこの数値を使って問題がないかを考えます。

設問のコードでは5つの要素を持つ配列を宣言、初期化し、その後、配列の要素数を持った変数xを作っています。変数xには、配列の要素数である5が入っています。

選択肢Aは、xの値が0以上であれば繰り返し処理をするという条件になっています。繰り返しを始める段階の変数xの値は5なので、0以上であり条件に合致するため、繰り返し処理を実行します。この処理では、配列のx番目の要素を取り出してコンソールに表示していますが、変数xの値は5であるため、0から番号が始まる配列にとっては、6番目の要素を取り出すというコードになります。配列の要素は5つしかないため、このコードを実行すると配列の要素外アクセスを表すArrayIndexOutOfBoundsExceptionが発生します。以上のことから、選択肢Aは誤りです。

選択肢Bは、do-while文なので、まず繰り返し処理が先に実行されてから条件判定をします。繰り返し処理では、変数xの値をデクリメントして1減らして4にしてから、その添字の要素を配列から取り出してコンソールに表示しています。その後、変数xの値が0よりも小さくなるまで処理を繰り返します。問題は、変数xの値が1からデクリメントされて0になり、0番目の要素をコンソールに表示し、条件判定してからです。この繰り返し条件は、変数xの値が0よりも小さくなるまで繰り返します。そのため、0はまだ繰り返しをしなければいけません。そのため、xの値がデクリメントされて0から-1になって、-1番目の要素をコンソールに表示しようとしたタイミングで、配列の要素外アクセスを表すArrayIndexOutOfBoundsExceptionが発生します。以上のことから、選択肢Bも誤りです。

選択肢Cもdo-while文なので、まず繰り返し処理が先に実行されてから条件判定をします。この処理では、配列のx番目の要素を取り出してコンソールに表示していますが、変数xの値は5であるため、選択肢Aと同様に6番目の要素を取り出すというコードになります。よって、このコードを実行すると配列の要素外アクセスを表すArrayIndexOutOfBoundsExceptionが発生します。以上のことから、選択肢Cも誤りです。

※次ページに続く

第11章

総仕上げ問題②（解答）

523

選択肢DとEは、実は同じコードです。選択肢Dはデクリメントしてからコンソールに表示していますが、選択肢Eは、前置デクリメントなのでデクリメントしてからコンソールに表示しています。どちらの条件もxの値が0よりも大きければ繰り返し処理をします。つまり、変数xが5〜1までの間、繰り返し処理をすることになります。変数xが5のとき、デクリメントされて5が4に減ってから、その添字番号の値がコンソールに表示されます。また、変数xが1のときは、デクリメントされて1が0に減ってから、その添字番号の値がコンソールに表示されます。以上のことから、選択肢**D**と**E**が正解です。

【第5章：問題13】

## 50.　C、E　　　　➡ P477

継承に関する問題です。

継承関係にあるサブクラスは、スーパークラスの特徴を引き継ぎます。設問のコードでは、Aを継承したB、またそのBを継承したCを定義しています。そのため、BはAの特徴を引き継ぎ、CはBの特徴を引き継いでいます。

A. A型の変数aのnumフィールドに値を代入しています。A型にはnumの定義が存在するため、正しいコードです。

B. B型の変数bのnumフィールドに値を代入しています。B型はA型を継承しているため、numの定義も引き継いでいます。よって、正しいコードです。

C. A型の変数aのvalフィールドに値を代入しています。しかし、valはB型に定義されているフィールドであって、A型には存在しません。よって、このコードはコンパイルエラーとなります。

D. B型の変数bのvalフィールドに値を代入しています。B型にはvalの定義が存在するため、正しいコードです。

E. B型の変数bのtestフィールドに値を代入しています。しかし、testはC型に定義されているフィールドであって、B型には存在しません。よって、このコードはコンパイルエラーとなります。

F. C型の変数cのtestフィールドに値を代入しています。C型にはtestの定義が存在するため、正しいコードです。

以上のことから、選択肢**C**と**E**が正解です。

【第7章：問題1】

## 51. E

➡ P478

メソッドに渡される変数のスコープに関する問題です。

メソッドの引数に値を渡したとき、その値がコピーされて渡されます。プリミティブ型の値であれば値そのものがコピーされ、オブジェクト型の場合はオブジェクトへの参照がコピーされて渡されます。

設問のコードでは、Testクラスのインスタンスを作成し、そのnumフィールドに3を代入しています（3行目、4行目）。その後、"A" という文字列を持ったStringBuilderと、2という数値を持ったIntegerをそれぞれ生成しています（5行目、6行目）。7行目でIntegerへの参照を渡してTestクラスのstaticメソッドであるtestメソッドを呼び出していますが、このtestメソッドはint型の引数しか受け取りません。そのため、アンボクシングが実行されてIntegerからint型の値が取り出されて渡されます。メソッドに実際に渡されたのはIntegerから取り出した数値のコピーであって、Integerへの参照が渡されるわけではないことに注意してください。よって、変数iで参照するIntegerが持つ値が変更されることはありません。

しかし、次のTestクラスのsampleメソッドには、StringBuilderへの参照がコピーされて渡されます。そのため、mainメソッドから参照しているStringBuilderのインスタンスと、sampleメソッドから参照しているStringBuilderのインスタンスは同じインスタンスということになります。"A" という文字列を持ったStringBuilderに、同じ "A" という文字列を持ったStringBuilderを**appendメソッド**で追加しているため、文字列は「ＡＡ」となります。

さらに今度はTestクラスのtestメソッドにnumフィールドの値を渡していますが、これもnumフィールドの値のコピーが渡されるだけで、numフィールドの値が変わるわけではありません。この時点で、numフィールドには最初代入した3が、Integer型変数iの参照先にあるIntegerのインスタンスには2が、StringBuilderには「ＡＡ」という文字列が格納されていることになります。

以上のことから、コンソールには、選択肢**E**のように「2 ＡＡ 3」と表示されます。

【第6章：問題21、22】

## 52. C

➡ P479

ポリモーフィズムに関する問題です。

変数のデータ型は、変数のサイズを決めるだけでなく、その値をどのように扱いたいかを指示するものでもあります。参照型変数の場合は、参照先にあるインスタンスを何型で扱いたいかを指示するものです。

※次ページに続く

第11章

総仕上げ問題②（解答）

設問のコードは、2行目でBのインスタンスを生成し、それをB型で扱っています。3行目では、A型の変数を宣言し、変数bの参照を代入しています。BクラスはAクラスを継承しているため、このコードは問題ありません。なお、この段階では、BのインスタンスをA型で扱っていることになります。

4行目では、C型の変数を用意し、変数aの参照を代入しています。前述のとおり、変数aの参照先にあるインスタンスはBのインスタンスです。BクラスはAクラスを継承しており、AクラスはCインタフェースを実装しているため、このコードに問題はありません。このとき、Bのインスタンスは、C型で扱われていることになります。以上のことから、選択肢**C**が正解です。

【第7章：問題10、11】

## 53.　A　　　　　　　　　　　　　　　　　　　➡ P479

型変換に関する問題です。
**型変換**には、キャスト式が不要な**暗黙の型変換**と、キャスト式が必要な**明示的な型変換**の2種類があります。設問の6〜9行目の代入式は、キャスト式が記述されていないことから、暗黙の型変換を行っていることがわかります。

暗黙の型変換は、データ型を変換してもデータの欠損がないことが条件です。そのため、小さなデータを大きな型の変数に代入するときなどは、暗黙の型変換が可能です。

設問のコードでは、int型、float型、double型の3つの変数を用意しています。このうち、floatとdoubleは浮動小数点数型であることに注意してください。6行目では、float型の変数bの値をint型の変数aに代入しています。しかし、int型は整数型であるため、floatの小数点数を表すことができずにデータの欠損が発生します。そのため、6行目はコンパイルエラーとなります。これを修正するには、キャスト式を記述して、データの欠損はない、もしくは無視してよいことをコンパイラに伝えなければいけません。よって、選択肢**A**が正解です。

【第3章：問題3】

## 54.　B　　　　　　　　　　　　　　　　　　　➡ P480

ArrayListとaddメソッドおよびremoveメソッドに関する問題です。
リストから要素を削除するには、**removeメソッド**を使います。このメソッドは、インデックスをint型で受け取るものと、Object型を受け取るものがオーバーロードされています。Object型を受け取るremoveメソッドは、引数で受け取ったインスタンスと同じ要素を削除します。このときの「同じ」とは、**equalsメソッド**がtrueを戻すものです。

設問のコードでは、addメソッドで "A"、"B"、"C"、"A" という4つの文字列をリストに追加しています。その後、"A" という文字列を新しく生成し、removeメソッドを実行し、同値を持つ文字列がリストから削除されます。このとき、同じ文字列かどうかはリストの先頭から検索していき、一致するものを1つ削除すると終わります。そのため、リストの最後に追加してある文字列「A」は削除されません。よって、選択肢**B**が正解です。

【第9章：問題33、35】

## 55.　B → P480

論理演算子についての問題です。&&と||の違いをしっかりと覚えておきましょう。&&は、両方のオペランドがtrueのときだけtrueを戻します。一方、||は、片方のオペランドだけがtrueであってもtrueを戻します。「**&&は両方**」、「**||は片方**」と覚えるとよいでしょう。

設問のコード3行目の式は、&&の左右オペランドの式を実行すると、true && trueとなるため、&&演算子はtrueを戻します。4行目の式は、左右オペランドの式を実行すると、false || trueとなるため、||演算子はtrueを戻します。以上のことから、選択肢**B**が正解です。

【第3章：問題6】

## 56.　A → P481

フィールドのデフォルト値とオーバーロードされたコンストラクタの呼び出しについての問題です。
インスタンスのフィールドは、明示的に初期化しなければ、自動的にデフォルト値で初期化されます。**整数型**であれば**0**、**浮動小数点数型**であれば**0.0**、**文字型**であれば **'¥u0000'**、**真偽型**であれば**false**、**参照型**であれば**null**で初期化されます。

設問のMainクラスにはオーバーロードされたコンストラクタが2種類用意されています。1つは引数なしのコンストラクタ、もう1つはint型の引数を受け取るコンストラクタです。

mainメソッドでMainクラスのインスタンスを生成していますが、このとき使っているのは引数ありのコンストラクタです。そのため、このインスタンスのnumフィールドには20が代入されます。一方、valフィールドには何も値が代入されないため、デフォルト値であるnullのままです。以上のことから、コンソールには「null, 20」と表示されます。よって、選択肢**A**が正解です。

【第6章：問題16】

第11章

総仕上げ問題②（解答）

527

## 57. D    → P482

StringおよびStringBuilderの特徴について問う問題です。

**String**は、一度生成すると内部の文字列を変更できません。そのため、**＋演算子**で文字列を連結するときには、新しいStringのインスタンスが生成されます。たとえば、「"a" ＋ "b"」という文字列連結があれば、演算対象の "a" と "b" に加えて、新しく "ab" という連結後のStringインスタンスが生成されることになります。3つあるインスタンスのうち、演算対象の "a" と "b" を持つ2つのインスタンスは連結後は不要であり、無駄なインスタンスだといえます。そのため、選択肢AやBのように＋演算子を使って文字列を連結する方法は効率的ではありません。よって、誤りです。

このような無駄なインスタンスの生成を抑えるには、＋演算子による文字列連結を減らし、**StringBuilder**を使って文字列連結をするようにします。

選択肢CとDの違いは、insertメソッドかappendメソッドを使うかどうかです。**insertメソッド**は任意の位置に文字列を挿入するためのメソッドです。このメソッドはオーバーロードされていくつか定義されていますが、いずれも「どの位置」に「どんな値」を挿入するかを指定しなければいけません。つまり、引数は最低2つ必要です。しかし、選択肢Cのinsertメソッドは1つしか引数を渡していません。よって、このコードではコンパイルエラーが発生します。同様に、選択肢Bもinsertメソッドに引数を1つしか渡していないため誤りです。以上のことから、選択肢**D**が正解です。

【第9章：問題14、15、16】

## 58. D    → P482

変数の**スコープ**（**有効範囲**）についての問題です。

変数は、宣言した**ブロック内**（中カッコで括られた範囲）でのみ有効です。設問では、ifブロックやelse ifブロック内で変数resultを宣言しています。この変数は、宣言したブロック内だけで有効なため、12行目のようにブロック外で使用するとコンパイルエラーが発生します。よって、選択肢**D**が正解です。

【第5章：問題5】

## 59. B    → P483

staticなフィールドの初期化処理に関する問題です。

**staticなフィールド**は、インスタンスを生成しなくても利用できます。そのため、インスタンスフィールドのように、コンストラクタを使って何らかの処理を実行して、初期値をフィールドにセットするということができません。

staticなフィールドに対して、何らかの初期化処理をしたい場合には、**static イニシャライザ**を使います。staticイニシャライザは複数定義できますが、定義した順に上から実行されます。設問のMainクラスは、1つ目のstaticイニシャライザでnumに10を代入していますが、2つ目のstaticイニシャライザで20に上書きしています。

また、testメソッドで使っている変数numは、引数で宣言した変数numです。ローカル変数とフィールドの名前が重複したとき、ローカル変数が優先されるからです。そのため、testメソッドを実行してもnumフィールドの値は変更されません。

以上のことから、コンソールに出力されるのは、2つ目のstaticイニシャライザで代入した20です。よって、選択肢**B**が正解です。

【第6章：問題7】

## 60. F
→ P484

if-else if-else文に関する問題です。
**if-else if-else文**は、式がtrueを戻すまで条件式を次々と実行していきます。設問のコードでは、まずif文の条件式が実行され、変数numの値に10加算された結果が100と等しいか比較されます。変数numの値は20なので、この式はfalseを戻します。

次に、else if文の条件式が実行されます。この式では、変数numに29を加算し、その結果が50と等しいかを比較しています。しかし、変数numの値は49であるため、この式はfalseを戻します。

次のelse if文の条件式では、変数numに200を加算し、その結果が10と等しいかを比較しています。変数numの値は249であるため、この式はfalseを戻します。

どの条件式にも一致しなかったため、最後のelse文が実行され、変数valにはFが代入されます。以上のことから、選択肢**F**が正解です。

【第3章：問題17】

## 61. D
→ P484

クラスとインスタンスに関する問題です。
インスタンスは、クラスファイルの定義に基づいて作られます。そのため、クラスの定義にないものはインスタンスには含まれません。設問のSampleクラスには、4つのフィールドで定義されています。そのため、mainメソッドで

第11章

総仕上げ問題②（解答）

529

生成したSampleのインスタンスも同じ4つのフィールドを持っていることになります。しかし、Mainクラスの6行目では、Sampleクラスに存在しないフィールドversionに2を代入しようとしています。このように存在しないフィールドを使おうとするようなコードは、コンパイルエラーになります。以上のことから、選択肢**D**が正解です。

【第2章：問題7】

## 62.　C
**➡ P485**

ArrayListクラスのメソッドに関する問題です。
**ArrayList**の**addメソッド**は、要素を後ろに追加していくメソッドです。そのため、設問のコードでは、addメソッドを3回実行して、リストに "A"、"B"、"C" の3つの文字列を追加しています。

その後、**removeメソッド**を呼び出し、1番目の要素を削除しています。Listのインデックスは**0番**から始まるため、削除されるのは2つ目の要素、つまり「B」です。要素が削除されると、後ろの要素が繰り上がります。そのため、リストの中には「AC」という順序で要素が保持されています。

**getメソッド**は、リストから要素を取り出すメソッドです。インデックスは0番から始まるため、このメソッドは、2つ目の要素、つまりCを戻します。以上のことから、選択肢**C**が正解です。

【第9章：問題32、33、35】

## 63.　B
**➡ P486**

ローカル変数の宣言に関する問題です。
メソッド内に記述したコードは、1行目から順に実行されていきます。そのため、ローカル変数を使うには、それを使っている行よりも上の行で宣言しておく必要があります。

設問のコードでは、4行目で変数aにbの値を代入しています。しかし、変数bの宣言は次の5行目で行われているため、宣言していない変数を使っていることになり、この4行目でコンパイルエラーが発生します。よって、選択肢**B**が正解です。

なお、フィールドやメソッドのようにクラスのメンバとして宣言する場合、順番は関係ありません。フィールドやメソッドはランダムにアクセスされるため、それを使っている行よりも上で宣言する必要はありません。

【第2章：問題12】

## 64. A

→ P486

コンストラクタ呼び出しに関する問題です。

サブクラスの**コンストラクタ**には、先頭行にスーパークラスのコンストラクタ呼び出しのコードが必要です。もし、プログラマーが明示的にスーパークラスのコンストラクタ呼び出しのコードを記述しなければ、コンパイラが引数なしのコンストラクタ呼び出しのコードを追記します。そのため、Bクラスのコンストラクタは、コンパイル後に次のように変更されます。

**例** Bクラスのコード

```
class B extends A {
    public B(String str) {
        super();
        System.out.println(str);
    }
}
```

Aクラスには引数なしのコンストラクタが定義されており、Bクラスの変更後のコンストラクタは問題なく実行できます。よって、コンパイルエラーが発生することはありません。

スーパークラスのコンストラクタ呼び出しのコードは、サブクラスのコンストラクタの先頭行でなければいけません。そのため、スーパークラスのコンストラクタを実行したあと、サブクラスのコンストラクタの処理を進めます。よって、コンソールにはA、Bの順で表示されます。
以上のことから、選択肢**A**が正解です。

【第7章：問題16、17】

## 65. B

→ P487

配列の要素のデフォルト値についての問題です。
プリミティブ型の配列の場合は、整数なら0、浮動小数点数なら0.0、文字なら¥u0000、真偽ならfalseがデフォルト値です。参照型の場合は、**null**がデフォルト値になります。

設問のコードのように5つの要素を持つ配列インスタンスを生成し、最初と最後の要素だけ何も入れない場合、配列にはnull、"A"、"B"、"C"、nullの順で要素が入っています（正確にはStringなので参照が入っています）。

拡張for文は、次に取り出すべきものがない場合は繰り返しをしません。配

第11章

総仕上げ問題②（解答）

531

列の最初の要素はnullですが、次に取り出すべきものがあります。そのため、まずnullがコンソールに表示され、続いてA、B、Cと表示されます。最後の要素もnullですが、そのあとに取り出すものがないため、nullをコンソールに表示してから拡張for文を抜けます。以上のことから、選択肢**B**が正解です。

【第4章：問題5、第5章：問題11】

---

### 66. C、D　　　　　　　　　　　　　　　　　　　　➡ P488

非検査例外に関する問題です。
設問のsampleメソッドは、引数がnullかどうかで、検査例外もしくは非検査例外のどちらかをスローします。検査例外をスローするメソッドは、throwsでスローする可能性を宣言しなくてはいけません。

sampleメソッドで検査例外をスローすることをthrowsで宣言すると、sampleメソッドを呼び出しているmainメソッドでもその対応が必要です。しかし、mainメソッドでキャッチしている例外はRuntimeExceptionであり、Exceptionをキャッチできません。そのため、mainメソッドでExceptionをスローするとthrowsで宣言をするか、キャッチする例外の種類をRuntimeExceptionからExceptionに変更するかのどちらかをしなければいけません。
以上のことから、選択肢**C**と**D**が正解です。

【第8章：問題10】

---

### 67. C　　　　　　　　　　　　　　　　　　　　　　➡ P488

インスタンスの生成に関する問題です。
インスタンスを生成するには、**newキーワード**を使い、インスタンスの初期化に使う**コンストラクタ**を指定します。たとえば、Sampleクラスのインスタンスを生成し、引数なしのコンストラクタで初期化するのであれば、次のように記述します。

**例** Sampleクラスのインスタンスを生成

```
new Sample();
```

よって、選択肢**C**が正解です。

選択肢Aは、Item型の変数を宣言しただけで、インスタンスを生成していません。そのため、この変数の中身はnullとなります。選択肢Bは、Itemクラスのnewというstaticなメソッドを呼び出しているコードになります。newは予約語なのでメソッド名に使うことはできません。また、選択肢Dはコンストラクタを呼び出していますが、コンストラクタはnewキーワードと一緒にし

532

か使えません。

## 68. C ➡ P489

演算子の優先順位と+演算子を使った文字列連結についての問題です。
設問のコード3行目のように文字列と数値を**+演算子**で加算した場合、数値が
文字列に変換されて**文字列連結**として処理されます。そのため、3行目のコードは、コンソールに「result=234」と表示します。

一方、4行目の式には+演算子に加えて***演算子**も含まれます。加算と乗算であれば、数学と同じように乗算が優先されます。そのため、数値が文字列として連結されるよりも前に乗算が先に実行され、次のような式に変換されます。

**例** 設問のコード4行目

```
"result=" + 2 + 12
```

よって、4行目はコンソールに「result=212」と表示します。以上のことから、選択肢**C**が正解です。

【第9章：問題12】

## 69. D ➡ P489

**arraycopyメソッド**を使った配列のコピーについての問題です。問題のポイントは、第2引数、第4引数、第5引数の3つです。
このメソッドの引数は、次のような意味を持ちます。

【arraycopyメソッドの引数】

| 引数 | 説明 |
|------|------|
| 第1引数 | コピー元となる配列 |
| 第2引数 | コピー元のどの位置からコピーを開始するか（0始まり） |
| 第3引数 | コピー先の配列 |
| 第4引数 | コピー先配列のどの位置からコピーを開始するか（0始まり） |
| 第5引数 | 第2引数の位置からいくつの要素をコピーするか |

設問のコード5行目では、第2引数が1となっているため、2番目の文字からコピーを始めます。文字列「HelloWorld」の文字数は10文字なので、第5引数にlengthの値を指定すると、2文字目から10文字分をコピーすることになります。その結果、11文字目が存在しないため、**ArrayIndexOutOfBoundsException**が発生します。よって、選択肢**D**が正解です。

【第4章：問題11、第8章：問題12】

第11章

総仕上げ問題②（解答）

533

## 70. A　　→ P490

メソッドのオーバーロードに関する問題です。

設問のコードのような**オーバーロード**においては、呼び出し側で渡された実引数の個数にマッチする仮引数を受け取るメソッドが優先されて呼び出されます。よって、選択肢**A**が正解です。もし、呼び出し側で実引数を1つもしくは3つ以上渡してsampleメソッドを呼び出した場合には、可変長引数を受け取るsampleメソッドが呼び出されます。

【第6章：問題9】

## 71. D　　→ P490

アクセス修飾子についての問題です。

**protected**は、同じパッケージに属するか、もしくは継承関係にあるクラスからのアクセスだけを許可します。

選択肢Aの「ほかのクラスからは一切アクセスできない」のは、**private**についての説明です。また、選択肢Cはアクセス修飾子なしの説明です。よって、これらは誤りです。protectedと**デフォルト（アクセス修飾子なし）**は間違えやすいので気を付けましょう。

アクセス修飾子は、アクセス可否だけを制御します。読み込みや書き込みといったアクセス方法についての制御は行いません。よって、選択肢Bも誤りです。以上のことから、選択肢**D**が正解です。

【第6章：問題18】

## 72. B　　→ P491

代入演算子と演算子の優先順位についての問題です。

変数に値を代入するには、右オペランドの演算が終わっている必要があります。設問のコード5行目の式は、右から順に実行していきます。実行順は、次のとおりです。

① 「a / 2」で結果の2を取り出す
② 「b += 2」を展開して、「b = b + 2」を実行して、変数bに計算結果の10を代入する
③ 変数bの値を変数cに代入する

よって、変数aは4のまま変わらず、変数bは10に、変数cも10になっていることがわかります。以上のことから、選択肢**B**が正解です。

【第3章：問題1】

## 73.　C　　　　　　　　　　　　　　　　　　　➡ P491

呼び出し元メソッドの引数の数とメソッド宣言で定義している引数の数について問う問題です。
設問のように、5つの引数を受け取るメソッドを呼び出すのであれば、5つの引数を渡す必要があります。4つしか渡さない場合、同じメソッド名で4つの引数を受け取るメソッドを検索します。もし、対応するメソッドが存在しなければコンパイルエラーが発生します。よって、選択肢**C**が正解です。

【第6章：問題4】

## 74.　D　　　　　　　　　　　　　　　　　　　➡ P492

オーバーロードについての問題です。
**オーバーロード**は、メソッド名は同じで引数の種類や数、順序が異なるメソッドを複数定義することです。ポイントは引数が異なる点です。

設問のsampleメソッドは、メソッド名と引数は同じで戻り値の型だけが異なります。そのため、これらは同じシグニチャを持つメソッドであると判断され、コンパイルエラーが発生します。以上のことから、選択肢**D**が正解です。

【第6章：問題9】

## 75.　B　　　　　　　　　　　　　　　　　　　➡ P492

クラスの継承とスーパークラスのコンストラクタ呼び出しに関する問題です。継承関係にあっても**コンストラクタ**は引き継げません。また、サブクラスのインスタンスを生成する際、スーパークラスのインスタンスも同時に生成し、スーパークラスのコンストラクタを実行して、スーパークラスのインスタンスの初期化をしなければいけません。

そのため、サブクラスのコンストラクタには、スーパークラスのコンストラクタ呼び出しのコードが必要です。設問のコードではBクラスはAクラスを継承しており、Bクラスのコンストラクタを実行するときには、Aクラスのコンストラクタを呼び出さなければいけません。

サブクラスのコンストラクタ内で、**スーパークラスのコンストラクタ**を呼び出すには、**super**を使います。選択肢AやCのように**this**を使うと、Bクラスにある**オーバーロードした別のコンストラクタ**を呼び出すことになり、スーパークラスのコンストラクタは呼び出せません。

また、Aクラスのコンストラクタはint型の引数を受け取ります。そのため、String型を渡している選択肢Dや、何も渡していない選択肢Eは誤りです。以

第11章

総仕上げ問題②（解答）

上のことから、選択肢**B**が正解です。

【第7章：問題1、2、16】

## 76. A ➡ P493

cloneメソッドを使った配列のコピーに関する問題です。

**cloneメソッド**を使うと、同じ値を持った配列インスタンスが複製されます。そのため、array2の要素を変更しても、arrayに影響を及ぼすことはありません。よって、選択肢**A**が正解です。

cloneメソッドはObjectクラスに定義されているメソッドで、すべてのインスタンスが持っています。よって、コンパイルエラーが発生することはありません。

【第4章：問題10】

## 77. A ➡ P494

拡張for文とif文、continue、breakを組み合わせた問題です。

設問のコードでは、A〜Eまでの文字を要素として持つ配列から1つずつ要素を取り出しながら繰り返し処理を実行しています。繰り返し処理の途中で、条件に合致したときに**continue**や**break**が実行されます。

1つ目のif文では、変数strの値が "B" のときに実行され、その後の行のコンソールへの出力をスキップしてしまいます。そのため、Bという文字がコンソールに出力されることはありません。

また、2つ目のif文では、変数strの値が "C" のときに実行され、breakによって繰り返しを抜けてしまいます。そのため、Cよりも後ろのDとEがコンソールに表示されることはありません。

**拡張for文**は、配列の先頭から順に要素を取り出して処理していきます。そのため、最初に表示される文字は「A」です。「B」は前述のとおり表示されません。次の「C」が表示されたあと、breakによって繰り返しが終了するため、コンソールに表示されるのは「A」と「C」の2文字です。以上のことから、選択肢**A**が正解です。

【第5章：問題11、14、15】

536

# 索引

## 記号

| | |
|---|---|
| ' | 40 |
| - | 68, 193, 307 |
| -- | 70, 514 |
| ! | 74 |
| != | 73 |
| " | 40, 297 |
| # | 193 |
| & | 74 |
| && | 74, 527 |
| ( )（キャスト） | 233 |
| ( )（ラムダ式） | 325 |
| ( )（演算） | 435 |
| * | 22 |
| *= | 67 |
| *演算子 | 533 |
| .（ピリオド） | 308 |
| /= | 67 |
| : | 418 |
| ; | 137, 323 |
| ? | 418 |
| [ ] | 103, 104, 113, 176, 507 |
| ^ | 307 |
| _ | 39 |
| { } | 85, 135, 150, 188, 434, 444 |
| \| | 74 |
| \|\| | 74, 527 |
| ~ | 193 |
| ¥d | 308, 520 |
| ¥D | 308 |
| ¥n | 302 |
| ¥r | 302 |
| ¥s | 308 |
| ¥S | 308 |
| ¥t | 302 |
| ¥u | 40 |
| ¥w | 308 |
| + | 193, 309, 421, 528, 533 |
| ++ | 70, 432, 514 |
| += | 67, 310 |

| | |
|---|---|
| < | 73 |
| <= | 73 |
| <> | 339 |
| = | 67 |
| -= | 67 |
| == | 73, 77, 415, 498, 501 |
| > | 73 |
| -> | 323 |
| >= | 73 |

## 数字

| | |
|---|---|
| 0 | 38 |
| 0b | 38 |
| 0x | 38 |
| 16進数 | 38 |
| 2次元配列 | 105, 406, 412, 521 |
| 2進数 | 38 |
| 3次元配列 | 105 |
| 8進数 | 38 |

## A

| | |
|---|---|
| abstract | 426, 498 |
| addメソッド | 340, 416, 526, 530 |
| appendメソッド | 313, 316, 318, 404, 409, 428, 525, 528 |
| arraycopyメソッド | 121, 438, 533 |
| ArrayIndexOutOfBoundsException | 257, 266, 413, 533 |
| ArrayListクラス | 340, 341, 342, 343, 344, 422, 526, 530 |

## B

| | |
|---|---|
| BASIC_ISO_DATE | 336 |
| betweenメソッド | 334 |
| boolean | 37, 438 |
| break | 91, 148, 151, 426, 443, 445, 508, 536 |
| byte | 37 |

## C

| | |
|---|---|
| case | 89, 90, 508 |

**537**

catchブロック … 257, 259, 260, 262, 418, 436
char 37
charAtメソッド 299, 304, 440
CharSequence 303, 318, 404
char型 40, 303
ClassCastException 118, 267
cloneメソッド 119, 536
concatメソッド 308, 405, 500
ConcurrentModificationException 344
Consumerインタフェース 330
continue 149, 151, 437, 443, 536

## D

DateTimeException 333
DateTimeFormatterクラス 432
default 91, 445
deleteメソッド 316, 317
deleteCharAtメソッド 317
double 37
do-while文 … 134, 135, 147, 418, 507, 523
Durationクラス 334

## E

endsWithメソッド 304
equalsメソッド … 78, 81, 342, 415, 501, 504
equalsメソッド（Objectクラス） 79
equalsメソッド（Stringクラス） 83
equalsメソッド（StringBuilderクラス） 504
Errorクラス 264, 265
Exceptionクラス 264, 512, 532
ExceptionInInitializerError 269, 519
extends 213, 218, 437

## F

f 38
F 38
final 218, 329
finallyブロック 258, 260, 262
float型 37, 38
for文 …137, 138, 140, 402, 406, 512, 522
formatメソッド 335, 432, 521
Functionインタフェース 330

## G

gcメソッド 49
getメソッド 530
getterメソッド 298

## I

Identifier 42
if文 84, 410, 496, 514, 536
if-else if-else文 87, 529
if-else文 86, 444
IllegalArgumentException 267, 431
IllegalStateException 268
immutable 298, 408, 500
implements 217
import 417, 512
import static 23
indexOfメソッド 300, 419
IndexOutOfBoundsException … 266, 341
insertメソッド … 315, 409, 428, 528
instanceof 73, 436
InternalError 270
int型 37
IOException 409
ISO_DATE 521
ISO_DATE_TIME 336, 432
ISO_INSTANT 336
ISO_ZONED_DATE_TIME 336

## J

java.io.File 299
java.lang 22, 417
java.lang.String 297, 299
java.lang.StringBuilder 312
java.time.format.DateTimeFormatter … 335
java.time.LocalDate 332
java.util.ArrayList 145, 336
java.util.function 330
java.util.List 423
java.util.Vector 423
javacコマンド 434
javaコマンド 28, 434
JVM 400

## L

| | |
|---|---|
| l | 38 |
| L | 38 |
| lengthメソッド | 304, 419 |
| length（配列） | 116, 412, 419 |
| Listインタフェース | 416, 446 |
| LocalDateクラス | 422, 432, 512 |
| LocalDateTimeクラス | 334, 521 |
| LocalTimeクラス | 333 |
| long型 | 37, 38 |

## M

| | |
|---|---|
| mainメソッド | 27, 401, 438, 499, 500, 510 |
| mutable | 298 |

## N

| | |
|---|---|
| new | 83, 102, 113, 185, 297, 425, 507, 532 |
| NoClassDefFoundError | 265, 270 |
| nowメソッド | 333, 334, 422 |
| null | 41, 43, 268, 531 |
| NullPointerException | 111, 116, 268, 405, 413, 503 |
| NumberFormatException | 268 |

## O

| | |
|---|---|
| Objectクラス | 104, 117, 499, 510 |
| ofメソッド | 333, 334, 422 |
| OutOfMemoryError | 265, 270, 402 |

## P

| | |
|---|---|
| parseメソッド | 333, 334, 422, 432 |
| parseBooleanメソッド | 426 |
| parseIntメソッド | 426 |
| Periodクラス | 335 |
| plusDaysメソッド | 335, 521 |
| plusHoursメソッド | 334 |
| plusMonthsメソッド | 521 |
| Predicateインタフェース | 330, 345, 433 |
| private | 185, 191, 196, 215, 298 |
| protected | 185, 191, 216, 517, 534 |
| public | 185, 191, 196, 497, 517 |
| public static final | 437 |

## R

| | |
|---|---|
| removeメソッド | 342, 343, 424, 526, 530 |
| removeIfメソッド | 345, 506 |
| replaceメソッド | 303, 318 |
| replaceAllメソッド | 299 |
| return | 170, 178, 260, 261, 326, 434, 505 |
| reverseメソッド | 318 |
| RuntimeException | 264, 532, 436 |

## S

| | |
|---|---|
| SecurityException | 431 |
| setメソッド | 341 |
| setterメソッド | 298 |
| short型 | 37 |
| splitメソッド | 306, 520 |
| StackOverflowError | 265, 269 |
| startsWithメソッド | 304 |
| static | 179, 181, 218, 423, 430, 503, 509, 514, 516 |
| staticイニシャライザ | 269, 519, 529 |
| staticインポート | 23, 26 |
| staticなメソッド | 23 |
| staticなフィールド | 23, 528 |
| static変数 | 400, 414 |
| static領域 | 179 |
| Stringクラス | 82, 297, 401, 404, 408, 419, 500, 520, 528 |
| StringBuilderクラス | 312 - 318, 404, 409, 428, 504, 516, 528 |
| StringIndexOutOfBoundsException | 300, 304, 401, 440 |
| subSequenceメソッド | 318, 404 |
| substringメソッド | 301, 318, 401, 404 |
| super | 190, 236, 239, 416, 428, 531, 535 |
| Supplierインタフェース | 330 |
| switch文 | 89, 90, 91, 445, 508, 519 |
| System.arraycopy | 438 |
| System.out.println | 424, 516 |

## T

| | |
|---|---|
| t | 262 |
| Temporalインタフェース | 334 |
| testメソッド | 331, 345, 433 |

539

this … 190, 191, 235, 236, 239, 408, 416,
　　　428, 430, 514, 535
throws……………………………… 264, 409, 532
toHoursメソッド ……………………………… 335
toStringメソッド ………………………… 424, 516
toStringメソッド（Objectクラス）… 104, 424
toStringメソッド（StringBuilderクラス）… 498
trimメソッド ……………………… 302, 408, 419
try …………………………………………… 257, 262
try-catch ………………………………… 257, 436
try-catch-finally ………………… 258, 260, 445

## U・V

Unicode ……………………………………… 40, 304
UnsupportedTemporalTypeException … 433
valueOfメソッド ……………………… 297, 426
VirtualMachineError ………………………… 270
void …………………………………… 171, 505, 517

## W

W……………………………………………………… 308
while文 …… 133, 135, 147, 446, 507, 523

## ア行

アクセス修飾子……… 184, 185, 191, 223,
　　　　　　　　　　497, 515, 517, 534
アスタリスク…………………………………… 22
アップキャスト………………………………… 231
アロー演算子…………………………………… 323
アンダースコア………………………………… 39
インクリメント演算子……… 70, 432, 514
インスタンス…… 44, 400, 414, 430, 495,
　　　　　　　　　　510, 529, 532
インスタンスメソッド………………………… 425
インタフェース… 216, 226, 437, 497, 513
インポート宣言…………………………17, 21, 417
エラー …………………… 264, 265, 402, 419
演算…………………………………………………… 511
エントリーポイント…27, 402, 438, 499, 510
オーバーライド… 80, 81, 219, 221, 223, 515
オーバーロード… 48, 80, 182, 184, 190, 239, 408,
　　　　　　　　427, 431, 527, 534, 535
オブジェクト…………………………………… 510

オブジェクト型………………………………… 197

## カ行

ガーベッジコレクション………… 49, 518
ガーベッジコレクタ………………………… 49
改行………………………………………………… 302
拡張for文 … 144, 146, 402, 522, 531, 536
可視性……………………………………………… 193
型…………………………………………………… 216
型推論……………………………………………… 339
型パラメータ…………………………………… 339
型変換……………………………………………… 526
カッコ（演算）………………………………… 435
カッコ（キャスト）………………………… 233
カッコ（ラムダ式）………………………… 325
カプセル化………………… 195, 404, 496
可変オブジェクト…………………………… 298
可変長引数……………………………………… 175
仮引数……………………………………………… 534
関係演算子………………………………………… 73
関数型インタフェース…………… 323, 330
完全修飾クラス名……… 18, 21, 417, 512
キーワード……………………………………… 42
基底クラス……………………………………… 213
起動パラメータ……………………… 28, 500
キャスト…………68, 119, 427, 439, 516
キャスト式…………… 232, 420, 506, 526
キャレット……………………………………… 307
境界値分析……………………………………… 411
共変戻り値……………………………………… 221
具象メソッド…… 219, 221, 426, 498
クラス…………………………………… 44, 510
クラス宣言……………………………………… 17
クラスファイル………………………………… 400
クラス名………………………………………… 185
継承… 213, 215, 218, 230, 508, 510, 513, 515
継承関係………………………………………… 117
検査例外…… 264, 402, 409, 419, 503, 532
後置………………………………… 71, 432, 514
後置インクリメント………………… 409, 444
コードブロック………………………………… 150
コマンドライン引数…………………………… 28
コメント…………………………………………… 20

| | |
|---|---|
| コレクション················· 336 | 宣言··················· 530 |
| コレクション・フレームワーク········ 336 | 前置··············· 71, 432, 514 |
| コレクションAPI ············· 336, 423 | 添字·················· 111 |
| コンスタントプール··············· 82 | |

## タ行

| | |
|---|---|
| コンストラクタ······17, 185, 187, 190, 191, 215, 238, | ダイアモンド演算子··············· 339 |
| 239, 414, 415, 433, 440, 502, | 大カッコ········· 103, 104, 113, 176, 507 |
| 527, 531, 532, 535 | 代入演算子··············· 67, 534 |
| コンパイラ················· 400 | ダウンキャスト················ 231 |
| コンパクション················ 49 | 多次元配列··········· 105, 115, 441 |
| | 多重継承·············· 217, 437 |

## サ行

| | 多重実現·················· 217 |
|---|---|
| 再帰呼び出し················· 269 | 多重定義·················· 221 |
| サブクラス·········· 213, 225, 510 | タブ文字·················· 302 |
| 差分プログラミング············· 213 | ダブルクォーテーション··········· 40, 297 |
| 三項演算子·········92, 410, 418, 420, 496 | 単項演算子·················· 68 |
| 参照··········· 45, 103, 197, 430 | 抽象化··················· 404 |
| 参照型················· 37, 43 | 抽象クラス··· 219, 221, 426, 496, 498, 513 |
| 参照型変数············· 45, 435 | 抽象メソッド······ 219, 221, 426, 437, 497, |
| ジェネリックス················ 338 | 498, 513 |
| 識別子··················· 42 | 定義済み文字クラス·············· 308 |
| シグニチャ······· 48, 183, 184, 221, 223, | 定数················· 218, 437 |
| 431, 439, 443 | データ隠蔽·········· 196, 404, 496 |
| 実現··········· 230, 508, 513 | データ型············· 37, 505 |
| 実現関係·················· 117 | データ抽象················· 404 |
| 実引数·················· 534 | デクリメント演算子········· 70, 514 |
| 順次処理··············· 51, 84 | デクリント演算子·············· 432 |
| 情報隠蔽·········· 187, 404, 496 | デザインパターン·············· 320 |
| ショートサーキット演算子··········· 74 | デフォルト················· 185 |
| 初期化演算子·········· 111, 113, 520 | デフォルト（アクセス修飾子）········ 216 |
| 初期化ブロック··············· 188 | デフォルトコンストラクタ |
| シングルクォーテーション·········· 40 | ··········· 187, 189, 238, 408, 415 |
| スーパークラス········ 213, 225, 238, 510 | デフォルト値·········· 110, 527, 531 |
| 数量子··················· 307 | デフォルトパッケージ·············· 21 |
| スコープ··· 138, 234, 328, 329, 421, 513, 528 | デフォルトメソッド·············· 345 |
| スタック·················· 270 | 同一性·········· 77, 80, 415, 498, 501 |
| スタック領域················ 269 | 到達不能なコード··· 178, 260, 410, 418 |
| スペース·················· 302 | 同値性·········· 78, 81, 415, 501 |
| スレッド·················· 337 | 動的配列·············· 336, 422 |
| スレッドセーフ············· 337, 344 | |

## ナ行

| 正規表現·············· 306, 520 | |
|---|---|
| 接頭辞··············· 38, 40 | 名前空間·················· 18 |
| 接尾辞·················· 38 | 二項演算子·················· 68 |
| セミコロン············· 137, 323 | |

**541**

索引

二重ループ‥‥‥‥ 141, 151, 412, 442, 507

## ハ行

ハイフン‥‥‥‥‥‥‥‥‥‥‥ 193, 307
配列‥ 102, 145, 405, 503, 507, 515, 519
配列インスタンス‥‥‥ 107, 108, 110, 441
配列型変数‥‥‥‥‥‥‥‥ 104, 107, 110
派生クラス‥‥‥‥‥‥‥‥‥‥‥‥ 213
パターン‥‥‥‥‥‥‥‥‥‥‥‥‥ 307
パッケージ‥‥‥‥‥18, 417, 499, 510, 512
パッケージアクセス‥‥‥‥‥‥‥‥ 216
パッケージ宣言‥‥‥‥‥‥‥‥‥ 17, 20
ハッシュコード‥‥‥‥‥‥‥‥ 104, 424
反復処理‥‥‥‥‥‥‥‥‥‥‥‥‥ 84
ヒープメモリ‥‥‥‥‥‥‥‥‥‥‥ 270
ヒープ領域‥‥‥‥‥‥‥‥‥‥‥‥ 179
引数‥‥‥‥‥‥‥‥ 174, 196, 505, 525
非検査例外‥‥‥‥ 264, 402, 419, 436, 503
非対称な多次元配列‥‥‥‥‥‥‥‥‥ 116
フィールド‥‥ 17, 196, 225, 236, 430, 510, 513
フォーマッター‥‥‥‥‥‥‥‥‥‥‥ 335
フォールスルー‥‥‥‥‥‥‥‥‥‥ 446
不変オブジェクト‥‥‥‥‥‥‥‥‥ 298
プリミティブ型‥‥‥‥‥‥‥ 37, 43, 196
ブロック内‥‥‥‥‥‥‥‥‥‥‥‥ 528
分岐処理‥‥‥‥‥‥‥‥‥‥‥‥‥ 84
並行処理‥‥‥‥‥‥‥‥‥‥‥ 337, 344
変数名‥‥‥‥‥‥‥‥‥‥‥‥‥‥ 505
ポリモーフィズム‥‥‥‥ 226, 227, 230, 260, 403,
429, 445, 496, 508, 525

## マ行

マイナス演算子‥‥‥‥‥‥‥‥‥‥ 68
マルチスレッド‥‥‥‥‥‥‥‥‥‥ 423
無限ループ‥‥‥‥‥‥‥‥‥‥ 143, 446
無名パッケージ‥‥‥‥‥‥‥‥‥ 21, 22
明示的なキャスト‥‥‥‥‥‥‥‥‥ 68
命名規則‥‥‥‥‥‥‥‥‥‥‥‥‥ 42
メソッド‥‥‥‥‥‥‥ 17, 196, 510, 535
メソッドチェイン‥‥‥‥‥‥‥ 305, 315
メソッド定義‥‥‥‥‥‥‥‥‥ 170, 517
メソッドの呼び出し‥‥‥ 47, 48, 172, 443
メソッドブロック‥‥‥‥‥‥‥‥‥ 234

文字クラス‥‥‥‥‥‥‥‥‥‥‥‥ 307
文字コード‥‥‥‥‥‥‥‥‥‥‥‥ 40
文字セット‥‥‥‥‥‥‥‥‥‥‥‥ 307
文字符号化方式‥‥‥‥‥‥‥‥‥‥ 40
文字リテラル‥‥‥‥‥‥‥‥‥‥‥ 40
文字列‥‥‥‥‥‥‥‥‥‥‥‥‥‥ 297
文字列リテラル‥‥‥‥‥‥‥‥‥ 40, 82
文字列連結‥‥‥‥ 309, 310, 422, 528, 533
戻り値‥‥‥‥‥‥‥‥‥‥‥‥‥‥ 517
戻り値型‥‥‥‥ 170, 173, 185, 187, 223, 505

## ヤ行

優先順位‥‥‥‥‥‥‥ 75, 422, 435, 533
要素‥‥‥‥‥‥‥‥ 102, 107, 110, 405
要素数‥‥‥‥‥‥‥‥‥‥‥‥ 108, 507
予約語‥‥‥‥‥‥‥‥‥‥‥‥‥‥ 42

## ラ行・ワ行

ラッパークラス‥‥‥‥‥‥‥‥‥‥ 426
ラベル‥‥‥‥‥‥‥‥‥‥‥‥ 149, 151
ラムダ式‥‥ 322, 325, 328 - 330, 345, 433, 506
リスト構造‥‥‥‥‥‥‥‥‥‥‥‥ 337
リテラル‥‥‥‥‥‥‥‥‥‥‥‥‥ 38
例外‥‥‥‥‥‥‥‥‥‥‥‥‥ 257, 264
例外処理‥‥‥‥‥‥‥‥‥‥‥ 257, 405
ローカル変数‥‥‥‥ 51, 234, 513, 530
論理演算子‥‥‥‥‥‥‥ 74, 139, 527
ワイルドカード‥‥‥‥‥‥‥‥‥‥ 417

■著者

志賀澄人（しが・すみひと）

1975年生まれ。異業種の営業からIT業界に転身。プログラマー、SEを経て、教育の道へ。株式会社豆蔵にてコンサルティングに従事したあと、2010年に株式会社アイ・スリーを設立。技術研修では、「わかる＝楽しい＝もっと知りたい」を実感できる講座を、京都人ならではの「はんなり関西弁」で実施している。受講する人に合わせてダイナミックに変化しつづけるアドリブ熱血講義と豊富な経験をもとにした個人ごとの手厚いフォローで、厳しい目標設定を心が折れることなく達成させる研修に定評がある。

STAFF

| | |
|---|---|
| 編集 | 坂田弘美（株式会社ソキウス・ジャパン） |
| | 畑中二四 |
| 制作 | 波多江宏之 |
| 表紙デザイン | 馬見塚意匠室 |
| | |
| デスク | 千葉加奈子 |
| 編集長 | 玉巻秀雄 |

## 本書のご感想をぜひお寄せください

http://book.impress.co.jp/books/1115101068

**読者登録サービス**
**CLUB impress**

アンケート回答者の中から、抽選で**商品券（1万円分）**や
**図書カード（1,000円分）**などを毎月プレゼント。
当選は賞品の発送をもって代えさせていただきます。

●本書の内容に関するご質問は、書名・ISBN（このページの下に記載）・お名前・電話番号と、
該当するページや具体的な質問内容、お使いの動作環境などを明記のうえ、インプレスカスタ
マーセンターまでメールまたは封書にてお問い合わせください。電話やFAX等でのご質問には
対応しておりません。なお、本書の範囲を超える質問に関しましてはお答えできませんのでご
了承ください。
●落丁・乱丁本は、お手数ですがインプレスカスタマーセンターまでお送りください。送料弊社負
担にてお取り替えさせていただきます。但し、古書店で購入されたものについてはお取り替えで
きません。

■読者様の窓口
インプレスカスタマーセンター
〒101-0051 東京都千代田区神田神保町一丁目105番地
TEL：03-6837-5016 ／ FAX：03-6837-5023
MAIL：info@impress.co.jp

■書店／販売店のご注文窓口
株式会社インプレス 受注センター
TEL：048-449-8040
FAX：048-449-8041

# 徹底攻略 Java SE 8 Silver 問題集 [1Z0-808] 対応

2016年1月21日　初版第1刷発行
2017年6月11日　第1版第3刷発行

著　者　志賀澄人

編　者　株式会社ソキウス・ジャパン

発行人　土田米一

編集人　高橋隆志

発行所　株式会社インプレス
　　　　〒101-0051 東京都千代田区神田神保町一丁目105番地
　　　　TEL：03-6837-4635（出版統括営業部）
　　　　ホームページ：http://book.impress.co.jp/

本書は著作権法上の保護を受けています。本書の一部あるいは全部につ
いて（ソフトウェア及びプログラムを含む）、株式会社インプレスから
文書による許諾を得ずに、いかなる方法においても無断で複写、複製す
ることは禁じられています。

Copyright © 2016 Socius Japan, Inc. All rights reserved.

印刷所　日経印刷株式会社

ISBN978-4-8443-3993-9 C3055

Printed in Japan